复杂电机与电力系统非线性动力学行为与控制研究

罗晓曙　韦笃取　著

科学出版社

北　京

内 容 简 介

电机与电力系统是一种强非线性系统,它在国民经济的许多部门如电力电子和工矿企业中具有极为广泛的应用。本书是关于复杂电机与电力系统非线性动力学行为与混沌控制研究的一部专著,是作者及其课题组多年来在这一研究领域所做工作的总结和深化。书中系统阐述电机与电力系统的建模、非线性动力学行为分析及其控制方法,全面深入地研究电机与电力系统的稳定性、分岔的类型、产生混沌行为的主要参数及参数区间、非线性电力系统的随机动力学行为等,给出作者及其课题组一系列理论研究和实验研究成果,介绍当前国内外在该领域的研究动态与趋势。

本书可供电子、通信和电力与自动化类的硕士研究生、博士研究生和相关科研人员阅读与参考。

图书在版编目 (CIP) 数据

复杂电机与电力系统非线性动力学行为与控制研究/罗晓曙,韦笃取著. —北京:科学出版社,2015.10
ISBN 978-7-03-045819-3

Ⅰ. ①复… Ⅱ. ①罗… ②韦… Ⅲ. ①电机-非线性-动力学-研究 ②电力系统-非线性-动力学-研究 Ⅳ. ①TM

中国版本图书馆 CIP 数据核字(2015)第 229022 号

责任编辑:陈 静 董素芹 / 责任校对:郭瑞芝
责任印制:徐晓晨 / 封面设计:迷底书装

科 学 出 版 社 出版
北京东黄城根北街 16 号
邮政编码:100717
http://www.sciencep.com

北京教图印刷有限公司 印刷
科学出版社发行 各地新华书店经销

*

2015 年 10 月第 一 版 开本:720×1 000 1/16
2016 年 8 月第二次印刷 印张:13 1/4
字数:267 120
定价:65.00 元
(如有印装质量问题,我社负责调换)

前　　言

电机与电力系统是一种强非线性、强耦合、动态的复杂动力系统，而大电网之间的互联是现代电力系统发展的必然趋势，它将使电网的发电和输电变得更经济、更高效。与此同时，电力系统与电力网络的稳定性受到了前所未有的挑战。近几十年来，国内外一些大电网相继发生电压、频率振荡失稳甚至崩溃的事故。例如，2003 年 8 月 14 日美国东北部、中西部和加拿大东部联合电网大停电，2005 年 5 月 23 日莫斯科大停电等，这些事故给国民经济和人们的生活造成了巨大损失和严重危害。因此，研究电机与电力系统的复杂非线性动力学行为及其控制对保证电力系统与电力网络的稳定运行具有极其重要的理论探索价值和应用参考价值。近三十年以来，混沌动力学理论的进展和完善，特别是混沌控制理论和方法的提出，为电机与电力系统这类复杂系统的分析与控制研究提供了新的思路。

根据目前国内外电机与电力系统的非线性动力学行为、混沌控制和复杂电力网络的研究现状与发展动态，本书对电机与电力系统的稳定性、在外噪声微扰下的随机分岔、随机混沌等动力学行为进行了深入系统的研究；并将确定性非线性系统的混沌控制理论与方法发展完善，应用于电机与电力系统的分岔、混沌控制。在此基础上，考虑真实的电力网络结构，构造复杂电力网络模型，进一步深入研究、探索单机和多机电力系统的随机分岔、随机混沌行为与电力网络发生电压、频率振荡失稳甚至崩溃事故的内在关系的物理机制，研究结果有望为改善现有的电力网络或设计未来的电力网络，为大规模的停电少发生甚至不发生提供新思路与解决方法。研究成果不仅对复杂电机与电力系统的动力学行为研究具有较重要的理论探索价值，而且有望对保证大规模电力网络的稳定运行提供有价值的参考。

本书主要介绍作者近年来研究电机与电力系统的非线性动力学行为及其混沌控制的成果，同时适当参考了国内外的一些相关资料和研究报告。全书共 7 章，第 1 章首先简要阐述非线性动力学系统的稳定性、分岔理论，为后续各章内容的理论分析打下基础。第 2 章首先阐述几种电力系统和永磁同步电动机的动力学模型及其非线性动力学行为，主要为后续各章研究其混沌控制提供理论模型和分析基础，并简要分析电力系统、永磁同步电动机混沌控制的研究现状及存在问题。第 3 章主要研究采用自适应混合控制方法实现对电力系统和永磁同步电动机的混沌控制。首先简要介绍最优控制理论和自适应控制理论，然后具体研究简单电力系统混沌振荡的无源自适应控制、考虑励磁限制的电力系统的混沌振荡的自适应鲁棒控制、永磁同步电动机混沌运动的鲁棒自适应动态面控制和基于 LaSalle 不变集定理自适应控制永磁同步电动机的混沌运动。第 4 章主要研究基于无源性与微分几何理论的电力系统与同步电动机混沌运动的控制设计。首先介绍无源非线性系统的基本理论，然后阐述基于无源化的励磁反馈镇定器设计和 L_2 性能准则、基于无源系统理论的励磁系统非线性鲁棒镇定器设计、无源自适应控制磁阻同步电动机的混沌运动控制，最后介绍基于微分几何方法的永磁同步电动机的混沌运动的控制的研究成果。第 5 章主要介绍基于状态反馈和延迟反馈的永磁同步电动机混沌控制研究成果。第 6 章在随机动力学的理论基础上，引入一定的随机项，首先运用 Chebyshev 正交多项式逼近法，得到了含随机参数激励作用的简单电机系统的稳态随机响应，探究了该随机系统的分岔现象；其次，利用拟不可积随机平均法，研究了最简单电力系统在高斯白噪声外激励下的平稳响应和首次穿越；最后，借助随机 Melnikov 积分方法，研究多种随机非线性电力系统在噪声激励或参数随机干扰的情况下，在均值和均方意义下可能出现 Smale 马蹄混沌的临界条件，给出在均方意义上出现简单零点的条件，数值仿真结果证明了理论分析的正确性。第 7 章首先综述复杂网络理论在电力网络中的应用研究现状，然后提出一些新的复杂电网模型并分析其发生级联故障的内在机制，最后研究复杂电力网络在噪声作用下的非线性动力学行为，研究结果有望对复杂电力网络的稳定运行提供有价值的新见解。

　　在本书的撰写过程中，作者历届的研究生李爱芸、邹代国、覃英华等结合学位论文课题完成的研究工作，也丰富了本书的内容，在此向他们表示衷心的感谢。

　　最后，感谢国家自然科学基金项目（批准号为 10862001、61263021）的资助。

　　由于作者水平有限，本书难免存在不足之处，敬请读者批评指正。

罗晓曙　韦笃取

2015 年 3 月

目　　录

第1章　非线性系统的稳定性、分岔与混沌动力学理论简介

1.1　概　　述

对于受控的非线性动力学系统，系统的稳定性、分岔与动力学行为是至关重要的。因此，为了方便读者理解本书后续各章的内容，首先对非线性系统的稳定性与动力学理论进行简要介绍。

稳定性是控制系统最重要的特性之一，稳定性问题实质上是控制系统自身属性的问题。不稳定的系统是实际方面无用的系统，只有稳定的系统才有可能获得应用。例如，一个自动控制系统要能正常工作，它首先必须是一个稳定的系统，即系统应具有这样的性能：在它自身结构与参数产生变化或受到外界扰动后，虽然其原平衡状态会被打破，但在扰动和自身变化消失之后，它有能力自动地返回原平衡状态或者趋于另一个新的平衡状态继续工作。

在经典控制理论中，对于单输入、单输出线性系统，基于特征方程的根是否分布在根平面左半部分，采用劳斯-赫尔维茨代数判据和奈奎斯特频率判据等方法，即可得出稳定性的结论。这些方法的特点是不必求解方程，也不必求出特征根，而直接由方程的系数或频率特性曲线得出稳定性的结论，可称为直接判据。当然，也可以通过求解方程，根据解的变化规律得出稳定性的结论。相对于前一种方法，这种方法是非直接的，可称为间接判据。但是，上述的直接判据法，仅适用于线性定常系统，对于时变系统和非线性系统，这种直接判据法就不能适用了。若利用求解方程的方法判定稳定性，非线性系统和时变系统的求解通常是很困难的，一般难以获得解析解。虽然在经典控制理论中，可以利用频率分析的描述函数法和基于时域分析的相平面法来分析受控非线性系统的稳定性，但一般只能对特定的非线性系统进行稳定性分析，其结果也只能是近似性的，因而有很大的局限性。

在现代控制理论体系中，无论调节器理论、观测器理论还是滤波预测、自适应理论，都不可避免地要遇到系统稳定性的问题。在控制领域内，无论控制理论分析，还是绝大部分控制技术的实现，几乎都与稳定性有关，同时由于不稳定的系统一般不能应用于工程实践，所以在控制工程和控制理论中，稳定性问题一直是一个需要解决的最基本和最核心的问题。随着控制理论和工程所涉及的领域由线性定常系统扩展为时变系统和非线性系统，稳定性分析也日益复杂，需要新的理论分析工具。

1892 年，俄国学者李雅普诺夫在《运动稳定性的一般问题》一文中，提出了著名的李雅普诺夫稳定性理论，该理论是控制系统稳定性理论分析、应用研究的重要基础。李雅普诺夫稳定性理论作为系统稳定性判据的一般方法，不仅适用于线性系统，也适用于非线性系统和时变系统。由于 20 世纪 50 年代以前的控制系统在结构上相对来说比较简单，采用经典控制理论的一些稳定判据已能解决工程应用中的问题，所以在相当长的时间里李雅普诺夫稳定性理论没有受到人们的足够重视。随着科学技术和社会工业化、信息化和航空航天技术的发展，控制系统的结构日益复杂，经典控制理论的一些稳定性判据已不适用于现代控制系统的分析。在 20 世纪 60 年代以后，状态空间分析法的理论迅速发展，致使李雅普诺夫稳定性理论又受到人们的极大重视，而且取得了丰硕的成果，并成为现代控制理论的一个重要组成部分。

李雅普诺夫的稳定性理论，主要有两种判断系统稳定性的方法。第一种方法的基本思路是先求解系统的微分方程，然后根据解的性质来判断系统的稳定性。这种思想与经典理论是一致的，所以称为间接法。第二种方法的基本思路是不必求解系统的微分方程，而是构造一个李雅普诺夫函数，根据这个函数的性质来判别系统的稳定性。这种方法由于不用求解方程就能直接判断系统的稳定性，所以称为直接法。这种方法不局限于线性定常系统，对于非线性、时变等任何复杂系统都是适用的。

1.2　系统稳定性的基本概念

首先对于系统稳定性[1]的有关基本概念进行简要介绍，以利于读者掌握有关系统稳定性判据。

1. 自治系统

在研究稳定性问题时，对于没有指定输入作用的系统，人们通常称这类系统为自治系统。自治系统为不显含时间 t 的动力学，非自治系统则显含时间 t。一般而言，自由振动系统为自治系统，受迫振动系统则为非自治系统，在一般情况下，自治系统可用如下方程描述

$$\dot{X} = f(X,t), \quad t \geq t_0, \quad X(t_0) = X_0 \tag{1.1}$$

式中，X 为 n 维状态向量；$f(\cdot, \cdot)$ 为 n 维向量函数。

2. 零输入响应

假定式（1.1）的解满足存在性、唯一性条件，并且解对于初始条件是连续相关的，那么就可将其由初始时刻 t_0 的初始状态 X_0 所引起的运动表示为

$$X(t) = \Phi(t, X_0, t_0), \quad t \geq t_0 \tag{1.2}$$

它是时间 t 和 X_0、t_0 的函数，显然有 $\Phi(t, X_0, t_0) = X_0$，通常称此 $X(t)$ 为系统的零输入响应。$X(t)$ 是从 n 维状态空间中某一点出发的轨迹。

3. 系统平衡状态

稳定性问题是系统自身的一种动态属性，与外部输入无关。考察系统在零输入的情况，即输入 $u = 0$ 的自由运动状态。

设系统的状态方程如式（1.1）所示。$f(X, t)$ 是线性或非线性，定常或时变的 n 维函数，其展开式为

$$\dot{x}_i = f_i(x_1, x_2, \cdots, x_n, t), \quad i = 1, 2, \cdots, n \tag{1.3}$$

在上述状态方程（式（1.1））中，必存在一些状态点 X_e，当系统运动到达该点时，系统状态各分量将维持平衡，即 $\dot{X}\big|_{X=X_e} = 0$，该类状态点 X_e 就是系统的平衡状态。

若对所有 t，状态 $X(t)$ 满足 $\dot{X} = 0$，则称该状态 $X(t)$ 为系统平衡状态，记为 X_e，所以有

$$f(X_e, t) = 0 \tag{1.4}$$

成立。

如果系统是线性定常的，则

$$f(X_e, t) = AX \tag{1.5}$$

式中，A 为 $n \times n$ 的矩阵。当 A 为非奇异矩阵时，系统仅存在唯一的平衡状态 $X_e = 0$。可见，对于线性定常系统，只有坐标原点处是系统仅有的一处平衡状态点。而当 A 为奇异矩阵时，则存在无穷多个平衡状态。这些平衡状态相应于系统的常数解（对于所有的 t，$X \equiv X_e$），显然，平衡状态的确定，不可能包含微分方程式，即式（1.1）的所有解，而只是代数方程式，即式（1.4）的解。如果平衡状态彼此是孤立的，则称它们为孤立平衡状态（孤立平衡点）。

对于非线性系统，系统平衡状态的解一般是不唯一的，其方程 $f(X, t) = 0$ 的解可能有多个，由具体系统方程决定，如

$$\begin{cases} \dot{x}_1 = -x_1 \\ \dot{x}_2 = x_1 + x_2 - x_2^3 \end{cases} \tag{1.6}$$

根据式（1.4），其平衡状态满足

$$\begin{cases} -x_1 = 0 \\ x_1 + x_2 - x_2^3 = 0 \end{cases} \tag{1.7}$$

解上述方程得

$$\begin{cases} x_1 = 0 \\ x_2 = 0, 1, -1 \end{cases} \tag{1.8}$$

则该系统存在如下三个平衡状态，即

$$x_{e_1} = \begin{bmatrix} 0 \\ 0 \end{bmatrix}, \quad x_{e_2} = \begin{bmatrix} 0 \\ 1 \end{bmatrix}, \quad x_{e_3} = \begin{bmatrix} 0 \\ -1 \end{bmatrix} \tag{1.9}$$

可见，与线性系统不同，非线性系统的平衡点除原点外，可能出现其他非零平衡点。由于非零平衡点总可以通过坐标变换将其移到状态空间的坐标原点，所以，为方便讨论又不失一般性，下面只取坐标原点作为系统状态的稳定性、渐近稳定性和不稳定问题，进行讨论。

4. 范数的概念

李雅普诺夫稳定性定义中采用了范数的概念，因此在介绍李雅普诺夫稳定性定义之前，首先简要介绍一下范数的定义。

1）范数的定义

n 维状态空间中，向量 X 的长度称为向量 X 的范数，用 $\|X\|$ 表示，则

$$\|X\| = \sqrt{x_1^2 + x_2^2 + \cdots + x_n^2} = (X^{\mathrm{T}} X)^{\frac{1}{2}} \qquad (1.10)$$

2）向量的距离

长度 $\|X - X_e\|$ 称为向量 X 与 X_e 的距离，写成

$$\|X - X_e\| = \sqrt{(x_1 - x_{e_1})^2 + \cdots + (x_n - x_{e_n})^2} \qquad (1.11)$$

当 $X - X_e$ 的范数限定在某一范围之内时，则记为

$$\|X - X_e\| \leqslant \varepsilon, \quad \varepsilon > 0 \qquad (1.12)$$

式（1.12）的几何意义是，在三维状态空间中表示以 X_e 为球心，以 ε 为半径的一个球域，可记为 $S(\varepsilon)$，如图 1.1 所示。

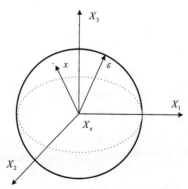

图 1.1　范数的三维状态空间示意图

下式表示在 n 维平衡状态 X_e 周围，半径为 k 的超球域

$$\|X - X_e\| \leqslant k, \quad k > 0$$

式中，$\|X - X_e\| = \sqrt{(x_1 - x_{1_{e_1}})^2 + (x_2 - x_{2_{e_1}})^2 + \cdots + (x_n - x_{ne_n})^2}$ 称为欧几里得（Euclid）范数。

1.3　李雅普诺夫稳定性定义

1. 系统平衡状态李雅普诺夫意义下稳定的定义

如果对给定的任一实数 $\varepsilon > 0$，都对应地存在一个实数 $\delta(\varepsilon, t_0) > 0$，使得由满足不等式

$$\left\| X_0 - X_e \right\| \leqslant \delta(\varepsilon, t_0), \quad t \geqslant t_0 \tag{1.13}$$

的从任意初态 X_0 出发的解 $\Phi(t, X_0, t_0)$ 都满足不等式

$$\left\| \Phi(t, X_0, t_0) - X_e \right\| \leqslant \varepsilon, \quad t \geqslant t_0 \tag{1.14}$$

则称平衡状态 X_e 在李雅普诺夫意义下是稳定的。

下面给出系统平衡状态 X_e 在李雅普诺夫意义下稳定的几何解释。假定原点为平衡点（非原点的平衡点可以通过坐标平移方法平移至原点）。当在 n 维状态空间中指定一个以原点为圆心，以任意给定的正实数 ε（即前面所提到的范数）为半径的一个超球域 $S(\varepsilon)$ 时，若存在另一个与之对应的以 X_e 为球心，以 $\delta(\varepsilon, t_0)$ 为半径的超球域 $S(\delta)$，且有由 $S(\delta)$ 中的任一点出发的运动轨线 $\Phi(t, X_0, t_0)$ 对于所有的 $t \geqslant t_0$ 都不超出球域 $S(\varepsilon)$，那么就称原点的平衡状态 X_e 是李雅普诺夫意义下稳定的。

2. 平衡状态 X_e 的一致稳定

在上面的论述中，$\delta(\varepsilon, t_0)$ 表示 δ 的选取是依初始时刻 t_0 和 ε 的选取而定的，如果 δ 只依赖于 ε 而与 t_0 的选取无关，则称平衡状态 X_e 是一致稳定的。显然对于定常系统，稳定和一致稳定是等价的。通常要求系统是一致稳定的，以便在任一初始时刻 t_0 出现的运动轨道都是在李雅普诺夫意义下稳定的。

在二维空间中，上述李雅普诺夫意义下稳定的几何解释和状态轨迹变化如图 1.2 所示。

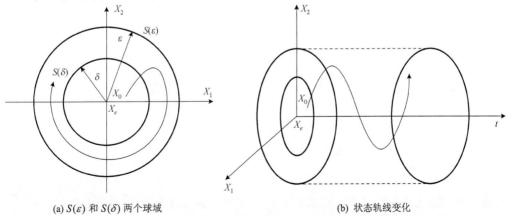

　　　　(a) $S(\varepsilon)$ 和 $S(\delta)$ 两个球域　　　　　　　　　(b) 状态轨线变化

图 1.2　李雅普诺夫意义下稳定的几何解释和变化轨线

对于非时变的定常系数，δ 与 t_0 无关，此时稳定的平衡状态一定是一致稳定的。

3. 平衡状态 X_e 的渐近稳定

对于系统 $\dot{X}=f(X,t)$，若给定任意实数 $\varepsilon>0$，存在 $\delta(\varepsilon,t_0)>0$，使当 $\|X_0-X_e\|\leqslant\delta$ 时，从任意初始状态 X_0 发出的解 $\Phi(t,X_0,t_0)$ 满足

$$\|\Phi(t,X_0,t_0)-X_e\|\leqslant\varepsilon,\quad t\geqslant t_0 \tag{1.15}$$

且对于任意小量 $\beta>0$，总有

$$\lim_{t\to\infty}\|\Phi(t,X_0,t_0)-X_e\|\leqslant\beta \tag{1.16}$$

则称系统平衡状态 X_e 是渐近稳定的。如果 δ 只依赖于 ε 而和 t_0 的选取无关，则称平衡状态 X_e 是一致渐近稳定的。显而易见，定常系统的一致渐近稳定和渐近稳定也是等价的。从实际控制工程应用的角度看，一致渐近稳定是最重要的，因为平衡状态 X_e 的渐近稳定性与 t_0 有关，即与系统的初始值 X_0 有关，所以在渐近稳定性条件下系统的运动轨迹并不一定最终意味着收敛到希望的结果。系统平衡状态 X_e 渐近稳定性的最大区域称为吸引域，显然吸引域是状态空间的一部分，从吸引域开始的每个运动轨线都是渐近稳定的。

渐近稳定在二维空间中的几何解释和变化轨线，如图 1.3 所示。

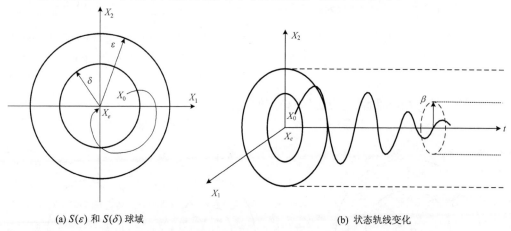

(a) $S(\varepsilon)$ 和 $S(\delta)$ 球域　　　　　　　　(b) 状态轨线变化

图 1.3　渐近稳定性的几何解释和变化轨线

4. 系统平衡状态 X_e 的大范围渐近稳定

如果从状态空间的任一有限非零初始状态 X_0 出发的运动轨迹 $\Phi(t,X_0,t_0)$ 都是有界的，并且满足 $t\to\infty$，$\Phi(t,X_0,t_0)\to X_e$，就称平衡状态 X_e 为大范围渐近稳定的[2]。即如果 X_e 是稳定的平衡状态，并且 $t\to\infty$，式（1.1）的每个解都收敛于 X_e，则此平

衡状态就是大范围渐近稳定的。很显然，大范围渐近稳定的必要条件是在整个状态空间中只有一个平衡状态。局部稳定和大范围稳定示意图如图 1.4 所示。

(a) 局部　　　　　　　　　　　(b) 大范围

图 1.4　局部稳定和大范围稳定示意图

对于非线性系统，稳定性与初始条件取值密切相关，其 δ 值总是有限的。对于具有多个平衡点的非线性系统，平衡点的稳定性范围更加有限，通常只能在小范围内渐近稳定。可用图 1.4 的系统来说明局部稳定和大范围稳定。

在工程实践中人们总是希望系统平衡状态具有大范围渐近稳定性，否则就需要确定系统平衡状态渐近稳定的吸引域。由于确定系统平衡点稳定的吸引域边界是相当困难的，有些边界甚至是分形结构的，所以确定稳定的吸引域是非常困难的工作。对于实际工程问题，确定一个足够大的渐近稳定范围，使得初始扰动不超过它也就足够了。顺便指出，对于线性系统，若其平衡状态为渐近稳定的，则它必然是大范围渐近稳定的。

5. 系统平衡状态 X_e 的不稳定定义

如果对于某个实数 $\varepsilon > 0$ 和任一实数 $\delta > 0$，当 $\lVert X_0 - X_e \rVert \leq \delta$ 时，总存在一个初始状态 X_0，使

$$\lVert \Phi(t, X_0, t_0) - X_e \rVert \geq \varepsilon, \quad t \geq t_0 \qquad (1.17)$$

则称系统平衡状态 X_e 是不稳定的。

系统平衡状态 X_e 不稳定的几何解释：对于某个给定的球域 $S(\varepsilon)$，无论球域 $S(\delta)$ 取得多么小，内部总存在这一个初始状态 X_0，使得从这一状态出发的轨迹最终会超出球域 $S(\varepsilon)$。在二维空间中，不稳定的几何解释和轨线变化如图 1.5 所示。

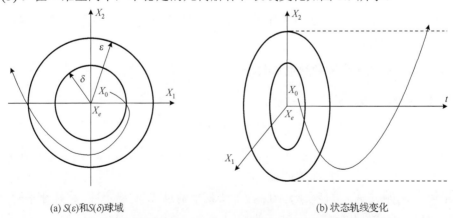

(a) $S(\varepsilon)$ 和 $S(\delta)$ 球域　　　　　　　　　　(b) 状态轨线变化

图 1.5　系统平衡点不稳定的几何解释和变化轨线

　　对于不稳定平衡状态的轨迹，虽然越出了 $S(\varepsilon)$，但是并不意味着轨迹一定趋向无穷远处。例如，对于非线性系统，轨迹还可能趋于 $S(\varepsilon)$ 以外的某个平衡点。当然，对于线性系统，从不稳定平衡状态出发的轨迹，理论上一定趋于无穷远，可用图 1.6 所示的物理系统示意不稳定。

(a) 局部　　　　　　　(b) 全局

图 1.6　不稳定示意图

1.4　李雅普诺夫稳定性理论

　　俄国学者李雅普诺夫于 1892 年发表的《运动稳定性的一般问题》的论文中，首先系统阐述了关于稳定性问题的一般理论，他把分析由常微分方程组所描述的动力学系统稳定性的方法，归纳为在本质上不同的两类，即通常所称的李雅普诺夫第一方法和第二方法。下面分别予以介绍。

1.4.1　李雅普诺夫第一方法

　　李雅普诺夫第一方法又称为间接法，属于局域稳定性判断方法。基本思路是解系统的状态方程组，然后根据解的性质来判别系统的稳定性。具体方法是先将非线性系统在平衡点附近的一定范围内，利用泰勒公式展开一次近似，将其线性化，然后用线性化矩阵（雅可比矩阵）的特征值来判别系统的稳定性。显然，对于线性系统，只需求出系数矩阵的特征值就可以判断其稳定性。而对于非线性系统，可以通过在系统平衡点附近的线性化方程来研究其稳定性。如果系统存在一个以上的平衡点，则要对每个平衡点分别进行讨论。

　　1. 非线性系统平衡点的稳定性判据

　　设某一自治非线性动力学系统为

$$\dot{X} = f(X, \mu) \tag{1.18}$$

式中，$X = [x_1, x_2, \cdots, x_n]^T$ 为 n 维状态向量；$\mu = [\mu_1, \mu_2, \cdots, \mu_m]^T$ 为 m 维控制参数；$f = [f_1, f_2, \cdots, f_n]^T$ 为非线性函数向量。

　　平衡点 X_e 满足 $\dot{X} = f(X_e, \mu) = 0$，为了研究平衡点 X_e 的稳定性，将其在平衡点 X_e 附近线性化，得线性化矩阵，可表示为

$$A = D_x F = \begin{bmatrix} \dfrac{\partial f_1}{\partial x_1} & \cdots & \dfrac{\partial f_1}{\partial x_n} \\ \vdots & & \vdots \\ \dfrac{\partial f_n}{\partial x_1} & \cdots & \dfrac{\partial f_n}{\partial x_n} \end{bmatrix}_{X = X_e} \qquad (1.19)$$

式中，偏导数 $D_x F$ 称为雅可比矩阵。系统平衡点的稳定性由该系统所对应的雅可比矩阵 $D_x F(X_e, \mu)$ 的特征值决定。改变控制参数 μ，当雅可比矩阵所有特征值的实部 $\operatorname{Re} \lambda < 0$ 时，平衡点是稳定的，且系统的稳定性与高阶导数项无关；若至少有一个特征值的实部 $\operatorname{Re} \lambda > 0$，则平衡点是不稳定的；如果 $D_x F$ 的特征值中，虽然没有实部为正的，但有为零的，且为重根，则原非线性系统在平衡状态 X_e 的稳定性要由其线性化方程的高阶导数项来决定。对应的参数 μ 称为分岔参数。

如果考虑雅可比矩阵的特征值 λ 的性质，则当参数 μ 发生变化时，通过 $\operatorname{Re} \lambda = 0$ 的情况可能有三种过程发生，如图 1.7 所示[3]。

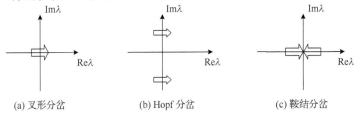

(a) 叉形分岔　　　　　　(b) Hopf 分岔　　　　　　(c) 鞍结分岔

图 1.7　三种过程随 λ 演变的示意图

（1）叉形分岔。特征值沿复平面 $(\operatorname{Re} \lambda, \operatorname{Im} \lambda)$ 的实轴穿过虚轴，其中 $\lambda \in \mathbf{R}$ 且由负变正。

（2）霍普夫（Hopf）分岔。特征值沿复平面 $(\operatorname{Re} \lambda, \operatorname{Im} \lambda)$ 的上方或下方穿过虚轴，其中 $\lambda \in \mathbf{C}$ 且 $\operatorname{Re} \lambda$ 由负变正。

（3）鞍结分岔。特征值沿复平面的实轴两边趋于虚轴，其中 $\lambda \in \mathbf{R}$ 且 λ 由正负两边趋于零。

对于离散系统可进行类似分析，设非线性离散动力学系统表示为

$$X(n+1) = f(X(n), \mu) \qquad (1.20)$$

其中，$\mu = \mu_c$ 处的不动点 X_0 满足 $X_0 = f(X_0, \mu_c)$。

（1）若 $D_x F(X, \mu_c)$ 具有一个特征值为 1，而其余特征值的模均小于 1（即在复平面的单位圆内），则动力学系统发生鞍结分岔。

（2）若 $D_x F(X, \mu_c)$ 具有一个特征值为 -1，而其余特征值的模均小于 1，则动力学系统发生倍周期分岔。

（3）若 $D_x F(X, \mu_c)$ 具有一对共轭复特征值，特征值的模为 1，而其余特征值的模均小于 1，则动力学系统发生环面分岔。

（4）若 $D_xF(X, \mu_c)$ 的所有特征值的模均小于 1，则动力学系统的不动点是稳定不动点。

2. 通过矩阵特征值判断线性定常系统的稳定性

由于非线性系统在平衡点处线性化后，在系统的平衡点处得到的线性化方程可用如下定常线性系统描述，即

$$\dot{X} = AX \tag{1.21}$$

所以，上述线性系统的稳定性在矩阵 A 的特征值满足一定的条件下就是非线性系统平衡点处的稳定性条件。下面给出系统 $\dot{X} = AX$ 渐近稳定的充要条件并加以证明。

当式（1.21）中矩阵 A 的全部特征值位于复平面左半部时，即

$$\operatorname{Re} \lambda_i < 0, \quad i = 1, 2, \cdots, n \tag{1.22}$$

它的零解渐近稳定。

证明　假定 A 有相异特征值 $\lambda_1, \cdots, \lambda_n$，根据线性代数理论，存在非奇异线性变换 $X = P\bar{X}$（P 由特征值 λ_i 对应的特征向量构成，为一个常数矩阵），可使 A 对角化为

$$\bar{A} = P^{-1}AP = \operatorname{diag}(\lambda_1, \cdots, \lambda_n) \tag{1.23}$$

变换后状态方程的解为

$$\bar{X}(t) = \mathrm{e}^{\bar{A}t} \bar{X}(0) = \operatorname{diag}(\mathrm{e}^{\lambda_1 t}, \cdots, \mathrm{e}^{\lambda_n t}) \bar{X}(0)$$

由于

$$\bar{X} = P^{-1}X, \quad \bar{X}(0) = P^{-1}X(0)$$

所以原状态方程的解为

$$X(t) = P\mathrm{e}^{\bar{A}t} P^{-1} X(0) = \mathrm{e}^{At} X(0)$$

有

$$\mathrm{e}^{At} = P\mathrm{e}^{\bar{A}t} P^{-1} = P\operatorname{diag}(\mathrm{e}^{\lambda_1 t}, \cdots, \mathrm{e}^{\lambda_n t}) P^{-1} \tag{1.24}$$

将式（1.24）展开，e^{At} 的每个元素都是 $\mathrm{e}^{\lambda_1 t}, \cdots, \mathrm{e}^{\lambda_n t}$ 的线性组合，因而可写成

$$\mathrm{e}^{At} = \sum_{i=1}^{n} R_i \mathrm{e}^{\lambda_i t} = R_1 \mathrm{e}^{\lambda_1 t} + \cdots + R_n \mathrm{e}^{\lambda_n t} \tag{1.25}$$

故 $X(t)$ 可以显式表示出与 λ_i 的关系，即

$$X(t) = \mathrm{e}^{At} X(0) = [R_1 \mathrm{e}^{\lambda_1 t} + \cdots + R_n \mathrm{e}^{\lambda_n t}] X(0) \tag{1.26}$$

当式（1.22）成立时，对于任意 $X(0)$，均有 $X(t)|_{t \to \infty} \to 0$，系统渐近稳定。只要有一个特征值的实部大于零，对于 $X(0) \neq 0$，$X(t)$ 便无限增长，系统不稳定。如果只有一个（或一对，且均不能是重根）特征值的实部等于零，其余特征值实部均小于零，$X(t)$ 便含有常数项或三角函数项，则系统是李雅普诺夫意义下稳定的。证毕。

3. 二维定常线性系统平衡点的稳定性

由于非线性系统在平衡点附近的一定范围内，利用泰勒公式展开一次近似，将其

线性化，成为定常线性系统。所以，为了更好地理解本书后续各章节中有关系统稳定性的概念和方法，以二维定常线性系统为例，进一步讨论系统平衡点的稳定性。下面按矩阵 A 的特征值情况讨论式（1.21）的稳定性[3]。

经过适当的坐标变换 $X = PY$，式（1.21）可化为如下系统

$$\dot{Y} = BY \tag{1.27}$$

式中，矩阵 $B = P^{-1}AP$。

1）A 有异号实特征值

此时

$$B = \begin{bmatrix} \lambda & 0 \\ 0 & \mu \end{bmatrix}, \quad \lambda < 0 < \mu \tag{1.28}$$

式（1.27）的解为

$$\begin{cases} y_1 = e^{\lambda t} k_1 \\ y_2 = e^{\mu t} k_2 \end{cases} \tag{1.29}$$

式中，k_1、k_2 为实常数。

解曲线在 y_1 - y_2 平面上的图形如图 1.8 所示，箭头表示 t 增加时曲线的方向。t 趋于无穷时只有两条曲线趋于原点，其余各曲线都沿另外两个方向趋于无穷，这其中有两条曲线当 $t \to -\infty$ 时趋于原点，这样的原点称为鞍点。

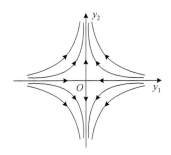

图 1.8　二维定常线性系统鞍点示意图

2）A 的特征值都有负实部

A 的特征值都有负实部，又分为 A 相异的负特征值、A 的复特征值有负实部、A 的特征值为纯虚数、A 有负的特征值、A 不能对角化 5 种情况，此处只讨论前三种情况，后两种情况见参考文献[3]。

（1）A 相异的负特征值。

此时

$$B = \begin{bmatrix} \lambda & 0 \\ 0 & \mu \end{bmatrix}, \quad \lambda < \mu < 0 \tag{1.30}$$

其解为

$$\begin{cases} y_1 = \mathrm{e}^{\lambda t} k_1 \\ y_2 = \mathrm{e}^{\mu t} k_2 \end{cases} \tag{1.31}$$

解曲线在 y_1 - y_2 平面上的图形如图 1.9 所示,除两条曲线外其余各解曲线都沿两个方向趋于原点，此时，原点称为结点。

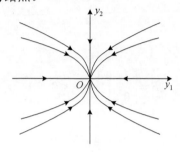

图 1.9　二维定常线性系统结点示意图

（2）A 的复特征值有负实部。

此时

$$B = \begin{bmatrix} a & -b \\ b & a \end{bmatrix}, \quad a < 0$$

其解为

$$\begin{aligned} y(t) &= \mathrm{e}^{Bt} k \\ &= \mathrm{e}^{at} \begin{bmatrix} k_1 \cos bt - k_2 \sin bt \\ k_1 \sin bt + k_2 \cos bt \end{bmatrix} \end{aligned} \tag{1.32}$$

解曲线是绕原点旋转的螺线。$b < 0$ 时是顺时针方向的螺线，此时原点称为焦点，如图 1.10 所示。

（3）A 的特征值为纯虚数。

此时

$$B = \begin{bmatrix} 0 & -b \\ b & 0 \end{bmatrix}$$

其解为

$$\begin{aligned} y(t) &= \mathrm{e}^{Bt} k \\ &= \begin{bmatrix} \cos bt & -\sin bt \\ \sin bt & \cos bt \end{bmatrix} \begin{bmatrix} k_1 \\ k_2 \end{bmatrix} \\ &= \begin{bmatrix} k_1 \cos bt - k_2 \sin bt \\ k_1 \sin bt + k_2 \cos bt \end{bmatrix} \end{aligned} \tag{1.33}$$

解有周期性，周期为 $2\pi / b$，解曲线是封闭的。$b > 0$ 时，解曲线如图 1.11 所示；$b < 0$ 时，曲线上箭头反向，此时原点称为中心。

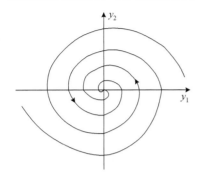　　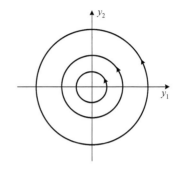

图 1.10　二维定常线性系统焦点示意图　　　图 1.11　二维定常线性系统中心示意图

最后需要指出，因为 $X = PY$，所以方程 $\dot{Y} = BY$ 的解在 $y_1 - y_2$ 平面上的拓扑结构也就是方程 $\dot{X} = AX$ 的解在 $x_1 - x_2$ 平面上的拓扑结构。

1.4.2　李雅普诺夫第二方法

1. 正定性和负定性的定义

李雅普诺夫第二方法可用于任意阶的系统，此法又称为直接法，该方法的优点是可以不必求解系统的状态方程而直接判定其稳定性[4]。对于非线性系统和时变系统，状态方程的求解通常是很困难的，因此李雅普诺夫第二方法就显示出很大的优越性。在现代控制理论中，李雅普诺夫第二方法是研究稳定性的主要方法，既是研究控制系统理论问题的一种基本工具，又是分析具体控制系统稳定性的一种常用方法。运用李雅普诺夫第二方法分析系统的稳定性的主要困难，在于构造李雅普诺夫函数时需要有相当的经验和技巧，而且所给出的结论只是系统为稳定或不稳定的充分条件，即便人们不能构造出满足系统稳定的李雅普诺夫函数，也不能因此断言系统不稳定。要证明系统不稳定，需找出满足系统不稳定定理的李雅普诺夫函数。现在，随着计算机技术的发展，借助数字计算机不仅可以找到所需要的李雅普诺夫函数，而且能确定系统的稳定区域。但是想要找到一个构造李雅普诺夫函数的一般方法仍是一个困难的问题。

由经典的力学理论可知：对于一个振动系统，如果它的总能量（这是一个标量函数）随着时间的向前推移而不断地减少，也就是说，若其总能量对时间的导数小于零，则振动将逐渐衰减，而当此总能量达到最小值时，振动将会稳定下来，或者完全消失。李雅普诺夫第二方法就是建立在这样一个直观的物理事实，但又更为普遍的情况之上的，即如果系统有一个渐近稳定的平衡状态，那么当它转移到该平衡状态的领域内时，系统所具有的能量随着时间的增加而逐渐减少，直到在平衡状态达到最小值。然而就一般的系统而言，未必一定能得到一个"能量函数"，对此，李雅普诺夫引入了一个虚构的广义能量函数来判断系统平衡状态的稳定性。这个虚构的广义能量函数称为李雅普诺夫函数，记为 $V(X,t)$。无疑，李雅普诺夫函数比能量函数更为一般，它的应用范围也更加广泛。

李雅普诺夫函数与 $x_1,x_2,\cdots,x_n$ 和 t 有关，用 $V(x_1,x_2,\cdots,x_n,t)$ 或者简单地用 $V(X,t)$ 来表示。如果在李雅普诺夫函数中不含 t，就用 $V(x_1,x_2,\cdots,x_n)$ 或 $V(X)$ 表示。在李雅普诺夫第二方法中，不需要求解方程，因为 $V(X,t)$ 的特征和它对时间的导数 $\dot{V}(X,t)$ 提供了判断平衡状态处是否稳定的信息。

对于一个给定的系统，如果能够找到一个正定的标量函数，它沿着轨迹对时间的导数总是负值，则随着时间的增加，$V(X)$ 将取越来越小的 C 值，随着时间的进一步增加，最终将导致 $V(X)$ 变为零，X 也变为零。这意味着状态空间的原点是渐近稳定的。首先给出标量函数定号性的定义。

（1）正定性。若标量函数 $V(X)$ 在域 S 内对所有非零状态 $X\neq0$ 有 $V(X)>0$ 且 $V(0)=0$，则称 $V(X)$ 在域 S 内正定，如 $V(X)=x_1^2+x_2^2$ 是正定的。

（2）负定性。若标量函数 $V(X)$ 在域 S 内对所有非零 X 有 $V(X)<0$ 且 $V(0)=0$，则称 $V(X)$ 在域 S 内负定，如 $V(X)=-(x_1^2+x_2^2)$ 是负定的。如果 $V(X)$ 是负定的，则 $-V(X)$ 一定是正定的。

（3）负（正）半定性。若 $V(0)=0$，且 $V(X)$ 在域 S 内某些状态处有 $V(X)=0$，而其他状态处均有 $V(X)<0$（$V(X)>0$），则称 $V(X)$ 在域 S 内负（正）半定。设 $V(X)$ 为负半定，则 $-V(X)$ 为正半定，如 $V(X)=-(x_1+2x_2)^2$ 为负半定。

（4）不定性。若标量函数 $V(X)$ 在域 S 内可正可负，则称 $V(X)$ 不定，如 $V(X)=x_1x_2$ 是不定的。

关于 $V(X,t)$ 正定性的提法是：标量函数 $V(X,t)$ 在域 S 中，对于 $t>t_0$ 和所有非零状态有 $V(X,t)>0$ 且 $V(0,t)=0$，则称 $V(X,t)$ 在域 S 内正定。$V(X,t)$ 的其他定号性提法类同。

二次型函数是一类重要的标量函数，记

$$V(X)=X^{\mathrm{T}}PX=[x_1\ \cdots\ x_n]\begin{bmatrix}p_{11}&\cdots&p_{1n}\\\vdots&&\vdots\\p_{n1}&\cdots&p_{nn}\end{bmatrix}\begin{bmatrix}x_1\\\vdots\\x_n\end{bmatrix} \tag{1.34}$$

式中，P 为对称矩阵，有 $p_{ij}=p_{ji}$。显然满足 $V(X)=0$，其定号性由西尔维斯特准则判定。当 P 的各顺序主子行列式均大于零时，即

$$p_{11}>0,\ \begin{vmatrix}p_{11}&p_{12}\\p_{21}&p_{22}\end{vmatrix}>0,\ \cdots,\ \begin{vmatrix}p_{11}&\cdots&p_{1n}\\\vdots&&\vdots\\p_{n1}&\cdots&p_{nn}\end{vmatrix}>0 \tag{1.35}$$

P 为正定矩阵，则 $V(X)$ 正定。当 P 的各顺序主子行列式负、正相间时，即

$$p_{11} < 0, \quad \begin{vmatrix} p_{11} & p_{12} \\ p_{21} & p_{22} \end{vmatrix} > 0, \quad \cdots, \quad (-1)^n \begin{vmatrix} p_{11} & \cdots & p_{1n} \\ \vdots & & \vdots \\ p_{n1} & \cdots & p_{nn} \end{vmatrix} > 0 \qquad (1.36)$$

P 为负定矩阵，则 $V(X)$ 负定。若主子行列式含有等于零的情况，则 $V(X)$ 为正半定或负半定。不属于以上所有情况的 $V(X)$ 不定。

2. 李雅普诺夫稳定性定理

定理 1.1

$$\dot{X} = f(X,t), \quad f(0,t) = 0, \quad \forall t \qquad (1.37)$$

如果存在一个具有连续偏导数的标量函数 $V(X,t)$，并且满足条件：①$V(X,t)$ 是正定的，②$\dot{V}(X,t)$ 是负定的，那么系统在原点处的平衡状态是一致渐近稳定的。如果随着 $\|X\| \to \infty$，有 $V(X,t) \to \infty$，则在原点处的平衡状态是大范围渐近稳定的。$\dot{V}(X,t)$ 负定表示能量随时间连续单调地衰减，与渐近稳定性定义叙述一致。

定理 1.2　若：①$V(X,t)$ 正定，②$\dot{V}(X,t)$ 负半定，且在非零状态不恒为零，则原点是渐近稳定的。

$\dot{V}(X,t)$ 负半定表示在非零状态存在 $\dot{V}(X,t) \equiv 0$，但在从初态出发的轨迹 $X(t,X_0,t_0)$ 上，不存在 $V(X,t) \equiv 0$ 的情况，于是系统将继续运行至原点。状态轨迹仅是经历能量不变的状态，而不会维持在该状态。当 $\|X\| \to \infty$ 时，有 $V(X) \to \infty$，则系统的原点平衡状态 $X = 0$ 为大范围渐近稳定。

定理 1.3　若：①$V(X,t)$ 正定，②$\dot{V}(X,t)$ 负半定，且在非零状态恒为零，则原点是李雅普诺夫意义下稳定的。

沿状态轨迹能维持 $V(X,t) \equiv 0$，表示系统能维持等能量水平运行，使系统维持在非零状态而不运行至原点。

定理 1.4　若：①$V(X,t)$ 正定，②$\dot{V}(X,t)$ 正定，则原点是不稳定的。

$\dot{V}(X,t)$ 正定表示能量函数随时间增大，所以状态轨迹在原点邻域发散。

以上定理按照 $\dot{V}(X,t)$ 连续单调衰减的要求来确定系统稳定性，并未考虑实际稳定系统可能存在衰减振荡的情况，因此其条件是偏于保守的，所以利用上述诸稳定性定理给出的稳定系统必稳定。

至于如何判断在非零状态下 $V[X(t,X_0,t_0),t]$ 是否有恒为零的情况，可按如下方法进行：令 $\dot{V}(X,t) \equiv 0$，将状态方程代入，若能导出非零解，表示对 $X \neq 0$，$\dot{V}(X,t) \equiv 0$ 的条件是成立的；若导出的是全零解，表示只有原点满足 $\dot{V}(X,t) \equiv 0$ 的条件。

应注意到，李雅普诺夫函数（正定的 $V(X,t)$）的选取是不唯一的，但只要找到一个 $V(X,t)$ 满足定理所述条件，便可对系统原点的稳定性作出判断，并不因选取的 $V(X,t)$ 不同而有所影响。不过至今尚无构造李雅普诺夫函数的通用方法，这是应用李雅普诺夫稳定性理论的主要困难。但如果系统的原点是稳定的或渐近稳定的，那么具有所要求性质的李雅普诺夫函数一定是存在的，经验表明，李雅普诺夫函数最简单的形式是二次型，即 $V(X) = X^T P X$，这里 P 为实对称方阵。如果 $V(X,t)$ 选取不当，会导致 $\dot{V}(X,t)$ 不定的结果，这时便作不出确定的判断，需要重新选取 $V(X,t)$。

　　需要特别指出：虽然一个特定的李雅普诺夫函数可以证明在域 S 中所考虑的平衡状态是稳定的，或者是渐近稳定的，但它未必就意味着在域 S 外的运动是不稳定的。

　　上述诸定理的适用范围非常广泛，不仅适用于线性系统，而且适用于非线性系统、时变系统，是最基本的系统稳定性判据定理。

3. 利用李雅普诺夫第二方法判断系统稳定性的实例

例 1.1　考虑小阻尼线性振动系统

$$\begin{cases} \dot{x}_1 = x_2 \\ \dot{x}_2 = -x_1 - x_2 \end{cases} \Rightarrow 阻尼比 \xi = 0.5 \tag{1.38}$$

试研究其平衡状态 $x_1 = 0$，$x_2 = 0$ 的稳定性。构造如下的李雅普诺夫函数

$$V(x_1, x_2) = 3x_1^2 + 2x_1 x_2 + 2x_2^2$$

易于验证，这是一个正定函数。而方程 $3x_1^2 + 2x_1 x_2 + 2x_2^2 = C$，当 $0 < C < \infty$ 时表示一个椭圆族。一般来说，微分方程的解不能得，故 V 的显式方程不能得到。但却可求出 V 沿微分方程解的导数

$$\dot{V} = \frac{\partial V}{\partial x_1}\dot{x}_1 + \frac{\partial V}{\partial x_2}\dot{x}_2 = (6x_1 + 2x_2)x_2 + (2x_1 + 4x_2)(-x_1 - x_2) = -2(x_1^2 + x_2^2) \tag{1.39}$$

　　当 x_1 和 x_2 不同时为零时，即在相平面上，除原点 $x_1 = x_2 = 0$ 外，总有 $dV / dt < 0$，这说明 V 总是沿着微分方程的运动而减小的，也就是说，运动轨线从 $V = C$ 的椭圆的外面穿过椭圆走向其内部。因此，系统关于零解必是渐近稳定的。

例 1.2　设系统的状态方程为

$$\begin{cases} \dot{x}_1 = x_2 - x_1(x_1^2 + x_2^2) \\ \dot{x}_2 = -x_1 - x_2(x_1^2 + x_2^2) \end{cases} \tag{1.40}$$

试确定其平衡状态的稳定性。

　　解　由平衡点方程得

$$\begin{cases} x_2 - x_1(x_1^2 + x_2^2) = 0 \\ -x_1 - x_2(x_1^2 + x_2^2) = 0 \end{cases} \tag{1.41}$$

解出唯一平衡点（$x_1 = 0$，$x_2 = 0$）为坐标原点。

　　选取标准二次型为李雅普诺夫函数，即

$$V(X) = x_1^2 + x_2^2 > 0 \quad （正定） \tag{1.42}$$

则沿任意轨迹 $V(X)$ 对时间的导数

$$\dot{V}(X) = 2x_1\dot{x}_1 + 2x_2\dot{x}_2 = -2(x_1^2 + x_2^2)^2 < 0 \quad （负定） \tag{1.43}$$

又由于当 $\|X\| \to \infty$ 时，$V(X) \to \infty$，故根据李雅普诺夫稳定性定理，平衡点（$x_1 = 0$，$x_2 = 0$）是大范围内渐近稳定的。

1.5　分　岔　理　论

1.5.1　分岔理论概述

对于含参数的系统，当参数变化并经过某些临界值时，系统的定性性态（如平衡状态或周期运动的数目和稳定性等）会发生突然变化，这种变化称为分岔（bifurcation）[5]。分岔是非线性系统中所特有的现象。一般而言，一个动力学系统稳态的丧失是通过分岔行为来完成的，一个稳态的丧失必定导致一个新稳态的建立。因此，分岔的出现表示系统此时是结构不稳定的，或者说，结构不稳定意味着出现分岔。

分岔理论的主要研究内容包括分岔点的位置、分岔解的方向和数目；分岔解的稳定性；分岔的类型、分岔的过程与终态等。分岔理论是研究动力学系统稳定性的一个有力工具，也是研究非线性动力系统产生混沌现象的基础。此外，从分岔过程来看，失稳是发生分岔的物理前提。分岔可分为静态分岔、动态分岔或局部分岔、全局分岔。

设 $\dot{X} = f(X, \mu)$，$X \in \mathbf{R}^n$，$\mu \in \mathbf{R}^m$ 是依赖于参数 μ 的一个动态系统，参数 μ 变化时，若引起向量场局部拓扑结构的变化，则为局部分岔；若引起向量场全局拓扑结构的变化，则为全局分岔。方程 $f(X, \mu) = 0$ 解的数目和稳定性随着参数 μ 的变化问题为静态分岔问题；而 $\dot{X} = f(X, \mu)$ 的向量场或流（特别是极限集）的拓扑结构随参数 μ 变化的问题为动态分岔问题。静态分岔可分为鞍结分岔、跨临界分岔、叉形分岔等，动态分岔可分为 Hopf 分岔、闭轨分岔、环面分岔、同宿或异宿分岔等[5]。

1.5.2　几种典型分岔的讨论

本节只讨论叉形分岔、Hopf 分岔、鞍结分岔和和边界碰撞分岔等几种典型分岔。

1.　叉形分岔

叉形分岔的典型方程为

$$\dot{x} = \mu x - x^3 \tag{1.44}$$

式（1.44）的定态或平衡点有三个：$x = 0$ 和 $x = \pm\sqrt{\mu}$。

对于平衡点 $x = 0$，式（1.44）的线性化方程（$\xi = x$）为

$$\dot{\xi} = \mu\xi \tag{1.45}$$

其特征根就是 μ。当 $\mu < 0$ 时，平衡点 $\xi = x = 0$ 是稳定的；当 $\mu > 0$ 时，它是不稳定的。

对于平衡点 $x = \sqrt{\mu}$ 和 $x = -\sqrt{\mu}$，式（1.44）的线性化方程为

$$\dot{\xi} = -2\mu\xi \tag{1.46}$$

其特征根是 -2μ。因为此时 μ 只能取正值，所以这两个平衡点都是稳定的。图 1.12 表明了式（1.44）的解随参数 μ 变化的情况。由图 1.12 可见，解的数目和稳定性在 $\mu = 0$ 处发生突然变化，一个平衡点失稳后出现两个稳定平衡点，因此，式（1.44）出现的这种分岔称为叉形分岔，又称为倍周期分岔。

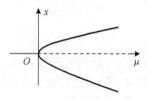

图 1.12　叉形分岔示意图

2. Hopf 分岔

在动态分岔中，较重要的是 Hopf 分岔。Hopf 分岔是指从平衡点的失稳分岔出稳定的极限环，即产生周期性振荡的现象。其典型方程为

$$\begin{cases} \dot{x} = -y + x[\mu - (x^2 + y^2)] \\ \dot{y} = x + y[\mu - (x^2 + y^2)] \end{cases} \tag{1.47}$$

引入极坐标（r, φ），（x, y）相平面上一点到坐标原点的距离为 $r = \sqrt{x^2 + y^2}$，则

$$\begin{cases} x = r\cos\varphi \\ y = r\sin\varphi \end{cases} \tag{1.48}$$

将式（1.48）代入式（1.47）并化简，可得

$$\dot{r} = \frac{x\dot{x} + y\dot{y}}{r} = r(\mu - r^2) \tag{1.49a}$$

$$\dot{\varphi} = \frac{x\dot{y} - \dot{x}y}{r^2} = 1 \tag{1.49b}$$

式（1.49b）说明了轨线以一个常角速度 $\dot{\varphi}$ 旋转，而式（1.49a）则说明了极坐标系在 $\mu > 0$ 时还存在另一平衡点

$$r = \sqrt{\mu} \tag{1.50}$$

由此看到，式（1.49a）与叉形分岔的式（1.44）非常相似。由分析得知，当 $\mu < 0$ 时，$r = 0$ 是稳定平衡点；当 $\mu > 0$ 时，$r = 0$ 就变成不稳定的平衡点了，从而分岔出半径为 $r = \sqrt{\mu}$ 的极限环。这种由平衡点失稳后而出现极限环的分岔，通常称为 Hopf 分岔，其分岔图如图 1.13 所示。此时分岔点为 $x = 0$，$y = 0$，$\mu = 0$。

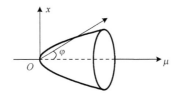

图 1.13　Hopf 分岔示意图

3. 鞍结分岔

鞍结分岔又称为折叠分岔。考察如下的单变量非线性方程

$$\dot{x} = \mu - x^2 \tag{1.51}$$

很明显，当 $\mu < 0$ 时方程无定态解；$\mu > 0$ 时则存在如下两个平衡点，即

$$\begin{cases} x_1 = \sqrt{\mu} \\ x_2 = -\sqrt{\mu} \end{cases} \tag{1.52}$$

在 x - μ 平面上，这两个平衡点分布在抛物线上（见图 1.14）。由图 1.14 可见，$\mu = 0$ 是发生分岔的参数值，这种随参数变化，系统的一个稳定结点和不稳定鞍点在分岔处相碰，平衡点消失的分岔称为鞍结分岔。

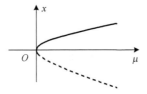

图 1.14　鞍结分岔示意图

4. 边界碰撞分岔

在动力系统中，除了处处光滑系统，还有一类分段光滑的动力系统。分段光滑是指函数在定义域的有限个点集处某阶导数不存在或不连续的情况。分段光滑出现的分岔与处处光滑出现的分岔有很大的不同，典型的是会出现边界碰撞分岔。为了分析边界碰撞分岔，首先给出穿越边界不动点的定义[6]。

若 $F(x, \mu)$ 是向量场，一个动力系统在 X 空间的 R_A 区域和 R_B 区域分别光滑，在 R_A 和 R_B 连接区域的边界 Γ 上连续但不光滑，则当不动点 P_μ（μ 为控制参量）在 R_A 区域与 R_B 区域及边界 Γ 上均存在时，称 P_μ 为穿越边界不动点。

一般而言，一个不动点在穿越边界 Γ 前后其稳定性是不相同的，因为它的性质在两个区域 R_A 和 R_B 是不相同的。在 R_A 和 R_B 区域内，不动点的稳定性可引入雅可比矩阵进行分析，但在边界上不能定义雅可比矩阵。一种分析方法是：在穿越边界 Γ 时定义矩阵的左右极限，然后仿照处处光滑的情况讨论。

考察如下的典型分段光滑动力学系统[2]

$$\dot{x} = \begin{cases} \mu x - x^3, & x < 0 \\ \mu x + x^3 + x, & x \geqslant 0 \end{cases} \tag{1.53}$$

（1）当 $x < 0$ 时，不动点为 $x_1^* = 0$，$x_2^* = -\sqrt{\mu}$。

（2）当 $x \geqslant 0$ 时，不动点为 $x_1^* = 0$，$x_2^* = \sqrt{-(\mu+1)}$。

下面分两种情况进行讨论。

1）不为零的不动点的稳定性

当 $x^* \neq 0$ 时，本征值为

$$\lambda = \begin{cases} -2\mu, & x < 0 \\ -2(\mu+1), & x \geqslant 0 \end{cases} \tag{1.54}$$

（1）当 $\mu < -1$ 时，在 $x < 0$ 区域，不动点 $x_2^* = -\sqrt{\mu}$ 不存在实数解；在 $x \geqslant 0$ 区域 λ 为正，不动点 $x_2^* = \sqrt{-(\mu+1)}$ 结构不稳定。

（2）当 $-1 < \mu < 0$ 时，在 $x < 0$ 和 $x \geqslant 0$ 两个区域均不存在非零不动点（两个不动点均为虚数）。

（3）当 $\mu > 0$ 时，在 $x < 0$ 区域 λ 为负，不动点是 $-\sqrt{\mu}$，结构稳定；在 $x \geqslant 0$ 区域，不动点 $\sqrt{-(\mu+1)}$ 不存在。

2）$x^* = 0$ 的不动点的稳定性

由于位于边界上，不能定义雅可比矩阵，只能讨论 Γ 的左右极限。

当 $x^* = 0$ 时，本征值为

$$\begin{cases} \dfrac{\mathrm{d}\dot{x}}{\mathrm{d}x}\Big|_{x \to 0^+} = \mu + 1 \\[2mm] \dfrac{\mathrm{d}\dot{x}}{\mathrm{d}x}\Big|_{x \to 0^-} = \mu \end{cases} \tag{1.55}$$

（1）当 $\mu < -1$ 时，$\begin{cases} \lambda|_{x \to 0^+} < 0 \\ \lambda|_{x \to 0^-} < 0 \end{cases}$，不动点 $x^* = 0$ 结构稳定。

（2）当 $-1 < \mu < 0$ 时，$\begin{cases} \lambda|_{x \to 0^+} > 0 \\ \lambda|_{x \to 0^-} < 0 \end{cases}$，不动点 $x^* = 0$ 结构不稳定。

（3）当 $\mu > 0$ 时，$\begin{cases} \lambda|_{x \to 0^+} < 0 \\ \lambda|_{x \to 0^-} < 0 \end{cases}$，不动点 $x^* = 0$ 结构不稳定。

以上结果如图 1.15 所示。由此可看到，当 μ 减小时（从右到左）一个稳定不动点 $-\sqrt{\mu}$ 与不稳定不动点 0 不断接近；当 $\mu = 0$ 时，同时与边界相碰，使稳定不动点消失；当 $\mu = -1$ 时，残留的不动点 0 突然演变为一对不断分离的稳定不动点和不稳定不动点。由此可看出，不光滑的系统其分岔非常丰富。

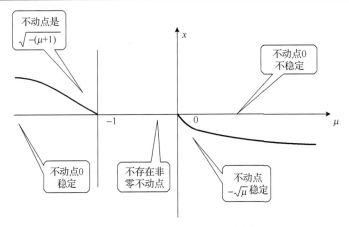

图 1.15　边界碰撞分岔示意图

1.6　混沌理论概述

1.6.1　混沌的定义

无论是物理学家、数学家还是控制论、信息科学的专家，研究混沌动力学的首要问题是如何给混沌下一个准确和科学的定义[7]，以便能够合理地解释理论推论、数值计算和实验中出现的复杂动力学行为。然而混沌作为一门科学发展至今，仍没有一个准确、完整、科学的定义，不同领域的科学家往往对其有不同的理解。例如，物理学家认为混沌是非线性系统在远离平衡状态下，由于运动轨道高度不稳定，经多次分岔达到的一种运动状态，是一种有统计规律的"序"；数学家则从映射、不变集、拓扑学角度来定义混沌。

1975 年，李天岩和约克（Yorke）给出了混沌的一个数学定义，这也是第一次赋予混沌这个词以严格的科学定义。下面介绍混沌的李-约克定义。

设连续自映射 f: $I \to I \subset \mathbf{R}$，$I$ 是 $\mathbf{R}$ 的一个闭区间，设存在点 $x \in I$，使得

$$f^{(3)}(x) \leqslant x < f(x) < f^{(2)}(x) \tag{1.56}$$

或

$$f^{(3)}(x) \geqslant x > f(x) > f^{(2)}(x) \tag{1.57}$$

如果存在不可数集合 $S \subset I$，并且满足如下条件。

（1）f 的周期点的周期无上界。

（2）存在 I 的不可数子集 S，满足：

①对任意 $x, y \in S$，当 $x \neq y$ 时，有

$$\limsup_{n \to \infty} \left| f^{(n)}(x) - f^{(n)}(y) \right| > 0 \tag{1.58}$$

②对任意 $x, y \in S$，有

$$\liminf_{n \to \infty} \left| f^{(n)}(x) - f^{(n)}(y) \right| = 0 \tag{1.59}$$

③对任意 $x \in S$ 和 f 的任一周期点 y，有

$$\limsup_{n \to \infty} \left| f^{(n)}(x) - f^{(n)}(y) \right| > 0 \tag{1.60}$$

则称 f 在 S 上是混沌的。

由李-约克的定义可见，他们是用三方面的本质特征来对混沌进行刻画的，即"有界""非周期"和"敏感初始条件"，而在有限性制约下的物理混沌仍具有这三个本质特征。所以，可以这样来理解混沌概念，"混沌是确定性非线性系统的有界的敏感初始条件的非周期行为"，只要能确定系统处于混沌状态，那么行为（或状态）主体就是确定性的非线性系统，而且它一定具有"有界""敏感初始条件"和"非周期"三个本质特征；反之，任何一个确定性的非线性系统，只要它表现出"有界""非周期"和"敏感初始条件"的特征，就可以认为该系统处于混沌状态。

1.6.2 通向混沌的道路

搞清楚非线性系统是如何从非混沌进入混沌的，不仅具有深刻的理论意义，而且具有重要的应用价值。例如，在了解了系统通向混沌的途径后，根据需要可以通过设计适当的扰动或控制方法来控制混沌或产生混沌（混沌化）。目前，理论研究和实验研究表明存在如下四种典型的通向混沌的道路。

（1）倍周期分岔道路。随着系统参数的变化，系统中相继出现 2，4，8，…，倍周期，最终进入混沌状态。这一系列分岔，在参数空间和相空间中表现出自相似性和尺度变换下的不变性，因此，以倍周期分岔进入混沌具有普适性。费根鲍姆用重整化群技术解释了这种分岔具有普适性规则[8]。

（2）阵发混沌道路。随着控制参数接近临界转变点，在规整运动过程中时不时间隙猝发出随机运动，且随机运动片断变得越来越频繁。由于在转变点吸引集的相空间范围突然改变，所以阵发进入混沌道路可以认为是间隙的。在这种情况下，阵发混沌道路与倍周期分岔道路是完全不同的。另外，它们都是由局部分叉产生的，如单峰映像中，在切分岔附近出现阵发混沌。研究表明，阵发方式有多种形式，如 I 型、III 型、V 型阵发等。

（3）环面破裂。具有两个或两个以上不可约（即比值非有理数）频率成分的拟周期运动在某种情况下失去光滑性，即参数达到临界值时布满拟周期轨道的环面发生破裂而进入混沌。这种环面破裂通向混沌的方式与倍周期分岔通向混沌的方式一样存在普适性和标度性，可用重正化群技术进行分析。

（4）危机道路。与阵发混沌道路一样，危机道路也是间隙的。但不同之处是：危机道路是由全局演化引起的，如跨越稳定与不稳定流形时引起，而阵发道路是由局部

分岔导致的。在危机爆发临界点之前，参数的取值使吸引子的运动是非混沌的，但通常存在瞬变过程，在达到它们的渐近规则运动之前，轨迹看起来是混沌的。随着参数达到临界值，混沌的瞬变过程持续时间趋于无穷，经过临界点时，出现持续的混沌运动。通过危机达到混沌的道路主要出现在分段光滑的动力学系统中。

1.6.3　混沌的度量与判断

为了判断一个非线性动力学系统是否出现了混沌运动和混沌程度，科学工作者定义了一些物理量来对混沌进行测定和度量，下面分别予以介绍。

1. 李雅普诺夫指数

李雅普诺夫指数（Lyapunov exponent）是混沌理论中一个非常重要的概念，它由 Oseledec 首次提出，是目前用于判断非线性系统是否存在混沌行为的主要判据。如果系统的最大李雅普诺夫指数小于零，则对应周期运动。反之，则对应混沌运动。下面分别就一维系统和高维系统给出李雅普诺夫指数的定义。

1）一维系统李雅普诺夫指数的定义

设 $f : \mathbf{R} \to \mathbf{R}$ 是连续可微的函数，对于任何 $x_0 \in \mathbf{R}$，称

$$\lambda(x_0) = \lim_{n \to +\infty} \sup \frac{1}{n} \log \left(\left| f^{(n)'}(x_0) \right| \right) = \lim_{n \to +\infty} \frac{1}{n} \sum_{i=0}^{n-1} \log \left(\left| f'(x_i) \right| \right) \tag{1.61}$$

为 f 关于点 x_0 的李雅普诺夫指数，其中 $x_i = f^i(x_0)$。

由 Oseledec[9]的遍历性（Ergoic）定理可知，上述定义中极限 $\lambda(x_0)$ 是几乎处处存在的，即 $\lambda(x)$ 是不依赖于初值 x_0 的常数。显然，在实际计算李雅普诺夫指数时，必须取长时间的平均才能保证结果的精确性。

2）高维动力系统李雅普诺夫指数的定义

n 维动力系统

$$\dot{X}(t) = F(\mu, X(t)) \tag{1.62}$$

式中，μ 为参数集；$X(t) \in \mathbf{R}^n$ 是状态向量。将式（1.62）在已知解 $X_0(t)$ 附近的线性化方程为

$$\frac{\mathrm{d}\delta x}{\mathrm{d}t} = J(x)\delta x \tag{1.63}$$

式中，$J(x) = \dfrac{\partial F}{\partial X}\bigg|X = X_0$ 为李雅普诺夫矩阵。

选轨道上的一点 $X(t)$ 为原点，在此处随机地取 n 个独立的正交小矢量 $e_1^t, e_2^t, \cdots, e_n^t$（$n$ 为相间的维数）。将 $X(t)$ 按式（1.62）积分一步得 $X(t+\tau)$，同时将各个矢量的端点按式（1.63）积分一步（以保证 e_i 为无穷小量），再与 $X(t+\tau)$ 连成 n 个矢量 $e_1^{t+\tau}, e_2^{t+\tau}, \cdots, e_n^{t+\tau}$，这样得到的新矢量 $e_1^{t+\tau}, e_2^{t+\tau}, \cdots, e_n^{t+\tau}$ 一般不是正交的。如果偏离正交较

远，可对 $e_1^{t+\tau}, e_2^{t+\tau}, \cdots, e_n^{t+\tau}$ 正交化后，以 $X(t+\tau)$ 为原点，重复上述过程。以 e_i^n 表示 $e_i^{t+n\tau}$，计算下列量。

（1）n 个矢量的长度之比，其计算公式为

$$\lambda(e_i) = \lim_{n \to \infty} \frac{1}{n\tau} \sum_{k=1}^{n} \ln \frac{\left\| e_i^k \right\|}{\left\| e_i^{k-1} \right\|} \quad （共 n 个） \tag{1.64}$$

（2）C_2^n 个平行四边形的面积之比（由 n 个小矢量支起），其计算公式为

$$\lambda(e_i, e_j) = \lim_{n \to \infty} \frac{1}{n\tau} \sum_{k=1}^{n} \ln \frac{\left\| e_i^k \wedge e_j^k \right\|}{\left\| e_i^{k-1} \wedge e_j^{k-1} \right\|} \quad （共 C_2^n 个） \tag{1.65}$$

$$\vdots$$

（3）n 维平行多面体的体积之比，其计算公式为

$$\lambda(e_1, e_2, \cdots, e_n) = \lim_{n \to \infty} \frac{1}{n\tau} \sum_{k=1}^{n} \ln \frac{\left\| e_1^k \wedge e_2^k \wedge \cdots \wedge e_n^k \right\|}{\left\| e_1^{k-1} \wedge e_2^{k-1} \wedge \cdots \wedge e_n^{k-1} \right\|} \quad （1 个） \tag{1.66}$$

式中，"$\wedge$"表示矢积。

遍历性定理告诉我们，只要 $e_1, e_2, \cdots, e_n$ 是随机选取（不是沿切空间的本征方向）的，对于几乎所有的 $X(t)$，式（1.64）～式（1.66）的极限总是存在的，并且至多存在 n 个不相同的李雅普诺夫指数 $\lambda_1, \lambda_2, \cdots, \lambda_n$，且 $\lambda_1, \lambda_2, \cdots, \lambda_n$ 与式（1.64）～式（1.66）定义的 $2^n - 1$ 个量存在如下关系。

$$\lambda(e_1) = \max(\lambda_1, \lambda_2, \cdots, \lambda_n)$$
$$\lambda(e_i, e_j) = \max(\lambda_1 + \lambda_2, \lambda_2 + \lambda_3, \cdots, \lambda_{n-1} + \lambda_n)$$
$$\vdots \tag{1.67}$$
$$\lambda(e_1, e_2, \cdots, e_n) = \lambda_1 + \lambda_2 + \cdots + \lambda_n$$

因此，如果将 λ_i 按数值大小排序

$$\lambda_1 \geqslant \lambda_2 \geqslant \lambda_3 \geqslant \cdots \geqslant \lambda_n \tag{1.68}$$

它们的值就可以从式（1.67）和式（1.68）求得

$$\lambda(e_1) = \lambda_1$$
$$\lambda(e_i, e_j) = \lambda_1 + \lambda_2$$
$$\vdots \tag{1.69}$$
$$\lambda(e_1, e_2, \cdots, e_n) = \lambda_1 + \lambda_2 + \cdots + \lambda_n$$

式（1.69）中最后一个就是相空间体积的收缩率，它可由式（1.63）直接算得。例如，当 $n = 3$ 时，有

$$\lambda(e_1, e_2, \cdots, e_n) = \frac{d}{dx_1} \dot{x}_1 + \frac{d}{dx_2} \dot{x}_2 + \frac{d}{dx_3} \dot{x}_3 = \mathrm{div} F \tag{1.70}$$

因此，对于具有常数收缩率的系统，如 Lorenz 系统，式（1.70）可以用于检验数值计算的正确性。

一维系统只有一个李雅普诺夫指数，$\lambda<0$时表示相邻轨道的差值随迭代缩小，对应一个稳定的周期轨道；$\lambda>0$时，相邻轨道指数分离，但轨道在整体性稳定因素（有界、耗散）作用下反复折叠，形成混沌吸引子，因此$\lambda>0$对应混沌运动。对于高维系统，在李雅普诺夫指数小于零的方向，相体积收缩，运动稳定且对初值不敏感；在$\lambda>0$的方向相邻轨道迅速分离，长时间行为对初始条件敏感，运动呈混沌状态；$\lambda=0$对应稳定边界，初始误差不放大也不缩小。因此李雅普诺夫指数谱的类型能提供动力学系统的定性情况。例如，对于二维系统吸引子，只有两种情况：$(\lambda_1,\lambda_2)=(-,-)$时为稳定不动点，$(\lambda_1,\lambda_2)=(0,-)$时为极限环。而对于三维系统，有以下几种情形：$(\lambda_1,\lambda_2,\lambda_3)=(-,-,-)$时为稳定不动点；$(\lambda_1,\lambda_2,\lambda_3)=(0,-,-)$时为极限环；$(\lambda_1,\lambda_2,\lambda_3)=(0,0,-)$时为二维环面；$(\lambda_1,\lambda_2,\lambda_3)=(+,0,-)$时为奇怪吸引子。对于四维系统，有以下几种情形：$(\lambda_1,\lambda_2,\lambda_3,\lambda_4)=(-,-,-,-)$时为稳定不动点；$(\lambda_1,\lambda_2,\lambda_3,\lambda_4)=(0,-,-,-)$时为极限环周期运动；$(\lambda_1,\lambda_2,\lambda_3,\lambda_4)=(0,0,-,-),(0,0,0,-)$时为环面准周期运动；$(\lambda_1,\lambda_2,\lambda_3,\lambda_4)=(+,0,0,-)$，$(+,0,-,-)$时为混沌运动吸引子；$(\lambda_1,\lambda_2,\lambda_3,\lambda_4)=(+,+,0,-)$时为超混沌运动吸引子。

2. 熵

当轨道的初始值不能精确地获得时，随着轨道的演化，解的指数形式发散意味着信息的丢失，意味着系统的运动具有不确定性。为了描述混沌运动的不确定性和复杂性，人们引入了多种熵的概念。根据概念的不同也根据轨道信息丢失平均值的算法的不同，熵的定义有以下几种。

1）信息熵

在信息论中，信息熵反映信源中每个符号的平均不确定性，它由Shannon在1948年首次引入，其定义式为

$$H(X)=\sum_{i=1}^{n}P(a_i)\log P(a_i) \tag{1.71}$$

式中，$P(a_i)$是信源a_i的概率，$H(X)$为信源矢量X的信息熵。

2）测度熵

在混沌系统中，为了度量系统的混沌程度，引入了测度熵的概念，它是由Kolmogorov等引入的。粗略地讲，测度熵反映了信息损失的平均速率，它的定义如下。

考虑一个d维系统，把它的相空间分割为N个边长为ε的d维格子，当系统运动时，它在相空间的轨道为

$$X(t)=[x_1(t),x_2(t),x_3(t),\cdots,x_d(t)] \tag{1.72}$$

取时间间隔Δt为一个小量，令$P(i_0,i_1,\cdots,i_n)$表示起始时刻系统在第i_0个格子中，则$t=\tau$时在第i_1个格子中，$\cdots$，$t=n\tau$时在第i_n个格子中的联合概率。根据式（1.71），确定系统将沿轨道$(i_0,i_1,\cdots,i_n)$运动所需的信息量为

$$K_n=\sum_{i_0,i_1,\cdots,i_n}^{N}P(i_0,i_1,\cdots,i_n)\log P(i_0,i_1,\cdots,i_n) \tag{1.73}$$

那么，$K_{n+1} - K_n$ 便是知道系统沿此轨道运动后，要确定其在$(n+1)\Delta t$ 时刻落在哪个格子所需的附加信息量，也就是说 $K_{n+1} - K_n$ 为系统由 $n\Delta t$ 时刻到$(n+1)\Delta t$ 时刻损失的信息量。K 熵就是信息损失的平均值

$$K = \lim_{\Delta t \to 0} \lim_{\varepsilon \to 0} \lim_{N \to \infty} \frac{1}{N\Delta t} \sum_{n=0}^{N-1} (K_{n+1} - K_n) \tag{1.74}$$

即

$$K = -\lim_{\Delta t \to 0} \lim_{\varepsilon \to 0} \lim_{N \to \infty} \frac{1}{N\Delta t} \sum_{i_0, i_1, \cdots, i_n} P(i_0, i_1, \cdots, i_n) \log P(i_0, i_1, \cdots, i_n) \tag{1.75}$$

式中，极限 $\varepsilon \to 0$ 取在极限 $N \to \infty$ 之后，它使 K 的值实际与分格方式无关；若 Δt 取单位时间，即 $\Delta t = 1$，则极限 $\Delta t \to 0$ 可省去。式（1.75）称为测度熵（简称 K 熵），由定义式（1.71）和式（1.75）可知，信息熵和 K 熵在定义本质上是相同的。

K 的数值是判断运动性质的重要度量。对于一维情况，可以推得 $K = \ln m$，其中，m 为下一时刻系统的状态可能演化进入的格子数。对于确定性（规则）运动，显然 $m = 1$，所以得 $K = 0$。对于纯随机运动，下一时刻系统可能到达 N 个格子中的任一个，所以 $m = N$，当 $\varepsilon \to 0$ 时，$N \to \infty$，所以对于纯随机运动，$K \to \infty$。对于混沌运动，相空间轨道要按指数形式分开，对于一维情形，$m \sim e^{\lambda}$，从而有 $K = \ln e^{\lambda} = \lambda > 0$。所以混沌运动对应于有限的正 K 值。对于高维可微分的映射，有 $K \leqslant \sum_{\{i; \lambda_i > 0\}} \lambda_i$，即所有正的李雅普诺夫指数之和给出测度熵的上限，研究表明，在实际中此等式往往成立。

3）拓扑熵

在混沌科学的研究史上，拓扑熵是继测度熵之后引入的，它定义的是一个区域的测度而不是一个概率测度，即它不考虑相空间细分过程中的测度，而只保留计数问题，它是比测度熵更弱的混沌判据。1965 年 Adler、Konheim 和 McAndrew 首次提出拓扑熵，后来，Bowen 给出了一个更有用的、数学上等价的拓扑熵定义，下面给出 Bowen 关于拓扑熵的定义。

设 f 为 $X \to X$ 的连续映射，X 是度量空间，赋予距离 d，对于一个集合 $S \subset X$，给定 $\varepsilon > 0$，$n \in \mathbf{N}$，如果任意 $x \neq y \in S$，至少存在一个 k，$0 \leqslant k \leqslant n$，使得 $d[f^k(x), f^k(y)] > \varepsilon$，那么称 S 是 f 的一个（n, ε）分隔集合，将长度为 n（ε 度量）的不同轨道的数量记为

$$r(n, \varepsilon, f) = \max\{\#(S) \mid S \subset X \text{是 } f \text{ 的一个 } (n, \varepsilon) \text{ 分隔集合}\} \tag{1.76}$$

式中，$\#(S)$ 表示 S 中的元素的个数（集合的势），这样就可以定义随着 n 增长，$r(n, \varepsilon, f)$ 的增长率

$$h(\varepsilon, f) = \limsup_{n \to \infty} \frac{\log r(n, \varepsilon, f)}{n} \tag{1.77}$$

于是得到拓扑熵的定义

$$h(f) = \lim_{\varepsilon \to 0, \varepsilon > 0} h(\varepsilon, f) \tag{1.78}$$

这样就得到一个新的混沌判据：如果 f 满足 $h(f) > 0$，则称 f 是混沌的。由于拓扑熵没有计入测度，一般情况下有 $h \geq k$，即正拓扑熵不能保证测度熵为正，而正的测度熵一定导致正拓扑熵。因此，当拓扑熵为正时，只意味着运动中包含不规则成分，并不能保证相应的混沌运动可以观测。

上面的拓扑熵定义虽然在数学上很严格，但对于实际具体系统往往是难以计算的。将拓扑熵与某些几何量相连，可以给出计算拓扑熵的方法。研究表明，对光滑映射，拓扑熵是光滑圆盘的最大容积增长率。

3. 吸引子的维数

在高维混沌系统中，其混沌吸引子通常具有自相似的分形结构，因此称为奇怪吸引子，但混沌吸引子和奇怪吸引子并不是完全相同的概念。奇怪吸引子是一种几何概念，一定具有分数维数；而混沌吸引子是一种动力学概念，可以不具有分数维数。例如，一维映射中的混沌吸引子都是一维的。为了定量表达奇怪吸引子具有自相似性的结构特征，人们引入了如下几种维数定义。

1）Hausdoff 维数

$$D_H = -\lim_{\varepsilon \to 0} \lim_{N \to \infty} \log M(\varepsilon) / \log \varepsilon \tag{1.79}$$

式中，N 为 d 维空间中组成一个奇怪吸引子的点集 $\{x_i\}_{i=1}^{N}$ 的点数；$M(\varepsilon)$ 为用 d 维的小格式 ε^d 覆盖吸引子空间中的格子数。

式（1.79）定义的维数有两个缺点：其一是当奇怪吸引子的维数较高时，计算量十分巨大；其二是没有反映几何对象的不均匀性，含有一个元素的格子和众多元素的格子在式（1.79）中均具有相同的权重。为了改进这一缺点，引入如下的信息维数。

2）信息维

$$D_I = -\lim_{\varepsilon \to 0} \lim_{N \to \infty} \log I(\varepsilon) / \log \varepsilon \tag{1.80}$$

式中，$I(\varepsilon) = -\sum_{i=1}^{M(\varepsilon)} P_i \log P_i$，$P_i = N_i / N$，$N_i$ 为第 i 个格子中的点数。

不难看出，当各个格子具有相同的权重时，即 $P_i(\varepsilon) = 1/M(\varepsilon)$ 时，信息维等于 Housdorff 维数。同样，信息维在空间维数较大时，也存在计算量大的问题。目前广泛使用的是由式（1.81）和式（1.82）定义的关联维，关联维的突出优点是简便、易算。

3）关联维
定义为

$$D_R = \lim_{\varepsilon \to 0} \lim_{N \to \infty} \log C(\varepsilon) / \log \varepsilon \tag{1.81}$$

式中，$C(\varepsilon)$ 为关联积分

$$C(\varepsilon) = \frac{1}{N^2} \sum_{i \neq j} \theta\left(\varepsilon - \left|x_i - x_j\right|\right) \tag{1.82}$$

式中，θ 为 Heaviside 函数，当 $x > 0$ 时，$\theta(x) = 1$；当 $x < 0$ 时，$\theta(x) = 0$。x_i 为 m 维矢量，m 为嵌入维，矢量 x_i 可由实验测得的一个时间序列来构造。因此关联积分的含义是：在 N 个矢量 x_i 中，一切两两相异的矢量 x_i、x_j 的距离小于 ε 的矢量对总个数在一切可能的 N^2 种配对中所占的比例。

4. 功率谱

功率谱是单位频率上的能量，它能反映出功率（强度）在频率上的分布情况。对于一个时间序列（一条运动轨道），功率谱的定义为自协方差序列的傅里叶变换，即

$$P_{xx}(\omega) = \sum_{m=-\infty}^{\infty} v_{xx}(m) \mathrm{e}^{-jm\omega}$$

$$v_{xx}(m) = \frac{1}{2\pi} \int_{-\pi}^{\pi} P_{xx}(\omega) \mathrm{e}^{j\omega m} \mathrm{d}\omega \tag{1.83}$$

对于均值为零的序列，自协方差序列就等于自相关序列。因此，功率谱和自相关序列构成了一对傅里叶变换对。实际计算时，可直接对采样点（时间序列）按下式进行快速傅里叶变换（Fast Fourier Transform，FFT），即

$$a_k = \frac{1}{N} \sum_{i=1}^{N} x_i \cos \frac{k\pi \mathrm{j}}{N}$$

$$b_k = \frac{1}{N} \sum_{i=1}^{N} x_i \sin \frac{k\pi \mathrm{j}}{N} \tag{1.84}$$

则功率谱定义为

$$P = \sum_{k=1}^{\infty} (a_k^2 + b_k^2) \tag{1.85}$$

功率谱分析法可有效地判断系统的运动性质。例如，对于周期运动，功率谱是由许多离散的谱线构成的，每根谱线的高度指示了相应频率的振动强度。对于频率为 f 的周期运动，当发生倍周期分岔时，在 $f/2$ 处出现附加谱线。与准周期对应的功率谱是几个不可约的基频和由它们叠加所得的尖峰；与混沌运动对应的功率谱的特征是一系列频率的周期运动的叠加，在功率谱中出现宽带连续谱。对于非自治系统，如强迫布鲁塞尔振子，功率谱中还含有与周期运动对应的尖峰。

这表示周期运动轨道"访问"各个混沌带的严格周期性，因此谱的精细结构有助于区分嵌在不同混沌带中的周期轨道。

5. 庞加莱截面

庞加莱截面（Poincaré surface of section）由 Poincaré 于 19 世纪末提出，用来对多变量自治系统的运动进行分析。其基本思想是在多维相空间中适当选取一个截面，在此截面上某一对共轭变量取固定值，称此截面为 Poincaré 截面。观测运动轨迹与此截面的截点（Poincaré 点），设它们依次为 $P_1, P_2, P_3, \cdots$。原来相空间的连续轨迹在 Poincaré 截面上便表现为一些离散点之间的映射 P_n。由它们可得到关于运动特性的信息。如果不考虑初始阶段的暂态过渡过程，只考虑 Poincaré 截面的稳态图像，当 Poincaré 截面上只有一个不动点和有限个离散点时，可判定运动是周期的；当 Poincaré 截面上是一条封闭曲线时，可判定运动是准周期的；当 Poincaré 截面上是成片的密集点，且有层次结构时，可判定运动处于混沌状态。

参 考 文 献

[1] 谢克明. 现代控制理论基础. 北京: 北京工业大学出版社, 2011: 150-155.

[2] 张嗣瀛, 高立群. 现代控制理论. 北京: 清华大学出版社, 2006: 163-171.

[3] 张锦炎, 冯贝叶. 常微分方程几何理论与分支问题. 北京: 北京大学出版社, 2000: 2-30.

[4] 于长官. 现代控制理论. 哈尔滨: 哈尔滨工业大学出版社, 1997: 63-67.

[5] 陆启韶. 分岔与奇异性. 上海: 上海科技教育出版社, 1995: 12-45.

[6] 何大韧, 汪秉宏. 非线性动力学引论. 西安: 陕西科学技术出版社, 2001.

[7] 罗晓曙. 混沌控制、同步的理论方法及其应用. 桂林: 广西师范大学出版社, 2007: 2-11.

[8] Feigenbaum M J. Quantitative universality for a class of nonlinear transformations. Journal of Statistical Physics, 1978, 19(1): 25-31.

[9] Oseledec V I. Multiplicative ergodic theorem Lyapunov characteristic numbers for dynamical system. Trans.Moscow Math Soc, 1968, 19(2): 197-231.

第 2 章　电力系统、永磁同步电动机的非线性动力学行为

已有的研究表明，在一定的参数和工作条件下，电力系统、永磁同步电动机（Permanent Magnet Synchronous Motor，PMSM）呈现出混沌行为。电力系统处于混沌振荡时将严重危及电力系统的稳定、安全运行，甚至会导致互联电力系统的崩溃；混沌行为的出现同样会严重影响 PMSM 运行的稳定性，甚至会引起机电系统的解列。因此研究电力系统、PMSM 的非线性动力学行为与混沌控制方法，对保证其稳定、安全运行具有极其重要的意义。本章对电力系统、PMSM 的混沌行为进行研究和理论分析。

2.1　引　　言

大电网之间的互联是现代电力系统发展的必然趋势，它将使电网的发电和输电变得更经济、更高效。与此同时，电力系统运行的稳定性受到了前所未有的挑战。近几十年来，国内外一些大电网相继发生电压、频率振荡失稳甚至崩溃的事故[1-5]，如 2003 年 8 月 14 日美国、加拿大停电，2005 年 5 月 23 日莫斯科大停电等[6,7]，这些事故给国民经济和人们的生活造成了巨大的损失和严重的危害。最初，研究人员认为电力系统负载阻尼引起的低频振荡是导致其失稳的根本原因，但是他们在通过附加励磁控制器增强系统阻尼之后，发现振荡仍有发生[8,9]。随着分岔、混沌理论在电力系统非线性动力学行为研究中的应用，人们发现电力系统中除了低频振荡，还存在混沌振荡，其外在表现为非周期、无规则、突发性或阵发性的病态机电振荡。这种振荡不仅对系统的稳定具有极强的破坏力，而且不能依靠附加传统的励磁控制器来抑制或消除，因而很有必要对电力系统的混沌振荡产生机理及其控制进行深入研究[10-32]；另外，PMSM 由于其结构简单、高效节能，在工业上得到了越来越广泛的应用。近年来，它的稳定性、可靠性研究受到人们的广泛关注，这是由于 PMSM 的稳定、可靠运行是工业自动化生产的关键问题。已有的研究表明[33-40]，PMSM 传动系统在某些参数和工作条件下会呈现混沌行为，其主要表现为转矩和转速的间歇振荡、控制性能的不稳定、系统不规则的电流噪声等。混沌的存在将严重影响 PMSM 运行的稳定性，甚至会引起机电系统的崩溃，因而有必要对 PMSM 的混沌控制进行研究。自 20 世纪 90 年代以来，国内外许多研究人员对电力系统、PMSM 的分岔和混沌振荡产生机理进行了有益的探讨。但对电力系统、PMSM 的混沌控制方法研究还未深入展开，因此研究电力系统和 PMSM 的混沌控制对保证电力系统的稳定运行具有极其重要的意义，本书将在后续各章介绍有关电力系统和 PMSM 的混沌控制的研究成果。

2.2 电力系统的非线性动力学模型及其混沌特性

由于电力系统是一种强非线性、强耦合、动态的复杂系统，建立适合于分析其非线性动力学的模型比较困难，所以目前该项研究仍处于起步阶段。电力系统混沌特性的研究主要集中在用各种方法探索、认识电力系统可能发生的分岔和混沌，研究其对电力系统稳定运行的影响。对于电力系统动力学模型及其混沌特性研究比较突出的工作包括：20 世纪 80 年代，美国数学家 Kopell[41]将一个三机电力系统变为一个两自由度系统，用 Melnikov 方法研究其分岔、混沌现象，开创了这个崭新的研究领域；1990 年 Chiang 等[42]采用数值方法较为详细地研究了一个三母线电力系统的混沌和分岔行为；宋永华等[43]采用动力系统分岔理论研究了一个二机系统中的混沌现象；张伟年等[44]运用 Melnikov 函数方法研究表明，在一定的耗散和周期激励下，经典模型下的二机系统会出现异宿轨道分岔和混沌现象，并获得了电力系统发生混沌振荡的参数区域；Venkatasubramanian 等[45,46]利用现代非线性动力学理论详细研究了考虑励磁限制的四阶电力系统模型的分岔、混沌特性；Rajesh 等[47]利用 OUTO97 软件研究了考虑励磁和负荷的 7 阶电力系统的非线性动力学行为，发现高阶电力系统随系统参数的变化会呈现出非常复杂的非线性动力学性质，如鞍结分岔、Hopf 分岔、环面分岔、倍周期分岔和混沌等现象。下面首先对上述国内外有关电力系统混沌模型及其混沌特性的研究工作进展进行总结和评述。

2.2.1 简单互联电力系统模型

简单二机互联电力系统如图 2.1 所示。其中 1、2 分别为系统 1 和系统 2 的等值发电机，3、4 分别为系统 1 和系统 2 的等值主变压器，5 为负荷，6 为断路器，7 为系统连接线，其数学模型[8,43,44]为

$$\begin{cases} \dfrac{\mathrm{d}\delta(t)}{\mathrm{d}t} = \omega(t) \\ \dfrac{\mathrm{d}\omega(t)}{\mathrm{d}t} = -\dfrac{1}{T}P_s \sin\delta(t) - \dfrac{D}{T}\omega(t) + \dfrac{1}{T}P_m + \dfrac{1}{T}P_e \cos\beta t \end{cases} \tag{2.1}$$

式中，$\delta(t)$、$\omega(t)$ 为系统的状态变量，分别表示系统 1 和系统 2 的等值发电机相对角度和相对角速度；T、D 为等值转动惯性和等值阻尼系数，皆为正实数；P_s、P_m 为电磁功率和机械功率；P_e 为扰动功率幅值；β 为扰动功率的频率。文献[44]利用 Melnikov 方法和分岔、混沌理论分析式（2.1）的非线性动力学行为，详细阐述了系统随参数变化而呈现出不同的非线性动力学性质，并证实了在受到较大的周期性负荷扰动时，如当扰动功率幅值 P_e 超过一定范围时，系统将会出现混沌振荡。这里取系统参数为 $T=100$，$P_s=100$，$D=2$，$P_m=20$，$\beta=1$，$P_e=28$，其典型混沌吸引子如图 2.2 所示。

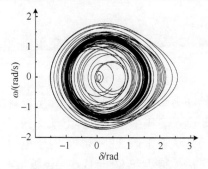

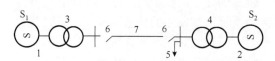

图 2.1　简单二机互联电力系统　　　　　　图 2.2　简单互联电力系统典型混沌吸引子

2.2.2　考虑励磁限制的电力系统模型

考虑励磁限制的电力系统如图 2.3 所示，其数学模型为[45,46]

$$\begin{cases}\dot{\delta}=2\pi f_0\omega\\[4pt]M\dot{\omega}=-D\omega+P_{\mathrm{T}}-\dfrac{E'}{x_d'+x}\sin\delta\\[8pt]T_{d0}'\dot{E'}=-\dfrac{x_d+x}{x_d'+x}E'+\dfrac{x_d-x_d'}{x_d'+x}\cos\delta+E_{\mathrm{fd}}\\[8pt]T_{\mathrm{A}}\dot{E}_{\mathrm{fdr}}=-K_{\mathrm{A}}(V-V_{\mathrm{ref}})-(E_{\mathrm{fdr}}-E_{\mathrm{fd}0})\end{cases}\qquad(2.2)$$

$E'\angle\delta$　　　　　$V\angle\theta$　　　　　　　jX　　　　　　$I\angle 0$

图 2.3　考虑励磁限制的电力系统

该数学模型由发电机运动方程和励磁系统方程组成。其中，发电机 q 轴绕组阻尼忽略不计，状态变量 δ、ω、E' 分别表示发电机转子相对角度、相对角速度和发电机定子侧暂态电势。V 表示发电机端电压，其表达式为

$$V=\frac{1}{x+x_d'}\sqrt{[(x_d'+xE'\cos\delta)^2+(xE'\sin\delta)^2]}$$

励磁系统用一个高增益的单时间常数 VAR 和限制器表示，其组成框图如图 2.4 所示。其中，E_{fdr} 为励磁限制器的输入；励磁限制器的输出 E_{fd} 严格限制在 $E_{\mathrm{fd_{min}}}$ 和 $E_{\mathrm{fd_{max}}}$ 之间，即

$$E_{\mathrm{fd}}=\begin{cases}E_{\mathrm{fd_{max}}}, & E_{\mathrm{fdr}}>E_{\mathrm{fd_{max}}}\\[4pt]E_{\mathrm{fdr}}, & E_{\mathrm{fd_{min}}x}\leqslant E_{\mathrm{fdr}}\leqslant E_{\mathrm{fd_{max}}}\\[4pt]E_{\mathrm{fd_{min}}}, & E_{\mathrm{fdr}}<E_{\mathrm{fd_{max}}}\end{cases}\qquad(2.3)$$

在实际运行的电力系统中，发电机的机械输入功率 P_{T} 和发电机阻尼系数 D 具有不确定性，并且具有丰富的动力学行为。文献[46]的研究表明，考虑励磁限制的电力系统

随参数 P_T 和 D 的变化而呈现出非常复杂的非线性动力学行为，如鞍结分岔、Hopf 分岔、环面分岔、倍周期分岔和混沌等。图 2.5 为系统在 $P_\mathrm{T} = 1.30$、$D = 110$ 时呈现的混沌状态。式（2.2）中其他参数符号的含义及其在本章数值仿真中的取值如表 2.1 所示。

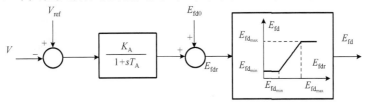

图 2.4　考虑励磁限制的励磁系统框图

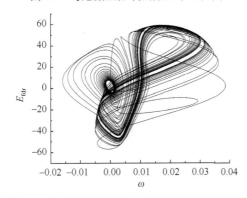

图 2.5　考虑励磁限制的电力系统的混沌吸引子

表 2.1　考虑励磁限制的电力系统参数的符号含义及其在本章数值仿真中的取值

数值	符号	参数含义	数值	符号	参数含义
10	M	发电机转动惯量	5	$E_{\mathrm{fd}_{\max}}$	励磁控制器输出上限
60	f_0	系统电压频率	0.5	x	输电线路电抗
10	T'_{d0}	电机 d 轴励磁绕组时间常数	1.05	V_{ref}	励磁控制器参考电压
1	x_d	发电机 d 轴同步电抗	2	$E_{\mathrm{fd}0}$	限制器输入参考电压
0.4	x'_d	发电机 d 轴瞬变电抗	1	T_A	励磁控制器时间常数
0	$E_{\mathrm{fd}_{\min}}$	励磁控制器输出下限	190	K_A	励磁控制器增益
4.9752	Y_1	导线电纳	0.23	x'_q	发电机 q 轴瞬变电抗
1.6584	Y_2	导线电纳	0.05	d	阻尼系数
1.1056	Y_3	导线电纳	0.4	P_0	负荷功率
2.894	H	发电机转动惯量	0.8	Q_0	负荷无功功率
4.3	T'_{d0}	发电机 d 轴励磁绕组时间常数	1.0	V_{ref}	励磁控制器参考电压
0.85	T'_{q0}	发电机 q 轴励磁绕组时间常数	0.05	T_A	励磁控制器时间常数
1.79	x_d	发电机 d 轴同步电抗	200	K_A	励磁控制器增益
0.4	x'_d	发电机 d 轴瞬变电抗			

2.2.3　考虑负荷的电力系统模型

考虑负荷的电力系统模型如图 2.6 所示，其数学模型为[27,31,47]

$$\begin{cases}
\dot{\delta} = \omega_B S_m \\
2H\dot{S}_m = (-P_g + P_m - dS_m) \\
T'_{d0}\dot{E}'_q = E_{fd} - E'_q + i_d(x_d - x'_d) \\
T'_{q0}\dot{E}'_d = -E'_d - (x_q - x'_q)i_d \\
T_A\dot{E}_{fd} = -E_{fd} + K_A(V_{ref} - V_t) \\
\dot{\delta}_L = (Q - Q_{ld} - Q_0 - q_2 V_L - q_3 V_L^2)/q_1 \\
\dot{V}_L = (P - P_{ld} - P_0 - P_3 V_L)/P_2 - P_1(Q - Q_{ld} - Q_0 - q_2 V_L - q_3 V_L^2)/q_1
\end{cases} \tag{2.4}$$

式中，δ、S_m 分别为发电机转子角度、转速；E'_q、E'_d 分别是定子 d、q 轴产生的电势，E_{fd} 为励磁限制器的输出；δ_L 和 V_L 分别为负荷电压的角度和幅值。在考虑负荷的电力系统中，发电机的机械输入功率 P_m 和负荷有功、无功功率 P_{ld}、Q_{ld} 具有不确定性，并且具有丰富的动力学行为。其他参数的符号含义及其在本章数值仿真中的取值参见表 2.1。文献[31] 和文献[47]分别以 P_m、P_{ld} 和 Q_{ld} 为分岔参数，找出了电力系统出现混沌、崩溃的参数区域。图 2.7 为系统在 $P_m = 0.6764$、$P_{ld} = 1.28$ 和 $Q_{ld} = 0.64$ 时典型的混沌吸引子，其中 E_b 为无穷大母线端电动势，i 和 i_3 分别为总线和输电线电流，P 和 Q 分别为有功功率和无功功率。

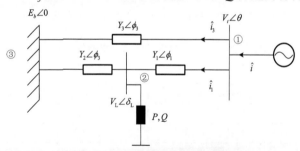

图 2.6　考虑负荷的电力系统模型（引自文献[47]）

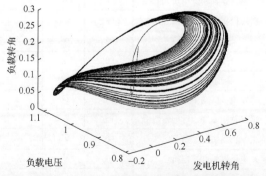

图 2.7　考虑负荷的电力系统混沌吸引子（引自文献[47]）

2.3　永磁同步电动机的动力学模型及其混沌特性

较早建立 PMSM 混沌模型的有 Hemati 等[34]、张波等。他们不仅建立了适合分析 PMSM 系统分岔、混沌等非线性动力学行为的数学模型[38]，还利用 Poincaré 映射、李雅普诺夫指数和容量维等分析方法证明了 PMSM 中混沌的存在[48]。目前所研究的 PMSM 模型是如下的三维自治系统

$$\begin{cases} \dfrac{\mathrm{d}i_d}{\mathrm{d}t} = (u_d - R_1 i_d + \omega L_q i_q)/L_d \\[2mm] \dfrac{\mathrm{d}i_q}{\mathrm{d}t} = (u_q - R_1 i_q - \omega L_d i_d + \omega \psi_r)/L_q \\[2mm] \dfrac{\mathrm{d}\omega}{\mathrm{d}t} = [n_p \psi_r i_q + n_p(L_d - L_q)i_d i_q - T_L - \beta\omega]/J \end{cases} \tag{2.5}$$

式中，i_d、i_q、ω 为状态变量，分别表示 d、q 轴定子电流和转子机械角速度；参数 u_d、u_q 和 T_L 分别为 d、q 轴电压和外部扭矩；L_d、L_q 分别为 d、q 轴定子电感；ψ_r 为永久磁通；R_1 为定子绕组；β 为粘性阻尼系数；J 为转动惯性；n_p 为极对数。R_1、β、J、L_q、L_d、T_L 皆取正数。

通过仿射变换 $x = \lambda\tilde{x}$ 和时间尺度变换 $t = \tau\tilde{t}$，其中 $x = [\,i_d \quad i_q \quad \omega\,]^{\mathrm{T}}$，$\tilde{x} = [\,\tilde{i}_d \quad \tilde{i}_q \quad \tilde{\omega}\,]^{\mathrm{T}}$，

$$\lambda = \begin{bmatrix} \lambda_d & 0 & 0 \\ 0 & 0 & 0 \\ 0 & 0 & 0 \end{bmatrix} = \begin{bmatrix} bk & 0 & 0 \\ 0 & k & 0 \\ 0 & 0 & 1/\tau \end{bmatrix}, \quad b = L_q/L_d, \quad k = \frac{\beta}{n_p \tau \psi_r}, \quad \tau = L_q/L_{R_1}, \quad n_p = 1, \quad 式（2.4）$$

变为如下无量纲方程

$$\begin{cases} \dfrac{\mathrm{d}\tilde{i}_d}{\mathrm{d}\tilde{t}} = -\dfrac{L_q}{L_d}\tilde{i}_d + \tilde{\omega}\tilde{i}_q + \tilde{u}_d \\[2mm] \dfrac{\mathrm{d}\tilde{i}_q}{\mathrm{d}\tilde{t}} = -\tilde{i}_q - \tilde{\omega}\tilde{i}_d + \gamma\tilde{\omega} + \tilde{u}_q \\[2mm] \dfrac{\mathrm{d}\tilde{\omega}}{\mathrm{d}\tilde{t}} = \sigma(\tilde{i}_q - \tilde{\omega}) + \varepsilon\tilde{i}_d\tilde{i}_q - \tilde{T}_L \end{cases} \tag{2.6}$$

式中，$\gamma = \dfrac{n_p \psi_r^2}{R_1 \beta}$；$\sigma = \dfrac{L_q \beta}{R_1 J}$；$\tilde{u}_q = \dfrac{n_p L_q \psi_r u_q}{R_1^2 \beta}$；$\tilde{u}_d = \dfrac{n_p L_q \psi_r u_d}{R_1^2 \beta}$；$\varepsilon = \dfrac{L_q \beta^2 (L_d - L_q)}{L_d J n_p \psi_r^2}$；

$\tilde{T}_L = \dfrac{L_q^2 T_L}{R_1^2 J}$。

根据气隙特性，PMSM 又可分为均匀气隙 PMSM 和非均匀气隙 PMSM。

2.3.1　均匀气隙 PMSM

当 $L_d = L_q$ 时，系统为均匀气隙 PMSM，式（2.6）可转换成

$$\begin{cases} \dfrac{\mathrm{d}\tilde{i}_d}{\mathrm{d}\tilde{t}} = -\tilde{i}_d + \tilde{\omega}\tilde{i}_q + \tilde{u}_d \\[2mm] \dfrac{\mathrm{d}\tilde{i}_q}{\mathrm{d}\tilde{t}} = -\tilde{i}_q - \tilde{\omega}\tilde{i}_d + \gamma\tilde{\omega} + \tilde{u}_q \\[2mm] \dfrac{\mathrm{d}\tilde{\omega}}{\mathrm{d}\tilde{t}} = \sigma(\tilde{i}_q - \tilde{\omega}) - \tilde{T}_L \end{cases} \tag{2.7}$$

对于均匀气隙 PMSM（式（2.7）），目前主要研究其无外部输入，即 $\tilde{u}_d = 0$、$\tilde{u}_q = 0$ 和 $\tilde{T}_L = 0$ 的情况，这时系统的参数 σ 和 γ 变化时展现出丰富的非线性动力学行为[38,48]。理论上，式（2.7）的参数 σ、γ 有无限多种组合可使均匀气隙 PMSM 系统出现混沌运动。取 $\sigma = 3$[38]，以 γ 为分岔参数，采用 Poincaré 截面法可作出关于 x_3 的分岔图，如图 2.8 所示。从图 2.8 中可以知道倍周期分岔是 PMSM 通向混沌的主要途径。图 2.9 所示的相图是 $\gamma = 28$ 时系统典型的混沌吸引子（图中 $x_1 = \tilde{i}_d$，$x_2 = \tilde{i}_q$，$x_3 = \tilde{\omega}$）。

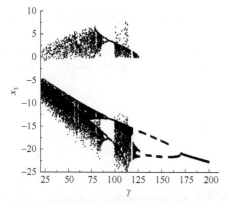
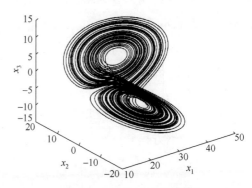

图 2.8　γ 为分岔参数，状态变量 x_3 的分岔图　　　　图 2.9　PMSM 的混沌相图

2.3.2　非均匀气隙 PMSM

当 $L_d \neq L_q$ 时，式（2.6）是非均匀气隙 PMSM。在非均匀气隙 PMSM 的系统参数中，ψ_r 受工作环境、条件影响最大。式（2.6）随 ψ_r 值变化而呈现出非常复杂的非线性动力学行为[49]。以 ψ_r 为分岔参数，其他参数取[49] $R_1 = 0.9$、$J = 4.7 \times 10^{-3}$、$\beta = 0.0162$、$L_d = 15$、$L_q = 10$、$u_d = -0.1$、$u_q = 0.6$、$T_L = 0.5$ 时，其系统分岔图如图 2.10 所示。从图 2.10 中可以知道倍周期分岔是非均匀气隙 PMSM 通向混沌的主要途径。图 2.11 所示的相图是 $\psi_r = 0.22874$ 时系统典型的混沌吸引子（图中 $x = \tilde{i}_d$，$y = \tilde{i}_q$，$z = \tilde{\omega}$）。

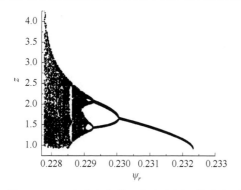

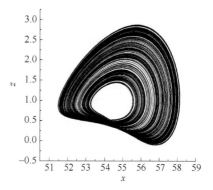

图 2.10　ψ_r 为分岔参数，状态变量 z 的分岔图　　　图 2.11　非均匀气隙 PMSM 的混沌相图

2.4　电力系统、永磁同步电动机混沌控制的研究现状及存在问题

在许多实际问题中，混沌运动可能会对系统不利，甚至会带来灾难性后果，如电路系统中的混沌行为导致高幅度噪声和不稳定行为；在机械系统中，混沌引起不规则运动造成器件疲劳断裂损坏；电机系统的混沌运动可能造成电机转矩的脉动，转速忽高忽低，严重危及电机转动的稳定性；混沌振荡的存在可能会导致电力系统的崩溃等，因此必须对对电力系统、PMSM 有害的混沌运动进行有效的控制。自 1990 年 Ott、Grebogi 和 Yorke 三位学者提出控制混沌的思想以来[50]，混沌系统控制的研究引发了人们极大的兴趣，新的混沌控制理论和方法不断涌现[51-67]。

正如 2.3 节所提到的，对于混沌运动的控制，迄今理论研究已经有了大量的工作，但很多方法并不一定能够直接运用于工程实际中的混沌系统。由于电力系统是多变量复杂非线性系统，目前研究局限于低维的二机简单电力系统，即式（2.1）的混沌控制，对于考虑励磁限制和负荷的高维电力系统的混沌控制，还未深入展开。对于低维电力系统的混沌控制方法主要参见文献[68]～文献[71]。文献[70]采用变量直接线性反馈控制电力系统的混沌，该方法的优点是不用改变被控系统的结构，不需要使用除系统输出或状态变量以外的任何被控系统的信息。它的缺点是需要确定目标轨道，因而在实际系统中很难实现；文献[71]利用延时反馈方法研究了电力系统混沌控制，其控制策略通过延迟反馈产生一个扰动项，使得系统稳定流形和不稳定流形不再横截相交从而达到控制混沌的目的，该方法不容易确定控制的周期目标轨道与延迟时间的关系，而且很难控制到预计的轨道。

PMSM 混沌控制的研究工作不仅不多，而且控制性能也不够完善。文献[72]提出采用纳入轨道和强迫迁徙方法控制 PMSM 中的混沌，该控制策略在理论上虽然有效，但是由于它的控制目标不允许是给定系统自身的轨道或状态，并且需要系统轨道处于吸引域中时才能施加控制，所以在实际系统中很难实现；再者其控制策略本质属于开环控制，不能保证控制过程的稳定性；文献[73]利用状态延迟反馈研究了 PMSM 中的混沌控制，但是该方法很难确定控制的周期目标轨道与延迟时间的关系，而且不容易控制到预计的轨道。Harb[74]提出用反步（Backstepping）方法控制电机中的混沌，但该工作有两个主要缺点：①Backstepping 方法设计过程会出现由于虚拟输入微分而引起的"微分项爆炸"的问题；②该文献没有考虑系统参数的不确定性对控制律的影响，但实际 PMSM 系统中存在不确定性参数，因此所设计的控制器应具有避免不确定性影响的能力。

2.5　本　章　小　结

本章首先介绍了几种电力系统和 PMSM 的动力学模型及其非线性动力学行为，主要为后续各章研究其混沌控制提供理论模型和分析基础；接着简要介绍了电力系统、PMSM 混沌控制的研究现状及存在问题。针对这些问题，作者进行了深入研究，提出和发展了一系列针对电力系统和 PMSM 混沌行为的控制理论与新方法，通过理论分析和数值模拟，证明了作者所提出的混沌控制理论与方法的正确性与有效性，第 3～7 章将分别予以介绍。

参 考 文 献

[1] Yu Y N. Electric Power System Dynamics. New York: Academic Press, 1983: 5.

[2] 韦笃取. 电力系统、永磁同步电动机混沌控制研究. 桂林: 广西师范大学, 2006.

[3] Carreras B A, Lynch V E, Dobson I, et al. Critical points and transitions in an electric power transmission model for cascading failure blackouts. Chaos, 2002, 12: 985-994.

[4] 薛禹胜, 周海强, 顾晓荣. 电力系统分岔与混沌研究述评. 电力系统自动化, 2002, 26(16): 9-15.

[5] 王东风, 韩璞, 于朝辉. 电力系统中的混沌研究与混沌应用. 电力科学与工程, 2003, 03: 74-78.

[6] 朱成章. 美国加州电力危机和美加大停电对世界电力的影响. 中国电力, 2003, 36(11): 1-6.

[7] 鲁宗相. 解析莫斯科大停电. 中国电力企业管理, 2005, 30(7): 29-32.

[8] 卢强, 孙元章. 电力系统非线性控制. 北京: 科学出版社, 1993: 82.

[9] 余贻鑫, 王山成. 电力系统稳定性的理论与方法. 北京: 科学出版社, 1999: 45.

[10] Dobson I, Chiang H S, Thorp J S, et al. A model of voltage collapse in power systems. Proceedings of the 27th Conference on Decision and Control, Austin, Texas, 1988: 2104-2110.

[11] Ajjarapu V, Lee B. Bifurcation theory and its application to nonlinear dynamical phenomena in an electrical power system. IEEE Transactions on Power Systems, 1992, 7(1): 424-431.

[12] Lee B, Ajjarapu V. Period-doubling route to chaos in an electrical power system. IEE Proceedings of Generation Transmission and Distribution, 1993, 140(6): 490-496.

[13] Chiang H D, Liu C C, Varaiya P P, et al. Chaos in a simple power system. IEEE Transactions on Power Systems, 1993, 8(4): 1407-1417.

[14] Wang H O, Abed E H, Hamdan A M A. Bifurcations, chaos, and crises in voltage collapse of a model power system. IEEE Transactions on Circ Sys-I, 1994, 41(3): 294-302.

[15] Abed E H, Wang H O, Chen R C. Stabilization of period doubling bifurcations and implications for control of chaos. Physica D, 1994, 70: 154-164.

[16] Karlsson D, Hill D J. Modelling and identification of nonlinear dynamic loads in power system. IEEE Transaction on Power Systems, 1994, 9(1): 150-159.

[17] Abed E H, Wang H O. Bifurcation control of a chaotic system. Automatica, 1995, 31(9): 1213-1226.

[18] Tan C W, Varghese M, Varaiya P, et al. Bifurcation, chaos, and voltage collapse in power systems. Proceedings of the IEEE, 1995, 33(11): 1484-1495.

[19] Pai M A, Sauer P W, Lesicutre B C. Static and dynamic nonlinear loads and structural stability in power systems. Proceedings of the IEEE, 1995, 183: 1562-1572.

[20] 张新, 赖定文. 电力系统的混沌和分岔研究. 河海大学学报, 1997, 25(5): 117-119.

[21] Srivastava K N, Srivastava S C. Elimination of dynamic bifurcation and chaos in power systems using facts devices. IEEE Transactions on Circ Sys-I, 1998, 45(1): 72-78.

[22] Rosehart W D, Cafiizares C A. Bifurcation analysis of various power system models. Electrical Power and Energy Systems, 1999, 21: 171-182.

[23] 杨正瓴, 林孔远. 发电机的经典摇摆方程与混沌现象的初步研究. 电力系统自动化, 2000, 24(7): 20-22.

[24] 肖焱, 郭永基, 唐云. 典型电力系统模型的双参数分岔分析. 电力系统自动化, 2000, 24(6): 342-346.

[25] Jia H J, Yu Y X, Wang C S. Chaotic and bifurcation phenomena considering power systems excitation limit and PSS. Automation of Electric Power Systems, 2001, 25(1): 11-14.

[26] 檀斌, 薛禹胜. 多机系统混沌现象的研究. 电力系统自动化, 2001, 25(2): 3-8.

[27] Yu Y X, Jia H J, Wang C S. Chaotic phenomena and small signal stability region of electrical power systems. Science in China (Scientia Sinica), 2001, 44(2): 187-199.

[28] 谢华. 一种电力系统非线性模型的混沌特性研究. 电子科技大学学报, 2001, 30(3): 223-226.

[29] Rajesh G K, Padiyar K R. Analysis of bifurcations in a power system model with excitation limits. International Journal of Bifurcation Chaos, 2001, 11(9): 2509-2516.

[30] Ohta H, Ueda Y. Blue sky bifurcations caused by unstable limit cycle leading to voltage collapse in an electric power system. Chaos, Solitons & Fractals, 2002, 14: 1227-1237.

[31] Jing Z J, Xu D S, Chang Y, et al. Bifurcations, chaos, and system collapse in a three node power system. International Journal of Electrical Power Energy Systems, 2003, 21: 443-461.

[32] Yu Y X, Jia H J, Li P, et al. Power system instability and chaos. International Journal of Electrical Power and Energy Systems, 2003, 65: 187-195.

[33] Hemati N, Leu M C. A complete model characterization of brushless DC motors. IEEE Transactions on Industry Applications, 1992, 28(1): 172-180.

[34] Hemati N, Kwatny H. Bifurcation of equilibria and chaos in permanent-magnet machines. Proceedings of the 32nd Conference on Decision and Control, San Antonio, Texas, 1993: 475-479.

[35] Hemati N, Strange attractors in brushless DC motor. IEEE Transactions on Circ Sys-I, 1994, 41: 40-45.

[36] 曹志彤, 郑中胜. 电机运动系统的混沌特性. 中国电机工程学报, 1998, 18(5): 318-322.

[37] Chen J H, Chau K T, Chan C C. Chaos in voltage-mode controlled DC drive system. International Journal of Electronics, 1999, 86: 857-874.

[38] Zhang B, Li Z, Mao Z Y. Study on chaos and stability in permanent-magnet synchronous motors. Journal of South China University of Technology, 2000, 28(12): 125-130.

[39] 张波, 李忠, 毛宗源. 电机传动系统的不规则运动和混沌现象初探. 中国电机工程学报, 2001, 21(7): 40-45.

[40] Li Z, Park J, Joo Y, et al. Bifurcations and chaos in a permanent-magnet synchronous motor. IEEE Transactions on Circ Sys-I, 2002, 49(3): 383-387.

[41] Kopell N. Chaotic motions in the two degrees of freedom swinge quations. IEEE Transactions on Circuits and Systems, 1982, 29(11): 34-40.

[42] Chiang H D, Dobson I, Thomas R J, et al. On voltage collapse in electric power system. IEEE Transactions on Power Systems, 1990, 5(2): 601-611.

[43] 宋永华, 熊正美, 曾庆番. 电力系统在参数扰动下的混沌行为. 中国电机工程学报, 1990, 10(增刊): 29-33.

[44] 张伟年, 张卫东. 一个非线性电力系统的混沌振荡. 应用数学和力学, 1999, 20(10): 1094-1100.

[45] Ji W, Venkatasubramanian V. Hard-limit induced chaos in a fundamental power system model. International Journal of Electrical Power Energy Systems, 1996, 18: 279-296.

[46] Ji W, Venkatasubramanian V. Coexistence of four different attractors in a fundamental power system model. IEEE Transactions on Circuits and Systems Part I Fundamental Theory and Applications, 1999, 46: 405-409.

[47] Rajesh K G, Padiyar K R. Bifurcation analysis of a three node power system with detailed model. International Journal of Electrical Power and Energy Systems, 1999, 21: 375-393.

[48] 张波, 李忠, 毛宗源, 等. 利用 Lyapunov 指数和容量维分析永磁同步电动机仿真中混沌现象. 控制理论与应用, 2001, 18(4): 589-592.

[49] Jing Z, Yu C, Chen G. Complex dynamics in a permanent magnet synchronous motor model. Chaos Solution & Fractals, 2004, 22: 831-848.

[50] Ott E, Grebogi C, Yorke J A. Controlling chaos. Physical Review Letters, 1990, 64: 1196-1199.

[51] Braiman Y, Goldhirsch I. Taming chaotic dynamics with periodic perturbations. Physical Review Letters, 1991, 66: 545-549.

[52] Lima R, Pettini M. Suppression of chaos by resonant parametric perturbations. Physical Review A, 1992, 41: 726-729.

[53] Pyragas K. Experimental control of chaos by delayed self-controlling feedback. Physical Letters A, 1993, 99: 180-183.

[54] Ni W S, Qin T F. Controlling chaos by method of adaptive. Chinese Phsics Letter, 1994, 11: 325.

[55] Liu Y, Leite R J R. Control of Lorenz chaos. Physical Letters A, 1994, 185(1): 35-37.

[56] 童培庆. 混沌的自适应控制. 物理学报, 1995, 44: 169-173.

[57] 方锦清. 非线性系统中混沌控制方法、同步原理及其应用前景(二). 物理学进展, 1996, 16(1): 1.

[58] Tian Y C, Gao F R. Adaptive control of chaotic continuous-time systems with delay. Physica D, 1998, 117: 1-4.

[59] 罗晓曙, 方锦清, 王力虎, 等. A new strategy of chaos control and a unified mechanism for several kinds of chaos control methods. 物理学报(海外版), 1999, 8(12): 895-900.

[60] 王光瑞, 于熙龄, 陈式刚, 等. 混沌的控制、同步与应用. 北京: 国防工业出版社, 1999.

[61] 罗晓曙, 方锦清, 孔令江, 等. 一种新的基于系统变量延迟反馈的控制方法. 物理学报, 2009, 49(8): 14-23.

[62] 罗晓曙, 方锦清. A method of controlling spatiotemporal chaos in coupled map lattices. Chinese Physics, 2000, 9(5): 333.

[63] 罗晓曙, 汪秉宏, 江锋, 等. Using random proportional pulse feedback of system variables to control chaos and hyperchaos. Chinese Physics, 2001, 10(1): 17-20.

[64] 罗晓曙, 陈关荣, 汪秉宏, 等. On Hybrid control of period-doubling bifurcation and chaos in discrete nonlinear dynamical systems. Chaos, Solitons & Fractals, 2003, 18(4): 775.

[65] 罗晓曙, 汪秉宏, 陈关荣, 等. Controlling chaos and hyperchaos by switching modulation of system parameters. International Journal of Modern Physics B, 2004, 18: 2686-2689.

[66] 罗晓曙. 非线性系统中的混沌控制与同步及其应用研究. 合肥: 中国科技大学, 2003.

[67] Jackson E A. The entrainment and migration control of multiple attractors systems. Physical Letters A, 1990, 151(9): 407-420.

[68] 张强. 电力系统非线性振荡研究. 电力自动化设备, 2002, 22(5): 17-19.

[69] 王宝华, 张强, 苏荣兴. 电力系统混沌振荡的逆系统方法控制. 南京工程学院学报, 2002, 2(4): 8-11.

[70] 张强, 王宝华. 基于变量反馈的电力系统混沌振荡控制. 电力自动化设备, 2002, 22(10): 6-8.

[71] 张强, 王宝华. 应用延时反馈控制电力系统混沌振荡. 电网技术, 2004, 28(7): 23-26.

[72] 李忠, 张波, 毛宗源. 永磁同步电动机系统的纳入轨道和强迫迁移控制. 控制理论与应用, 2002, 11(1): 53-56.

[73] Ren H P, Liu D. Nonlinear feedback control of chaos in permanent magnet synchronous motor. IEEE Transactions on Circ Sys-I, 2005, 53(4): 1478-1483.

[74] Harb A. Nonlinear chaos control in a permanent magnet reluctance machine. Chaos, Solitons & Fractals, 2004, 19: 1217-1224.

第 3 章　电力系统、永磁同步电动机的混合自适应混沌控制

3.1　自适应控制理论概述

本章主要研究采用自适应混合控制方法实现对电力系统和电机的混沌控制。为了方便读者理解本章的内容，首先对最优控制理论、自适应控制的基本原理进行简要介绍[1]。

在传统的控制理论与控制工程中，当控制对象线性定常并且完全已知时，可以采用频域方法和状态空间方法进行分析和设计控制器，这类方法称为基于完全模型的方法。在模型能够精确地描述实际对象时，基于完全模型的控制方法可以进行各种分析、综合，达到期望的控制目标和可靠、精确地控制效果。因此，在控制工程中，要设计一个性能优良的控制系统，无论通常的反馈控制系统还是最优控制系统，都需要建立被控系统的数学模型。

3.1.1　最优控制理论概述

对于系统的模型确定或外界干扰的统计特性已知的情形，用最优控制理论解决。对所处理的问题，是将被控对象的运动规律构建为一个数学模型（可以是状态方程、输入输出方程或其他形式），同时，将控制目标要求用一个指标函数来描述，然后，用适当的最优化方法找出使指标函数达到极大（或极小）的控制规律，即控制变量随时间变化的规律。

设给定系统是线性的，即

$$\dot{X} = A(t)X + B(t)u \tag{3.1}$$

初始状态为 $X(t_0) = X_0$；控制规律 u 可以有约束条件，也可以没有；$A(t)$、$B(t)$ 都是连续的。

设性能指标泛函是二次型的，即

$$J = \frac{1}{2}\int_{t_0}^{t_1}(X^\mathrm{T}Q(t)X + u^\mathrm{T}R(t)u)\mathrm{d}t \tag{3.2}$$

式中，$Q(t)$ 是连续、对称、半正定矩阵；$R(t)$ 是连续、对称、正定矩阵。

最优控制问题是求泛函式（3.2）取极值的控制规律 u。该问题存在解析解，即

$$u^*(t) = -R^{-1}(t)B^{\mathrm{T}}(t)P(t)X(t) \qquad (3.3)$$

式中，$P(t)$ 是里卡蒂（Riccati）方程的解。

从上述典型的线性最优控制的求解过程来看，最优控制理论要求在确知对象和环境模型的条件下，才有可能综合出最优控制规律。但是，实际的动态过程经常存在许多"不确定性"，最常见的有以下三类。

（1）随机扰动。

（2）量测噪声。

（3）系统模型结构和参数的不确定性。

随机最优控制主要考虑前两类"不确定性"对系统的影响。

设系统的状态方程和量测方程分别为

$$\dot{X}(t) = A(t)X(t) + B(t)u(t) + F(t)W(t) \qquad (3.4)$$

$$y(t) = C(t)X(t) + V(t) \qquad (3.5)$$

式中，$F(t)$ 为噪声强度向量，$C(t)$ 为系数向量，$W(t)$ 为白噪声。在已量测到 $u(\tau)(t_f \geq \tau \geq 0)$ 的条件下，求其二次型性能指标

$$\bar{J} = E[J|y(\tau)]$$

$$= E\left[X^{\mathrm{T}}(t_f)SX(t_f) + \int_0^{t_f}[X^{\mathrm{T}}(t)Q(t)X(t) + u^{\mathrm{T}}(t)R(t)u(t)]\mathrm{d}t\Big|y(\tau)\right], \quad t_f \geq \tau \geq 0 \quad (3.6)$$

取极小值的最优控制向量 $\hat{u}(t)$。

在动态噪声 $W(t)$、量测噪声 $V(t)$ 均是高斯白噪声且互不相关的情况下，这个问题称为线性二次高斯（Linear Quadratic Gaussian，LQG）问题，它的解是

$$\hat{u}(t) = -K(t)\hat{X}(t) \qquad (3.7)$$

式中，$\hat{X}(t)$ 是状态向量 $X(t)$ 的最佳估计。增益阵 $K(t)$ 由下式决定，即

$$K(t) = R^{-1}(t)B(t)P(t) \qquad (3.8)$$

式中，$P(t)$ 是矩阵里卡蒂微分方程的解，即 $P(t)$ 满足

$$\dot{P}(t) = -P(t)A(t) - A^{\mathrm{T}}P(t) + P(t)B(t)R^{-1}B^{\mathrm{T}}(t)P(t) - Q(t) \qquad (3.9)$$

边界条件是 $P(t_f) = S$。

由式（3.4）描述的随机线性系统的最优控制问题，在动态噪声和量测噪声均是高斯白噪声且互不相关的情况下，可分离为一个随机性线性系统的状态向量最佳滤波问题和一个确定性线性系统的最优控制问题。

3.1.2　自适应控制理论简介

1. 自适应控制的特点与定义

在实际的控制过程中，存在着各种各样的不确定性。首先，普遍存在着对象和

环境的数学模型的参数及结构不完全确知，而确定性的系统却是很少见的。其次，系统受外界环境的干扰是不可避免的，而且往往是难以预测的。对这些模型未知或干扰未知的情况，往往无法用最优控制理论导出相应的控制规律，或者，进行了近似假设，所得控制效果也不佳。在这种情况下，应根据被控系统本身和环境的变化，不断修正控制规律，以适应对象和环境的变化，这种控制方法就是下面将要讨论的自适应控制。

与最优控制相同的是，自适应控制也是基于一定的数学模型和一定的性能指标综合出来的。但不同的是由于先验知识甚少，需要根据系统运行的信息，应用在线辨识的方法，使模型逐步完善，使综合出来的控制规律主动去适应这些系统或环境的变化，保持某种意义下的最优或接近最优控制。

自适应控制的内涵可归纳为：在系统数学模型不确定的条件下（工作环境可以是基本确定的或随机的），要求设计控制规律，使给定的性能指标尽可能达到和保持最优。

归纳以上所述，自适应控制具有如下特点。

（1）对数学模型的依赖很小，适用于被控对象特性未知或扰动特性变化范围很大的情形，设计时不需要完全知道被控对象的数学模型。

（2）自适应控制系统在常规反馈控制系统基础上增加了自适应回路（或称自适应外环），它的主要作用就是根据系统运行情况，自动调整控制器，以适应被控对象内在和外部干扰特性的变化。

（3）过程信息的在线积累，在线积累过程信息的目的是降低对被控系统的结构和参数值的原有的不确定性。为此，可用系统辨识的方法在线辨识被控系统的结构和参数，直接积累过程信息；也可通过测量能反映过程状态的某些辅助变量，间接积累过程信息。一个典型的自适应控制系统组成原理方框图如图 3.1 所示。

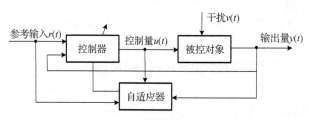

图 3.1　自适应控制系统组成原理方框图

2. 自适应控制需要解决的主要理论问题

无论时不变线性系统，还是时变非线性系统，它们与自适应机构所构成的自适应控制系统都是非线性时变系统，分析这类系统的性能是很困难的，需要解决的主要理论问题如下。

（1）稳定性。稳定性问题是一切控制系统的核心问题。因此，设计自适应控制系统应以保证系统全局稳定为原则。随着模型参考自适应控制的发展，各种各样的自适应控制律会不断出现，要保证系统全局稳定也很困难，因为系统是本质非线性时变的，当系统存在未建模动态或随机干扰时，要证明自适应控制系统的稳定性就更困难了。

（2）收敛性。对于一些自适应系统收敛性的结论都是在一些相当强的假设条件下获得的，并且与具体的算法密切相关。因为所使用的收敛性分析方法缺乏普适性，所以不能推广到其他复杂的系统模型中。

（3）鲁棒（robust）性。目前，参考模型自适应控制系统一般都是针对被控对象结构已知而参数未知的情况进行设计的，而实际被控对象结构往往难以确切知道，所获得的对象特性中常常不能包括系统难以描述的寄生高频成分，即未建模动态。计算机仿真表明，这种未建模动态可能引起自适应控制系统的不稳定，关键原因是自适应控制系统是非线性时变的。而对于线性反馈控制系统，只有设计的系统有足够的稳定裕量，这种未建模动态才不至于破坏系统的稳定性，这就提出了自适应控制的鲁棒性问题。

（4）性能指标。一个自适应控制系统能很好地工作，不仅要求所设计的系统稳定，而且还要满足一定的性能指标要求。由于自适应控制系统是非线性时变的，初始条件的变化或未建模动态的存在都势必要改变系统的运动轨迹，所以，分析自适应控制系统的动态品质是极其困难的。

3. 自适应控制的种类

随着科技的发展和工业领域的不断需求，科技工作者经过几十年的努力，得到了许多不同形式的自适应控制方案。根据不同的控制目标和控制策略，自适应控制可分为如下几类自适应控制方法。

（1）增益自适应控制。

（2）模型参考自适应控制（Model Reference Adaptive Control，MRAC）。

（3）自校正控制（Self Calibration Control，STC）。

（4）直接优化目标函数自适应控制。

（5）模糊自适应控制。

（6）多模型自适应控制。

（7）自适应逆控制。

（8）神经网络自适应控制。

在实际应用中，比较成熟的有模型参考自适应控制和自校正控制两大类，这里主要介绍模型参考自适应控制方法。

3.1.3　模型参考自适应控制

模型参考自适应控制系统是目前自适应控制系统在理论上比较成熟、在应用上比较广泛的一种。

模型参考自适应控制系统将对控制系统的要求用一个模型来体现。模型的输出（或状态）就是理想的响应（或状态）。这个模型称为参考模型。系统在运行中，总是力求使被控过程的动态与参考模型的动态一致。比较参考模型和实际过程的输出或状态，并通过某个自适应控制器（即执行自适应控制的某部件或由计算机来实现），去调整被控过程的某些参数或产生一个辅助输入，在参考模型始终具有期望的闭环性能的前提下，使系统在运行过程中，力求保持被控过程的响应特性与参考模型的动态性能一致，即使得在某种意义下实际的输出或状态与参考模型的输出或状态的偏差尽可能小，其一般结构如图 3.2 所示。

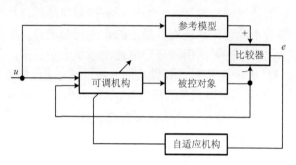

图 3.2　模型参考自适应控制系统结构图

从图 3.2 可知，模型参考自适应控制系统中添加了参考模型、自适应机构（控制器）和比较器。

用一个参考模型来体现和概括控制的要求是一种有效的方法，它可以解决用某一个控制指标难以准确体现实际系统要求的困难。

设参考模型的状态方程为

$$\begin{cases} \dot{X}_m = A_m X_m + B_m u \\ y_m = C X_m \end{cases} \tag{3.10}$$

实际被控过程的状态方程为

$$\begin{cases} \dot{X}_r = A_r(t) X_r + B_r(t) u(t) \\ y_r = C X_r \end{cases} \tag{3.11}$$

式中，X_m 和 X_r 为参考模型和被控过程的 n 维状态向量；y_m 和 Y_r 为对应参考模型和被控过程的 m 维输出向量；$u(t)$ 为 p 维输入（控制）向量；A_m 和 B_m 为模型相应维数的常数矩阵；A_r 和 B_r 中有若干元素是时变的，并且是可调的矩阵。

定义如下两种误差。

（1）输出广义误差为

$$e \underline{\Delta} y_m - y_r \tag{3.12}$$

（2）状态广义误差为

$$e \underline{\Delta} X_m - X_r \tag{3.13}$$

控制系统的性能可以用一个与上述广义误差 e 的极小化来表示，即

$$J_{\min} = \int_0^t e^{\mathrm{T}} e(\tau)\mathrm{d}\tau \tag{3.14}$$

或

$$\lim_{\tau \to \infty} e(\tau) = 0 \tag{3.15}$$

如何设计自适应控制规律或自适应控制器，即在给定的指标条件下，设计出使指标达到最小的控制规律 $u(t)$ 和分析由 $u(t)$ 产生的闭环系统的性质，是设计一个模型参考自适应控制系统需要解决的关键。

早期出现的模型参考自适应控制系统用参数最优化的设计方法，即设计出能表示广义误差与被控系统参数相互关系的算式。有两类设计方法：一类是局部参数最优化设计方法，目标是使得性能指标 J 达到最优化；另一类是使得自适应控制系统能够确保稳定工作，称为稳定性理论的设计方法。下面简要介绍局部参数最优化设计方法，其他方法请读者参考有关控制理论的书籍。

3.1.4　梯度法的局部参数最优化的设计方法

利用局部参数最优化法设计自适应控制系统的内容较多，这里只介绍由麻省理工学院仪表实验室提出的著名 MIT 控制方案[1]。

设被控系统的传递函数是 $K_p q(s) / p(s)$，由于环境的干扰，使得增益 K_p 产生未知漂移。为了克服增益漂移，增加了一个可调增益 K_c。现在的问题是如何调整 K_c，使得过程动态尽可能跟随理想模型 $K_m q(s) / p(s)$。

输出广义误差 $e\triangleq y_m - y_r$，使性能指标 $J = \int_0^t e^2(\tau)\mathrm{d}\tau$ 最小。考虑性能指标采用输出广义误差的二次型，所以采用梯度法来实现参数最优化。

为了定量地导出自适应规律，假设环境干扰引起系统参数的变化，相对于自适应调节的速度要慢很多，即在讨论的时间间隔内，系统参数的改变完全是自适应调节作用的结果。求 J 对可调增益参数 K_c 的梯度，即

$$\frac{\partial J}{\partial K_c} = \int_{t_0}^t 2e \frac{\partial J}{\partial K_c}\mathrm{d}\tau \tag{3.16}$$

按梯度法，使 J 下降的方向是它的负梯度方向，于是新的可调增益参数值应取为

$$K_c = -\lambda \frac{\partial J}{\partial K_c} = -2\lambda \int_{t_0}^t e \frac{\partial J}{\partial K_c}\mathrm{d}\tau \tag{3.17}$$

式中，λ 为正的常数。

式（3.17）两端对 t 求导数，则有

$$\dot{K}_c = -2\lambda e \frac{\partial J}{\partial K_c} \tag{3.18}$$

从图 3.3 中可以看出，开环系统（适应回路断开，r 为输入，e 为输出）的传递函数是

$$G(s) = (K_m - K_c K_p) \frac{q(s)}{p(s)}$$

e 所满足的微分方程为

$$p(D)e = (K_m - K_c K_p)q(D)r$$

式中，微分算子 $D = \dfrac{\mathrm{d}}{\mathrm{d}t}$，$D^2 = \dfrac{\mathrm{d}^2}{\mathrm{d}t^2}, \cdots$。上式两端对 K_c 求导数，得

$$p(D)\frac{\partial e}{\partial K_c} = -K_p q(D)r \tag{3.19}$$

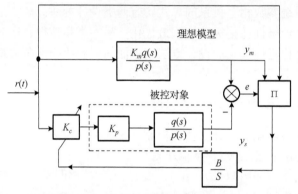

图 3.3　有一个时变参数——可调增益的 MRAC 设计（MIT 方案）

参考模型的输出 y_m 应满足

$$p(D)y_m = K_m q(D)r \tag{3.20}$$

比较式（3.19）和式（3.20），可得

$$\frac{\partial e}{\partial K_c} = -\frac{K_p}{K_m} y_m \tag{3.21}$$

将式（3.21）代入式（3.18）中，得

$$\dot{K}_c = 2\lambda e \frac{K_p}{K_m} y_m \tag{3.22}$$

3.2　简单电力系统混沌振荡的无源自适应控制

3.2.1　引言

电力系统实质上是一个典型的高维数、强非线性的复杂系统，它的数学模型中包含了众多不确定性参数和难以建模的动态过程。自适应策略在电力系统控制中的应用主要包括发电机励磁系统控制、电力系统稳定器控制、互联电气系统发电量控制等方面。

已有的研究表明[2,3]，简单互联电力系统在周期性负荷扰动的作用下会出现混沌振荡，其外在表现为非周期、无规则、突发性或阵发性的病态机电振荡，这种振荡不仅对系统稳定具有极强的破坏力，而且不能靠附加传统的励磁控制器来抑制或消除。当电力系统处于混沌状态时，发电机转速忽高忽低，输出电压、频率呈现无规则振荡，在振荡严重的情况下，会导致互联系统的崩溃，因而必须对电力系统的混沌振荡进行控制。实际电力系统中的某些参数具有不确定性，即系统参数的大小会随温度、噪声等工作环境、条件的变化而改变。因此所设计的混沌控制器必须具有避免受系统不确定性参数影响的性能。本节的研究内容就是设计一个对系统不确定性参数具有自适应性的、易于实现的电力系统混沌振荡控制器。

无源控制方法是一种基于无源性理论的非线性系统的控制方法[4]。由无源性理论可知，系统无源可以保持系统的内部稳定[5]。对于混沌系统，可以依据无源性理论构造反馈控制器，使得闭环系统成为无源系统而保持稳定，从而达到控制混沌的目的。另外，自适应控制方法在含有不确定性参数系统控制中的应用研究受到人们的普遍关注[6,7]。人们通常用自适应方法来消除不确定性参数对控制器的影响。当混沌系统存在不确定性参数时，可将自适应控制方法与无源控制方法相结合，以消除系统不确定性的影响，把这种控制方法称为无源自适应控制方法。本节利用无源自适应控制方法对简单电力系统的混沌振荡进行控制。数值仿真结果表明，该控制策略不仅行之有效，还具有较强的鲁棒性和抗噪声能力。

3.2.2　无源非线性系统基本概念

无源系统是一类考虑系统与外界有能量交换的动态系统，而在无源网络中成立的能量流向等式对于无源系统也同样成立。系统无源可以保持系统的内部稳定。对于存在振荡的不稳定系统，为了使得系统内部稳定，可以依据无源理论来构造反馈控制器，使得相应的闭环系统无源而保持内部稳定。

下面先引出无源非线性系统的概念，然后介绍无源控制方法。

考虑仿射非线性系统

$$\dot{X} = f(X) + g(X)u$$
$$y = h(X)$$

（3.23）

式中，状态变量 $X \in \mathbf{R}^n$；外部输入量 $u \in \mathbf{R}^m$；测量输出 $y \in \mathbf{R}^m$；f、g 均为光滑的向量场；h 为光滑映射。

定义 3.1[8]　如果存在一个实常数 w，使得对于 $\forall t \geq 0$，不等式 $\int_0^t u^{\mathrm{T}} y(\tau)\mathrm{d}\tau \geq w$ 成立，或者存在 $\rho > 0$ 和一个实常数 w，使得不等式 $\int_0^t u^{\mathrm{T}}(\tau)y(\tau)\mathrm{d}\tau + w \geq \int_0^t \rho y^{\mathrm{T}}(\tau)y(\tau)\mathrm{d}\tau$ 成立，那么式（3.23）称为无源非线性系统。

从以上的定义可以看出，无源非线性系统的物理意义非常明显，即系统只能通过外部输入能源来增加能量[8]。从反方面考虑，可以利用无源系统的这种物理特性，通过施加外部控制来逐步减少非线性振荡系统的能量，从而降低系统输出幅度，实现系统的稳定。因此有以下引理。

引理 3.1[9]　如果非线性系统，即式（3.23）为无源系统，令 φ 为光滑函数，则必然存在控制律 $u(t) = -\varphi(y)$，可以实现非线性系统在平衡点的渐近稳定。

引理 3.1 的详细证明过程参见文献[9]。对于不稳定非线性系统，可以利用引理 3.1 构造控制器，使系统等效为无源系统，从而实现系统在平衡点的稳定。这正是电力系统混沌振荡的无源控制的理论依据。

3.2.3　电力系统混沌振荡的无源自适应控制

简单电力系统的混沌振荡模型如下。

简单电力系统的数学模型经过一系列变量变换[3]，可转化为如下无量纲系统，即

$$\begin{cases} \dfrac{\mathrm{d}\delta}{\mathrm{d}t} = \omega \\ \dfrac{\mathrm{d}\omega}{\mathrm{d}t} = -\alpha\sin\delta - \gamma\omega + \rho + \mu\cos\beta t \end{cases} \tag{3.24}$$

式中，$\alpha = P_s / H$；$\gamma = D / H$；$\rho = P_m / H$；$\mu = P_e / H$。式（3.24）的混沌动力学性质及其混沌吸引子在 2.2.1 节中已经详细描述，在此不再赘述。数值模拟中用到的参数值可见 2.2.1 节的内容。

当电力系统处于混沌振荡状态时，将控制律 u 加入式（3.24）的第二项，则受控系统为

$$\begin{cases} \dfrac{\mathrm{d}\delta}{\mathrm{d}t} = \omega \\ \dfrac{\mathrm{d}\omega}{\mathrm{d}t} = -\alpha\sin\delta - \gamma\omega + \rho + \mu\cos\beta t + u \end{cases} \tag{3.25}$$

下面就利用无源系统特性和引理 3.1，设计控制律 u，将式（3.25）配置为无源系统，从而使电力系统稳定到平衡点。考虑到在实际电力系统中，周期性负荷扰动的幅值大小会随温度、噪声等工作环境、条件的变化而改变，即参数 μ 具有不确定性，这里利用自适应机制来辨识系统的不确定性参数，以消除系统不确定性的影响。

定理 3.1　当式（3.25）的自适应无源控制律取

$$u = v - k_1\omega - \delta - \rho + \alpha\sin\delta - \hat{\mu}\cos\beta t$$
$$\dot{\hat{\mu}} = k_2\omega\cos\beta t \tag{3.26}$$

时，可以控制电力系统的混沌振荡，即使系统在平衡点渐近稳定，且控制结果不受不确定性参数影响。其中，v 为系统外部输入量；k_1 为任意正的实常数；$\hat{\mu}$ 是不确定性参数 μ 的估计值，其可为常数或时变函数；$\dot{\hat{\mu}}$ 为参数自适应律；$k_2 > 0$，调节它的大小可以调整自适应律 $\dot{\hat{\mu}}$ 的速度。

证明　构造系统库函数 $V(\delta,\omega)=\dfrac{1}{2}\delta^2+\dfrac{1}{2}\omega^2+\dfrac{1}{2k_2}(\hat{\mu}-\mu)^2$，对时间求导，则有

$$\dot{V}(\delta,\omega)=\delta\dot{\delta}+\omega\dot{\omega}+\frac{1}{k_2}(\hat{\mu}-\mu)\dot{\hat{\mu}} \tag{3.27}$$

将式（3.25）和式（3.26）代入式（3.27），可得

$$
\begin{aligned}
\dot{V}(\delta,\omega)&=\delta\omega+\omega(-\alpha\sin\delta-\gamma\omega+\rho+\mu\cos\beta t+v-k_1\omega-\delta+\alpha\sin\delta\\
&\quad-\rho-\hat{\mu}\cos\beta t)+(\hat{\mu}-\mu)\omega\cos\beta t\\
&=-\gamma\omega^2+v\omega-k_1\omega^2
\end{aligned} \tag{3.28}
$$

由于 γ 为正实数，所以

$$\dot{V}(\delta,\omega)\leqslant v\omega-k_1\omega^2 \tag{3.29}$$

假设系统初始状态为 (δ_0,ω_0)，对式（3.29）两端求积分，有

$$V(\delta,\omega)-V(\delta_0,\omega_0)\leqslant\int_0^\tau v(t)\omega(t)\mathrm{d}t-\int_0^\tau k_1\omega(t)^2\,\mathrm{d}t \tag{3.30}$$

即 $\displaystyle\int_0^\tau v(t)\omega(t)\mathrm{d}t+V(\delta_0,\omega_0)\geqslant V(\delta,\omega)+\int_0^\tau k_1\omega(t)^2\,\mathrm{d}t$。因为 $V(\delta,\omega)>0$，如果取 $\omega(t)$ 为系统输入，即 $y=\omega(t)$，同时令 $w=v(\delta_0,\omega_0)$，则式（3.30）变成

$$\int_0^\tau v(t)y(t)\mathrm{d}t+w\geqslant\int_0^\tau k_1 y(t)^2\,\mathrm{d}t \tag{3.31}$$

式（3.31）满足定义 3.1 中的条件，即式（3.25）等效为无源系统。显然，由引理 3.1 可知，这时电力系统在平衡点渐近稳定。而且不确定性参数对控制结果无任何影响，即无论周期性负荷扰动的幅值 μ 多大，系统都可以回到原来的平衡点。证毕。

3.2.4　数值仿真结果

假设系统控制目标为期望点 (δ^*,ω^*)，令 $\dot{X}=0$，将 (δ^*,ω^*) 代入式（3.25），则有 $\delta^*=v$，$\omega^*=0$，因此改变外部输入量 v 即可将系统稳定到系统不同的期待点 (δ^*,ω^*) 上，本节取 $v=1$，系统参数与 2.2.1 节的取值一致。在施加控制前，系统处于混沌振荡状态。第 100s 加入控制 u。图 3.4 为控制系数取 $k_1=0.5$，$k_2=5$ 时的控制结果，从其局部放大图中可以看出，大约经过 25s，系统的混沌振荡得到控制，并稳定在期望点上；图 3.5 为控制系数取 $k_1=2.5$，$k_2=5$ 时的控制结果，从其局部放大图中可以看出，大约经过 9s 系统的混沌振荡就得到了控制，并稳定在期望点上。大量的数值仿真表明，随着控制系数 k_1 值的增大，系统的过渡过程减少，超调量逐渐减少，系统得到快速稳定。但 k_1 值不能无限增大，否则控制器输出过大，加大控制实现代价，不利于工程应用。

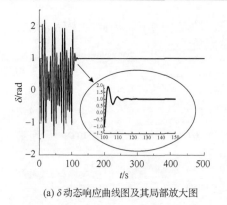
(a) δ 动态响应曲线图及其局部放大图

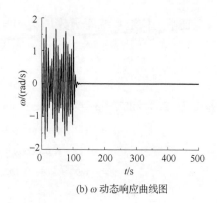
(b) ω 动态响应曲线图

图 3.4 $\quad v = 1, k_1 = 0.5, k_2 = 5$ 时的控制结果

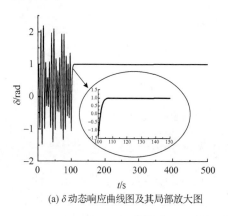
(a) δ 动态响应曲线图及其局部放大图

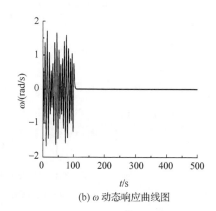
(b) ω 动态响应曲线图

图 3.5 $\quad v = 1, k_1 = 2.5, k_2 = 5$ 时的控制结果

3.2.5 控制策略的鲁棒性和抗干扰性能分析

在实际工业控制系统中，影响控制系统鲁棒性的因素主要是系统的参数摄动，而系统的抗干扰性能主要是指对外噪声的抗干扰能力。下面就从这两方面分析本节所采用的控制策略的鲁棒性和抗干扰性能。

（1）当电力系统的参数 μ 不确定时，定理 3.1 表明控制策略可以消除系统不确定性的影响，即控制策略对系统参数的不确定性具有很强的鲁棒性。还可以通过数值仿真验证，图 3.6 为 $k_1 = 2.5$，$k_2 = 5$，系统参数 $\mu = P_e / H = 0.28$ 时 $\hat{\mu} - \mu$ 的变化曲线图。由图 3.6 可知受控系统能在较短时间内辨识周期性负荷扰动的幅值，证明本节所设计的自适应无源控制器是具有参数估算能力的鲁棒控制器。

（2）当电力系统存在噪声干扰时，为了检验控制策略抗噪声干扰的能力，本书将附加噪声施加到式（3.25）所示系统的第一个状态方程上。设噪声强度 $n = 0.01$，假定系统期望点仍为 $(1,0)$，其他参数取值同上，控制仿真结果如图 3.7 所示。由图 3.7 可知，在控制器作用下，系统最后稳定在点 (1.00052, 0.01) 上，也就是所设定的期望点附近。由此可知，电力系统存在噪声的情况下，控制策略仍能控制系统的混沌振荡，只是控制精度会有所降低。表明本节设计的控制器对噪声干扰具有较强的抑制能力。

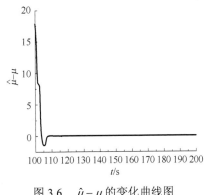 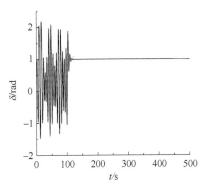

图 3.6　$\hat{\mu} - \mu$ 的变化曲线图
（$k_1 = 2.5, k_2 = 5$）

图 3.7　噪声 $n = 0.01$ 时的控制结果
（$v = 1, k_1 = 0.5, k_2 = 5$）

3.2.6　小结

本节把自适应控制方法与无源控制方法相结合，对简单互联电力系统的混沌振荡进行控制，是混沌控制方法应用于实际工程系统的有益尝试。该控制方法直接、简便，并具有明确的物理意义，易于工程实现。由于控制器中引入了参数自适应律，所以所设计的控制器具有避免受系统不确定性参数影响的能力。最后的数值仿真表明，该控制策略不仅行之有效，还对系统噪声干扰和参数的不确定性具有较强的鲁棒性，本节研究结果对保证电力系统的稳定运行有较好的参考价值。

3.3　考虑励磁限制的电力系统的混沌振荡的自适应鲁棒控制

3.3.1　引言

在 3.2 节中，研究了简单互联电力系统混沌振荡的控制，并取得了很好的控制效果。但所控制的模型没有考虑发电机励磁限制器对系统运行的影响。励磁限制器是电力系统中重要的非线性环节，由于混沌只存在于非线性系统中，系统中存在的任何非线性环节都必然会对混沌现象产生影响。已有的研究表明[10-12]，特定的电力系统在未考虑励磁限制时某些原来失稳的区域，在考虑励磁限制后，将可能出现混沌现象。因此在实际电力系统中有必要考虑励磁限制对系统运行的影响。文献[2]和文献[3]利用非线性动力学理论详细研究了考虑励磁限制的电力系统的分岔、混沌特性。研究结果表明，在考虑励磁限制的情况下，电力系统在发电机的输入功率和阻尼系数逐渐变化时会出现倍周期分岔、多混沌吸引子共存现象。研究结果还表明，考虑励磁限制电力系统的混沌振荡极大地影响了输出电压、频率的稳定性，在最严重的情况下，则会引发电力系统的崩溃。由于考虑励磁限制电力系统是多变量、多参数、强耦合、强非线性的动态系统，而且其系统模型、参数存在很多不确定性因素，所以一些在理论上已经成熟的混沌控制方法，在考虑励磁限制电力系统混沌的实际控制中不一定能够实现。自适应控制方法自从被提出以来，由于其具有在线辨识系统不确定模型、不确定参数等优点而广泛应用于非线性系统的控制[13,14]。本节利用李雅普诺夫渐近稳定理论设计自适应混沌控制器，对考虑励磁限制的电力系统的混沌振荡进行控制。该控制策略不仅易于工程实现，还能消除系统参数的不确定性和外部噪声干扰的影响，具有较强的鲁棒性。

3.3.2 自适应控制方法及其在考虑励磁限制的电力系统混沌振荡控制中的应用

下面首先从理论上讨论自适应混沌控制器的设计。

考虑如下受控混沌系统

$$\dot{x}(t) = Ax(t) + f(x) + u \qquad (3.32)$$

式中，$x \in \mathbf{R}^n$ 为状态变量；$u \in \mathbf{R}^n$ 为控制量；A 为未知常数矩阵；$f(x)$ 为非线性向量函数。

假设 3.1 式（3.32）的非线性部分 $f(x)$ 满足 Lipschitz 条件，即 $\|f(x_1) - f(x_2)\| \leqslant L\|x_1 - x_2\|$，其中 L 为 Lipschitz 常数。

至此，本书设计了具有如下形式的自适应混沌控制器

$$u = \hat{\mu}(x - x_0)$$
$$\dot{\hat{\mu}} = -k\|x - x_0\|^2 \qquad (3.33)$$

式中，$\hat{\mu}$ 为标量；$\dot{\hat{\mu}}$ 为自适应律；x_0 是系统平衡点，不失一般性，取 x_0 为控制目标；$k > 0$，改变 k 值可以适当调整自适应律的速度。在此，可以引出以下定理。

定理 3.2 如果假设 3.1 成立，则如式（3.32）所描述的受控混沌系统在自适应混沌控制器（式（3.33））作用下渐近稳定到平衡点。

证明 如果满足假设 3.1，那么必然存在标量 μ 使矩阵 Q（$Q = A + LI + \mu I$）的所有特征根为负[15]，其中 I 为单位矩阵。令 $\Delta x = x - x_0$，取李雅普诺夫函数为 $V = \frac{1}{2}\Delta x^T \Delta x + \frac{1}{k}(\mu - \hat{\mu})^2$，求 V 对时间的导数，有

$$\dot{V} = \Delta x^T (A + \mu I)\Delta x + 2\Delta x^T f(x) - (\mu - \hat{\mu})\Delta x^T \Delta x - \frac{1}{k}(\mu - \hat{\mu})\dot{\hat{\mu}}$$

$$\leqslant \Delta x^T (A + \mu I + LI)\Delta x - (\mu - \hat{\mu})\left(\Delta x^T \Delta x + \frac{1}{k}\dot{\hat{\mu}}\right)$$

$$= \Delta x^T Q\Delta x - (\mu - \hat{\mu})\left(\Delta x^T \Delta x + \frac{1}{k}\dot{\hat{\mu}}\right) \qquad (3.34)$$

将式（3.33）代入式（3.34），有

$$\dot{V} \leqslant \Delta x^{\mathrm{T}} Q \Delta x$$

又因矩阵 Q 所有特征根为负，则 $\dot{V} \leqslant 0$，所以式（3.32）渐近稳定到 x_0，证毕。

注：假设 3.1 的条件很宽松，只要 $\partial f(x_i)/\partial x_j (i, j = 1, 2, \cdots, n)$ 有界，假设 3.1 就得到满足。由于混沌系统吸引子具有有界性，混沌系统中的非线性部分 $f(x)$ 都可看成满足 Lipschitz 条件，至少是满足局部 Lipschitz 条件[16]。因此电力系统的混沌振荡可以用所设计的自适应控制器来实现混沌控制。

3.3.3　考虑励磁限制的电力系统混沌的自适应控制

传统的电力系统稳定控制是把电力系统稳定器（Power System Stabilizer，PSS）加在励磁器参考电压 V_{ref} 上。为了避免对原有控制系统的改动，可以通过直接把自适应混沌控制器加到励磁器参考电压 V_{ref} 上达到控制电力系统混沌的目的，这时式（2.2）变为

$$\begin{cases} \dot{\delta} = 2\pi f_0 \omega \\ M\dot{\omega} = -D\omega + P_{\mathrm{T}} - \dfrac{E'}{x_d' + x}\sin\delta \\ T_{d0}'\dot{E}' = -\dfrac{x_d + x}{x_d' + x}E' + \dfrac{x_d - x_d'}{x_d' + x}\cos\delta + E_{\mathrm{fd}} \\ T_{\mathrm{A}}\dot{E}_{\mathrm{fdr}} = -K_{\mathrm{A}}(V - (V_{\mathrm{ref}} + u)) - (E_{\mathrm{fdr}} - E_{\mathrm{fd0}}) \\ u = \hat{\mu}(E_{\mathrm{fdr}} - E_{\mathrm{fdr0}}) \\ \dot{\hat{\mu}} = -k\|E_{\mathrm{fdr}} - E_{\mathrm{fdr0}}\|^2 \end{cases} \qquad (3.35)$$

式中，E_{fdr0} 为状态变量 E_{fdr} 的平衡点。当限制器输入 E_{fdr} 稳定到平衡点时，励磁控制器输出电压 E_{fd} 稳定，则发电机相对转速和暂态电势也稳定到平衡点，从而电力系统的混沌得到控制。由于该控制策略直接、控制代价小，所以易于工程实现。

3.3.4　数值仿真结果

系统参数取值与 2.2.2 节中取值一致，这时系统不稳定平衡点为 $(1.0409, 0, 1.3559, 1.9229)$[11]，则 $E_{\mathrm{fdr0}} = 1.9229$。在施加控制前，电力系统处于混沌振荡。第 30s 加入控制 u，设控制参数 $k = 5$。系统混沌振荡很快得到控制，并稳定在平衡点，控制结果如图 3.8 所示。

3.3.5　控制系统的鲁棒性和抗干扰性能分析

（1）为了检验控制系统对系统不确定性参数的鲁棒性，可以改变不确定性参数的取值，然后观察系统的控制结果是否受影响。例如，取 $P_{\mathrm{T}} = 1.40$，$D = 120$，其他参数的取值不变，这时系统处于混沌状态，第 30s 加入控制 u，控制结果如图 3.9 所示。由

图 3.9 可见，系统仍能够很快稳定在平衡点，表明本节所采用的控制策略并不受参数变化的影响，即控制策略对不确定性参数具有鲁棒性。

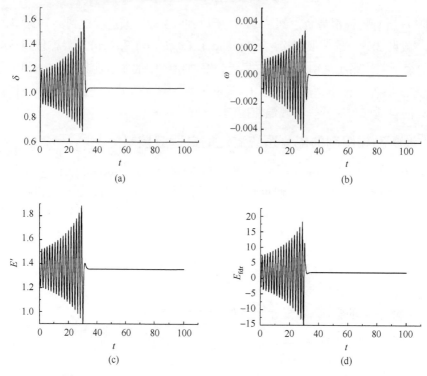

(a)

(b)

(c)

(d)

图 3.8　混沌电力系统在自适应控制器作用下的动态响应曲线

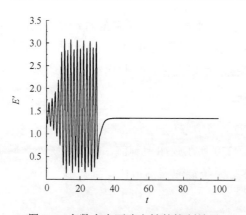

图 3.9　参数存在不确定性的控制结果

（2）为了检验控制系统对外部噪声的抗干扰性能，将随机干扰噪声施加到式（3.35）的第二个状态方程上，设噪声为 $n = 0.5 + 0.4\sin 2t$，受控系统模型不变，系统参数取值同上，控制仿真结果如图 3.10 所示。由图 3.10 可知，电力系统存在噪声干扰时，控制策略仍能控制系统的混沌，只是控制精度会有所降低。由此表明本节设计的控制器对外部噪声具有很强的抗干扰能力。

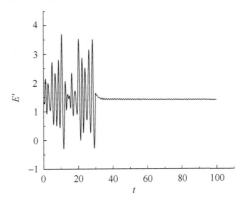

图 3.10　系统存在噪声干扰的控制结果

3.3.6　小结

本节用自适应控制方法对电力系统的混沌振荡进行控制，是混沌控制理论和方法应用于实践的有益的尝试。该控制策略不需要使用除系统状态变量 E_{fdr} 以外的任何有关被控系统的信息，不需要改变受控系统原有的结构，因此控制代价小，易于工程实现。最后的数值仿真表明，控制策略不仅行之有效，还对系统参数的不确定性具有较强的鲁棒性，同时具有较强的抗外部噪声干扰的能力，其研究结果对保证电力系统的稳定运行有较好的参考价值。

3.4　永磁同步电动机混沌运动的鲁棒自适应动态面控制

3.4.1　引言

自 20 世纪 90 年代后期以来，动态面控制方法的研究得到了快速的发展[17,18]。动态面控制方法的设计过程采用类似 Backstepping 控制方法的逐步反演设计法[19]，在反演控制的每一步中，设计一个虚拟反馈控制器来保证其相应子系统的稳定，而最后一步则设计出系统总的控制器。动态面控制方法的主要优势是它通过引入一阶低通滤波器来克服 Backstepping 控制设计过程出现的由于虚拟反馈控制输入微分而引起的"微分项爆炸"的问题。另外，自适应控制方法在含有不确定性参数系统控制中的应用研究受到人们的广泛关注[13,14]。人们通常用自适应方法来消除不确定性参数对控制过程的影响。为了控制具有不确定性参数 PMSM 中的混沌运动，本节把动态面控制方法和自适应控制方法结合起来设计混沌控制器，并且应用李雅普诺夫渐近稳定原理，证明了所设计的控制器能使 PMSM 受控系统渐近稳定到预期目标。数值仿真结果表明，该控制策略不仅行之有效，而且对系统不确定性参数具有鲁棒性。

3.4.2　自适应动态面控制方法

控制器设计如下。

由于 PMSM 是实际工程系统，所以在其混沌运动控制器设计过程中必须考虑它的可行性。第一，必须找到可以实施控制的变量。本节采用直轴定子电压作为控制变量，这在实际应用中是可行的。第二，控制目标必须具有可实现性。众所周知，在传统的传动系统中，当系统出现失稳时，人们一般通过控制其速度达到稳定的目的。不失一般性，这里选择 PMSM 角速度作为控制目标，则受控系统变成

$$
\begin{cases}
\dfrac{\mathrm{d}\omega}{\mathrm{d}t} = \sigma(i_q - \omega) \\[2mm]
\dfrac{\mathrm{d}i_q}{\mathrm{d}t} = -i_q - i_d\omega + \gamma\omega \\[2mm]
\dfrac{\mathrm{d}i_d}{\mathrm{d}t} = -i_d + i_q\omega + u \\[2mm]
y = \omega_r
\end{cases}
\tag{3.36}
$$

式中，u 是控制器；y 是输出信号；ω_r 是给定目标角速度。下面，就设计混沌控制器 u 来保证不稳定速度渐近稳定到目标角速度。同时，考虑到系统中存在不确定性参数 σ 和 γ，引入自适应律来消除不确定性参数对系统的影响。类似于传统的 Backstepping 反演设计方法，PMSM 混沌运动的动态面控制包括三步。第一、第二步设计虚拟控制器，保证其相应子系统的稳定，第三步则设计出总的控制器 u。下面给出具体的设计过程。

（1）令跟踪目标角速度 ω_r 的误差是 S_1，即

$$
S_1 = \omega - \omega_r
\tag{3.37}
$$

则可以得到动态面 S_1 的状态方程为

$$
\dot{S}_1 = \sigma(i_q - \omega) - \dot{\omega}_r
\tag{3.38}
$$

由于 ω_r 是常数，式（3.38）可重写为

$$
\dot{S}_1 = \sigma(i_q - \omega)
\tag{3.39}
$$

为了稳定动态面 S_1，选择如下虚拟控制器 $\bar{i}_{qr}$

$$
\bar{i}_{qr} = \omega - K_1 S_1
\tag{3.40}
$$

对于传统的 Backstepping 控制方法，下一个动态面应该被设计为 $S_2 = i_q - \bar{i}_{qr}$，但在下一步设计中需要对 $\bar{i}_{qr}$ 进行微分计算，这样会引起"微分项爆炸"问题。为了解决这个问题，本书用一个时间常数为 τ_2 的滤波器对 $\bar{i}_{qr}$ 进行滤波，即

$$\tau_2 \dot{i}_{qr} + i_{qr} = \overline{i}_{qr}, \quad i_{qr}(0) = \overline{i}_{qr}(0) \tag{3.41}$$

然后用滤波器的输出 i_{qr} 代替 $\overline{i}_{qr}$。

（2）用 i_{qr} 代替 $\overline{i}_{qr}$ 并定义第二个动态面为

$$S_2 = i_q - i_{qr} \tag{3.42}$$

则

$$\dot{S}_2 = -i_q - i_d \omega + \gamma \omega - \dot{i}_{qr} \tag{3.43}$$

为了稳定动态面 S_2，选择如下虚拟控制器 $\overline{i}_{dr}$

$$\overline{i}_{dr} = \hat{\gamma} + K_2 \frac{S_2}{\omega} - \frac{i_q}{\omega} - \frac{\dot{i}_{qr}}{\omega} \tag{3.44}$$

式中，$\hat{\gamma}$ 是系统不确定性参数 γ 的估计值。$\hat{\gamma}$ 的自适应律设计为

$$\dot{\hat{\gamma}} = \rho S_2 \omega \tag{3.45}$$

式中，ρ 是一个任意的正数，改变其大小可以调整自适应律速度。与上面的步骤类似，这里用一个时间常数为 τ_3 的滤波器对 $\overline{i}_{dr}$ 进行滤波而得到 i_{dr}，即

$$\tau_3 \dot{i}_{dr} + i_{dr} = \overline{i}_{dr}, \quad i_{dr}(0) = \overline{i}_{dr}(0) \tag{3.46}$$

（3）用 i_{dr} 代替 $\overline{i}_{dr}$，并定义第三个动态面如下

$$S_3 = i_d - i_{dr} \tag{3.47}$$

然后有

$$\dot{S}_3 = -i_d + i_q \omega + u - \dot{i}_{dr} \tag{3.48}$$

为了稳定动态面 S_3，得到最终的控制律为

$$u = i_d - i_q \omega + \dot{i}_{dr} - K_3 S_3 \tag{3.49}$$

式中，$K_1, K_2, K_3 > 0$。

注：由于控制器设计过程中，参数 σ 对控制器没有影响，所以不必设计参数 σ 的自适应律。

3.4.3　稳定性分析

在本节中，将对受控闭环系统的稳定性进行分析，首先导出闭环系统。

定义边界层误差为

$$z_2 = i_{qr} - \overline{i}_{qr} \tag{3.50}$$

$$z_3 = i_{dr} - \overline{i}_{dr} \tag{3.51}$$

定义系统参数估计误差为

$$\bar{\gamma} = \gamma - \hat{\gamma} \tag{3.52}$$

则受控闭环系统推导如下

$$\dot{S}_1 = \sigma(i_q - \omega) = \sigma(S_2 + i_{qr} - \omega) = \sigma(S_2 + (z_2 + \bar{i}_{qr}) - \omega) = \sigma(S_2 + z_2 - K_1 S_1) \tag{3.53}$$

类似地

$$\dot{S}_2 = S_3 + z_3 + (\gamma - \hat{\gamma})\omega - K_2 S_2 \tag{3.54}$$

$$\dot{S}_3 = -K_3 S_3 \tag{3.55}$$

考虑式（3.41）和式（3.40），有

$$\dot{z}_2 = \dot{i}_{qr} - \dot{\bar{i}}_{qr} = \frac{\bar{i}_{qr} - i_{qr}}{\tau_2} - \dot{\bar{i}}_{qr} = -\frac{z_2}{\tau_2} - \dot{\bar{i}}_{qr} \tag{3.56}$$

同样

$$\dot{z}_3 = -\frac{z_3}{\tau_3} - \dot{\bar{i}}_{dr} \tag{3.57}$$

且

$$\dot{\bar{\gamma}} = \dot{\gamma} - \dot{\hat{\gamma}} = -\rho S_2 \omega \tag{3.58}$$

至此，由新的状态变量 S_i、z_{i+1} $(i=1,2,3)$ 和 $\bar{\gamma}$ 构成的受控闭环系统已推导出来。在此引出以下定理。

定理 3.3　对于具有不确定性参数的受控闭环系统，存在增益 K_1、K_2、K_3 和滤波时间常数 τ_2、τ_3 使得鲁棒自适应动态面控制器能保证不稳定角速度 ω 控制到期待目标 ω_r，即 PMSM 的混沌运动得到控制。

证明　定义李雅普诺夫函数为

$$V = \sum_{i=1}^{3} \frac{1}{2} S_i^2 + \sum_{i=2}^{3} \frac{1}{2} z_i^2 + \frac{1}{2\rho} \bar{\gamma}^2 \tag{3.59}$$

则有

$$\dot{V} = \sum_{i=1}^{3} S_i \dot{S}_i + \sum_{i=2}^{3} z_i \dot{z}_i - \bar{\gamma} S_2 \omega \tag{3.60}$$

首先分析式（3.60）中各项的上界，由式（3.53）有

$$\begin{aligned} S_1 \dot{S}_1 &= S_1(\sigma(S_2 + z_2 - K_1 S_1)) \\ &= \sigma(-K_1 S_1^2 + S_1 z_2 + S_1 S_2) \\ &\leqslant \sigma(-K_1 S_1^2 + |S_1||z_2| + |S_1||S_2|) \end{aligned} \tag{3.61}$$

根据 Young 不等式，即

$$|ab| \leqslant \frac{a^2}{2} + \frac{b^2}{2} \tag{3.62}$$

或

$$|ab| \leqslant \frac{a^2}{2\varepsilon} + \frac{\varepsilon b^2}{2} \tag{3.63}$$

式中，ε 为任意小的正数，那么式（3.61）可以重写为

$$S_1\dot{S}_1 \leqslant \sigma(-K_1 S_1^2 + |S_1||z_2| + |S_1||S_2|)$$

$$\leqslant \sigma\left(-K_1 S_1^2 + S_1^2 + \frac{z_2^2}{2} + \frac{S_2^2}{2}\right) \tag{3.64}$$

同样地

$$S_2\dot{S}_2 \leqslant -K_2 S_2^2 + S_2^2 + \frac{z_3^2}{2} + \frac{S_3^2}{2} + S_2\omega(\gamma - \hat{\gamma}) \tag{3.65}$$

$$S_3\dot{S}_3 \leqslant -K_3 S_3^2 \tag{3.66}$$

考虑式（3.40）和式（3.56），可得

$$\dot{z}_2 = -\frac{z_2}{\tau_2} - \dot{\bar{i}}_{qr}$$

$$= -\frac{z_2}{\tau_2} + K_1\dot{S}_1 + \dot{S}_1$$

$$= -\frac{z_2}{\tau_2} + (K_1 + 1)\sigma(S_2 + z_2 - K_1 S_1) \tag{3.67}$$

$$z_2\dot{z}_2 = -\frac{z_2^2}{\tau_2} + z_2(K_1 + 1)\sigma(S_2 + z_2 - K_1 S_1) \tag{3.68}$$

令 $M_2 = \max(\sigma(K_1 + 1), \sigma(K_1 + 1)K_1)$，由于 $\sigma, K_1 > 0$，所以 $M_2 > 0$，式（3.68）变为

$$z_2\dot{z}_2 \leqslant -\frac{z_2^2}{\tau_2} + z_2 M_2\left(|S_2| + |z_2| + |S_1|\right)$$

$$\leqslant -\frac{z_2^2}{\tau_2} + M_2|z_2|\left(|S_2| + |z_2| + |S_1|\right) \tag{3.69}$$

由式（3.63）可得

$$z_2\dot{z}_2 \leqslant -\frac{z_2^2}{\tau_2} + \frac{M_2^2 z_2^2}{2} + M_2 z_2^2 + \frac{M_2^2 z_2^2}{2\varepsilon} + \frac{S_2^2}{2} + \frac{z_2^2}{2} + \frac{S_1^2}{2} \tag{3.70}$$

类似地

$$z_3\dot{z}_3 \leqslant -\frac{z_3^2}{\tau_3} + M_3|z_3|\left(|S_3| + |S_2| + |z_2| + |z_3|\right)$$

$$\leqslant -\frac{z_3^2}{\tau_3} + \frac{M_3^2 z_3^2}{2} + M_3 z_3^2 + \frac{M_3^2 z_3^2}{2\varepsilon} + \frac{S_3^2}{2} + \frac{S_2^2}{2} + \frac{z_2^2}{2} + \frac{z_3^2}{2} \quad (3.71)$$

式中，$M_3 = \max((K_2+1), (K_2+1)K_2) > 0$。

至此，式（3.60）的表达式重新列出

$$\dot{V} = \sum_{i=1}^{3} S_i \dot{S}_i + \sum_{i=2}^{3} z_i \dot{z}_i - \bar{\gamma} S_2 \omega$$

$$= \sigma\left(-K_1 S_1^2 + S_1^2 + \frac{z_2^2}{2} + \frac{S_2^2}{2}\right) - K_2 S_2^2 + S_2^2 + \frac{z_3^2}{2} + \frac{S_3^2}{2} + S_2\omega(\gamma - \hat{\gamma}) - K_3 S_3^2$$

$$- \bar{\gamma} S_2 \omega - \frac{z_2^2}{\tau_2} + \frac{M_2^2 z_2^2}{2} + M_2 z_2^2 + \frac{M_2^2 z_2^2}{2\varepsilon} + \frac{S_2^2}{2} + \frac{z_2^2}{2} + \frac{S_1^2}{2} - \frac{z_3^2}{\tau_3} + \frac{M_3^2 z_3^2}{2}$$

$$+ M_3 z_3^2 + \frac{M_3^2 z_3^2}{2\varepsilon} + \frac{S_3^2}{2} + \frac{S_2^2}{2} + \frac{z_2^2}{2} + \frac{z_3^2}{2}$$

选择 $K_1 = \left(\frac{\alpha}{\sigma} + \frac{1}{2\sigma} + 1\right)$，$K_2 = \alpha + \frac{\sigma}{2} + 1$，$K_3 = (\alpha+1)$，$\frac{1}{\tau_2} = \left(\alpha + \frac{\sigma + M_2^2}{2} + \frac{2M_2^2}{\varepsilon}\right.$

$\left. + M_2 + 1\right)$ 以及 $\frac{1}{\tau_3} = \left(\alpha + \frac{M_3^2}{2} + \frac{M_3^2}{2\varepsilon} + M_3 + 1\right)$，可得

$$\dot{V} \leqslant -\alpha(S_1^2 + S_2^2 + S_3^2 + z_2^2 + z_3^2) \quad (3.72)$$

式中，α 为设计参数，改变其大小可以调节闭环系统收敛速度。因此可以得到 $\dot{V} \leqslant 0$，则表明闭环系统能渐近稳定到控制目标，证毕。

3.4.4 数值仿真结果和分析

下面首先来验证本节所设计的自适应动态面控制器的有效性，数值模拟中用到的参数值可见 2.3.1 节。选择控制目标为 $\omega_r = 5$，控制参数设定为 $K_1 = 1$，$K_2 = 2$，$K_3 = 3$，$\tau_2 = 0.7$，$\tau_3 = 0.5$。为了表明控制器的有效性，本节在第 25s 加入控制，控制结果如图 3.11 所示。由图 3.11 可知，混沌系统在控制器的作用下，很快稳定在控制目标。

然后通过数值模拟分析控制器对系统不确定性参数的鲁棒性。图 3.12 是不确定性参数辨识误差 $\hat{\gamma} - \gamma$ 的变化曲线图，由图 3.12 可知，受控系统能在较短时间内辨识出系统参数，证明本节所设计的自适应动态面控制器是具有参数估算能力的鲁棒控制器。

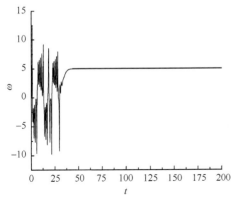

图 3.11　状态变量 ω 动态响应曲线图

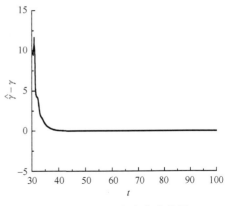

图 3.12　$\hat{\gamma}-\gamma$ 的变化曲线图

3.4.5　小结

本节利用鲁棒自适应动态面控制方法对 PMSM 混沌进行控制,该方法通过引入一阶低通滤波器来克服 Backstepping 方法设计过程出现的由于虚拟输入微分而引起的"微分项爆炸"的问题。此外还利用李雅普诺夫稳定理论证明该控制方法能保证闭环系统渐近稳定在控制目标。由于在设计过程中充分考虑了控制器的可行性,所以该控制策略具有实际应用价值。最后的仿真表明本节的控制方法不仅行之有效,而且对系统的不确定性参数具有鲁棒性。

3.5　基于 LaSalle 不变集定理自适应控制永磁
同步电动机的混沌运动

本节基于 LaSalle 不变集定理,设计自适应混沌控制器对 PMSM 中的混沌进行控制。该控制器的优点在于其自适应律能自动跟踪系统平衡点,不需要预先知道平衡点位置,也不需要改变受控系统原有的结构,因此设计直接、简便,控制代价小,易于工程实现。仿真结果表明了该方法的有效性。

3.5.1　基于 LaSalle 不变集定理自适应控制方法

LaSalle 不变集定理从研究系统的不变集出发来考虑系统解的渐近特性,它给出了李雅普诺夫稳定性定理中即使当 $V(x,t)$ 不是一个局部正定函数时,也能判断系统平衡点是否为渐近稳定的方法[20]。首先引出有关基本概念。

考虑非线性系统

$$\dot{x}=f(x) \tag{3.73}$$

式中,$t\in[0,\infty)$;状态变量 $x\in\mathbf{R}^n$;$f:D\to\mathbf{R}^n$ 是定义在 $f:D\in\mathbf{R}^n$ 上的光滑向量场,满

足 Lipschitz 条件。不失一般性，这里假定非线性系统至少有一个平衡点 X^*，且事先不知道平衡点的具体位置。对于式（3.73）所描述的非线性系统，引入几个基本概念。

定义 3.2[20]　设式（3.73）的解是 $x(t)$，若存在时间序列 $\{t_n\}$，$\lim t_n = \infty$，使得 $x(t_n) = p$，则称 p 是 $x(t)$ 的一个正向极限点。

定义 3.3[20]　设 $M \subset \mathbf{R}^n$，若对于任意初始条件 $x(0) = x_0 \in M$，式（3.73）的解 $x(t) = \Phi(t, x_0)$ 满足

$$x(t) \in M, \quad \forall t \geqslant 0$$

则称 M 是关于式（3.73）的正向不变集。不变集可以包括系统的一个或多个平衡点，也可以是状态空间的一个子集合。

引理 3.2（LaSalle 不变集定理[21]**）**　设 Ω 是一个有界闭集，从 Ω 内出发的式（3.73）的解 $x(t) \subset \Omega$，若 $\exists V(x): \Omega \to \mathbf{R}$，具有连续一阶偏导，使 $dV / dt \leqslant 0$，又设

$$E = \left\{ x \middle| dV / dt = 0, x \in \Omega \right\}$$

$M \subset E$ 是最大不变集，则当 $t \to \infty$ 时，有 $x(t) \to M$，特别地，若 $M = \{0\}$，则系统的平衡点稳定。具体证明见文献[21]。

3.5.2　基于 LaSalle 不变集定理设计自适应混沌控制器

要实现的控制目标就是把非线性系统控制到平衡点 X^*。将控制项 u 直接加在式（3.73）的右端，可以得到受控系统

$$\dot{x} = f(x) + u_i \tag{3.74}$$

式中，i 是系统变量的个数。传统的控制方法是设计 u_i 使系统的状态接近平衡点 X^*，这样的方法虽然简单，但是如果事先不知道平衡点的具体位置，将导致传统控制方法无能为力。为了克服这一缺陷，本节设计一个自适应律自动跟踪平衡点，即

$$\dot{y}_i = \lambda_i (x_i - y_i) \tag{3.75}$$

式中，$y_i \in \mathbf{R}^n$；$\lambda_i \in \mathbf{R}_+^n$。那么，本节设计的自适应混沌控制器具有如下形式，即

$$\begin{aligned} u_i &= -k_i(x_i - y_i) \\ \dot{k}_i &= \alpha_i(x_i - y_i)^2 \end{aligned} \tag{3.76}$$

由此可以引出以下定理。

定理 3.4　如式（3.74）所描述的受控混沌系统，在自适应混沌控制器（式（3.76））的作用下渐近稳定到不可知的平衡点。

证明　取正值函数 $V = \dfrac{1}{2}\sum_{i=1}^{n}(x_i - y_i)^2 + \dfrac{1}{2}\sum_{i=1}^{n}\dfrac{1}{\alpha_i}(L - k_i)^2$，其中 L 是正实数。求 V 对时间的导数，有

$$\dot{V} = \sum_{i=1}^{n} (x_i - y_i) f_i(x) - (L + \lambda_i)(x_i - y_i)^2 \qquad (3.77)$$

由于非线性部分 $f_i(x)$ 满足 Lipschitz 条件，它在区域 D 上是有界的，所以必存在 $L < \infty$ 对于所有的 i 都有 $|f_i(x)| \leq l|x_i - y_i|$。可以通过选择 $L > l$ 使不等式

$$\dot{V} \leq W = -(L - l) \sum_{i=1}^{n} (x_i - y_i)^2 \leq 0 \qquad (3.78)$$

式（3.78）保证对于 $t \to \infty$，式（3.74）的任何解都趋近于集合 $E = \{(x, y, k) : x = y\}$。式（3.76）的最大不变集 $M = \{(x, y, k) : x = y = x^*, k = k^*\}$ 仅包含式（3.74）的平衡点 X^*。由 LaSalle 不变集定理可知，式（3.74）在式（3.76）作用下渐近稳定到平衡点，证毕。

　　注：设计本控制器需要系统 $f(x)$ 满足 Lipschitz 条件，其实这一条件很宽松，只要 $\partial f(x_i)/\partial x_j\ (i, j = 1, 2, \cdots, n)$ 有界则 $f(x)$ 就满足 Lipschitz 条件。由于混沌系统吸引子具有有界性，混沌系统中的非线性部分 $f(x)$ 都可看成满足 Lipschitz 条件，至少是满足局部 Lipschitz 条件[21,22]。因此 PMSM 的混沌运动可以用所设计的自适应控制器，即式（3.76）来控制。

3.5.3　PMSM 混沌运动的自适应控制及仿真

　　把控制器加在 PMSM 方程的第二项上，受控的 PMSM 系统为

$$\begin{cases} \dfrac{d\omega}{dt} = \sigma(i_q - \omega) \\[2mm] \dfrac{di_q}{dt} = -i_q - i_d\omega + \gamma\omega - k(i_q - y) \\[2mm] \dfrac{di_d}{dt} = -i_d + i_q\omega \\[2mm] \dot{k} = \alpha(i_q - y)^2 \\[2mm] \dot{y} = \lambda(i_q - y) \end{cases} \qquad (3.79)$$

　　假设系统参数 σ 和 γ 的取值不确定，控制参数取 $\alpha = 0.4$，$\lambda = 0.3$。受控系统初始状态为 $(\omega, i_q, i_d, k, y) = (0.012, 0.014, 0.015, 0, 0)$。在施加控制前，PMSM 处于混沌运动。第 50s 加入控制 u，系统混沌运动很快得到控制，并稳定在平衡点 $X^* = (-4.3589, -4.3589, 19)$，控制结果如图 3.13 所示。从仿真结果可以看出，在系统参数未知的情况下，所设计的自适应控制仍然能控制系统到平衡点，表明所设计的控制策略是有效的[23]。

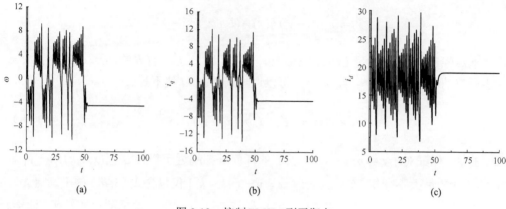

图 3.13　控制 PMSM 到平衡点

3.5.4　小结

本节基于 LaSalle 不变集定理，设计混沌控制器对 PMSM 中的混沌进行控制。据文献检索表明，在已有文献的工作中，设计自适应控制器通常是为了跟踪系统不确定性参数。本节提出的控制器的优点在于其自适应律能直接自动跟踪系统平衡点。该控制器由于不需要事先知道平衡点位置，同时不需要使用除系统状态变量 i_q 以外的任何有关被控系统的信息，不需要改变受控系统原有的结构，所以设计直接、简便，控制代价小，易于工程实现。仿真结果表明了该方法的有效性。

参 考 文 献

［1］于长官. 现代控制理论. 哈尔滨: 哈尔滨工业大学出版社, 1997: 63-67.

［2］宋永华, 熊正美, 曾庆番.电力系统在参数扰动下的混沌行为. 中国电机工程学报, 1990, 10(增刊): 29-33.

［3］张伟年, 张卫东. 一个非线性电力系统的混沌振荡. 应用数学和力学, 1999, 20(10): 1094-1100.

［4］Willems J C. Dissipative dynamical systems, part I: General theory. Archive for Rational Mechanics and Analysis, 1972, 45: 321-351.

［5］韦笃取, 罗晓曙. Passivity-based adaptive control of chaotic oscillations in power system. Chaos, Solitons and Fractal, 2007, 31(4): 665-671.

［6］Pyragas K, Pyragas V, Kiss I Z, et al. Adaptive control of unknown unstable steady states of dynamical systems. Physical Review E, 2004, 70: 026215.

［7］Manosa V, Ikhouane F, Rodellar J. Control of uncertain non-linear systems via adaptive backstepping. Journal of Sound and Vibration, 2005, 280: 657-680.

［8］Lin W. Feedback stabilization of general nonlinear control system: A passive system approach. Systems & Control Letters, 1995, 25: 41-52.

[9] Wen Y. Passive equivalence of chaos in Lorenz system. IEEE Transactions on Circuits and Systems-I, 1999, 46: 876-878.

[10] Jia H J, Yu Y X, Wang C S. Chaotic and bifurcation phenomena considering power systems excitation limit and PSS. Automation of Electric Power Systems, 2001, 25(1): 11-14.

[11] Ji W, Venkatasubramanian V. Hard-limit induced chaos in a fundamental power system model. International Journal of Electrical. Power Energy Systems, 1996, 18: 279-296.

[12] Ji W, Venkatasubramanian V. Coexistence of four different attractors in a fundamental power system model. IEEE Transactions on Circuits and Systems-I: Fundamental Theory Application, 1999, 46: 405-409.

[13] 韦笃取, 罗晓曙. Passive adaptive control of chaos in synchronous reluctance motor. Chinese Physics, 2008, 17(1): 92-96.

[14] 韦笃取, 罗晓曙. Adaptive robust control of chaotic oscillations in power system with excitation limits. Chinese Physics, 2007, 16(11): 3244-3248.

[15] Isidori A. Nonlinear Control Systems. 3rd ed. New York: Springer-Verlag, 1995.

[16] 魏荣, 王行愚. 连续时间混沌系统的自适应 H-∞同步方法. 物理学报, 2004, 53: 3298.

[17] Swaroop D, Gerdes J C, Yip P P, et al. Proceedings of the American Control Conference, 1997: 3207-3211.

[18] 韦笃取, 罗晓曙, 汪秉宏, 等. Robust adaptive dynamic surface control of chaos in permanent magnet synchronous motor. Physics Letter A, 2007, 363: 71-77.

[19] Manosa V, Ikhouane F, Rodellar J. Control of uncertain non-linear systems via adaptive backstepping. Journal of Sound and Vibration, 2005, 280: 657-680.

[20] 胡跃明. 非线性控制系列理论与应用. 第 2 版. 北京: 国防工业出版社, 2005: 43.

[21] LaSalle J P. The extent of asymptotic stability. Proceedings of National Academy of Sciences of the United States of America, 1960, 46(3): 363.

[22] Hua C C, Guan X P. Adaptive control for chaotic systems. Chaos, Solitons & Fractals, 2004, 22(1): 55-60.

[23] 韦笃取, 张波, 罗晓曙. 基于 LaSalle 不变集定理自适应控制永磁同步电动机的混沌运动. 物理学报, 2009, 58(9): 6026-6029.

第4章 基于无源性与微分几何理论的电力系统 与同步电动机混沌运动的控制设计

4.1 引　　言

随着现代社会对电力供应的可靠性要求越来越高，电力系统的稳定性问题日益得到人们的广泛关注。近年来围绕着电力系统非线性鲁棒控制问题，开展了基于无源化镇定控制和干扰抑制设计理论方法的广泛讨论。文献[1]～文献[3]中阐述的鲁棒镇定控制器和干扰抑制控制器的设计思想，是通过构造保证系统无源性的能量函数而得到的。无源化是无源性在非线性系统中的应用，通常借助李雅普诺夫函数构造有效的无源性控制器。文献[4]和文献[5]的研究表明无源化过程就是构造储存函数的过程。

无源化和 L_2 增益是关于非线性系统的最新理论成果，采用无源化理论设计非线性系统控制器、利用 L_2 增益抑制干扰的方法已得到了广泛的应用。文献[6]和文献[7]将此方法分别运用到研究耦合发电机组和 PMSM 的混沌现象，仿真结果表明了该方法的有效性。本章主要介绍作者两方面的工作：①参照文献[6]和文献[7]的方法，利用无源化理论和方法对单机无穷大系统（Single Machine Infinite Bus system，SMIB）设计反馈镇定器，以 L_2 增益为手段来解决干扰抑制问题；②基于微分几何方法，实现 PMSM的混沌运动控制。为了便于理论分析，本章首先简要介绍无源性的基本概念和无源性与稳定性的关系、微分几何的基本知识；然后通过坐标变换与反馈等价的关系，根据微分几何的基本知识推导出反馈等价系统的标准形式，为后续深入讨论非线性电力系统的控制问题做理论上的准备。

4.2　无源非线性系统的基本理论

4.2.1　无源性的基本概念

无源性是网络理论的一个重要概念[8]，它表示耗能网络的一种特性，无源网络中的能量流向一般满足这样的规律：输入的能量=最后的能量−初始的能量+耗散的能量，也就是说，网络不会自己产生能量。无源网络只是消耗能量而不产生能量，这对于网络稳定性和动态品质研究很重要。由无源网络可以得到无源系统的概念。无源系统是一类考虑系统与外界有能量交换的动态系统，而在无源网络中成立的能量流向等式对于无源系统也同样成立。系统无源可以保持系统的内部稳定。对于存在振荡的不稳定系统，为了使得系统内部稳定，可以依据无源理论来构造反馈控制器，使得相应的闭环系统无源而保持内部稳定[9]。

考虑非线性系统

$$\begin{cases} \dot{x} = f(x) + g(x)u \\ y = h(x) \end{cases} \tag{4.1}$$

式中，$x \in \mathbf{R}^n$ 表示状态向量；$u \in \mathbf{R}^p$ 和 $y \in \mathbf{R}^p$ 表示控制输入信号和输出信号；$f(x)$ 和 $h(x)$ 分别为 n 维和 p 维的函数向量；$g(x)$ 为 $n \times p$ 维函数矩阵。分别记为

$$f(x) = \begin{bmatrix} f_1(x) \\ f_2(x) \\ \vdots \\ f_n(x) \end{bmatrix}, \quad g(x) = \begin{bmatrix} g_{11}(x) & g_{12}(x) & \cdots & g_{1p}(x) \\ g_{21}(x) & g_{22}(x) & \cdots & g_{2p}(x) \\ \vdots & \vdots & & \vdots \\ g_{n1}(x) & g_{n2}(x) & \cdots & g_{np}(x) \end{bmatrix}, \quad h(x) = \begin{bmatrix} h_1(x) \\ h_2(x) \\ \vdots \\ h_p(x) \end{bmatrix}$$

定义 4.1　对于式（4.1），若存在半正定的函数 $V(x)$，使得

$$V(x(T)) - V(x(0)) \leqslant \int_0^T S(u(\tau), y(\tau)) \mathrm{d}\tau, \quad \forall T > 0 \tag{4.2}$$

对任意的输入信号 $u \in \mathbf{R}^p$ 都成立，则称式（4.1）为耗散系统。$V(x)$ 称为能量存储函数，上述不等式称为耗散不等式。

当供给率 $S(u(\tau), y(\tau)) = y^{\mathrm{T}}(\tau) u(\tau)$ 时，称系统为无源系统。

当 $S(u(\tau), y(\tau)) = \frac{1}{2}(\gamma^2 \|u\|^2 - \|y\|^2)$ 时，称系统为 γ- 耗散系统。

定义 4.2　对于式（4.1）和能量存储函数 $V(x)$，若存在正定函数 $Q(x)$，使得耗散不等式

$$V(x(T)) - V(x(0)) \leqslant \int_0^T y^{\mathrm{T}}(\tau) u(\tau) \mathrm{d}\tau - \int_0^T Q(x) \mathrm{d}\tau, \quad \forall T > 0 \tag{4.3}$$

对任意的输入信号 u 都成立，则称该系统是严格无源的。

无源性与稳定性在某种意义下是等价的。对于严格无源系统，若存在光滑可微且正定的能量存储函数，那么该系统是渐近稳定的，李雅普诺夫函数就是存储函数。若只知道系统是无源的，而不知道是否是严格无源的，那么只能得到系统是李雅普诺夫稳定的，而不能保证是渐近稳定的。但是在一定的条件下，通过施加适当的反馈控制可以使得存储函数成为闭环系统的李雅普诺夫函数，从而保证系统的渐近稳定性。本章就是根据这一思想来保证电力系统内部稳定而避免振荡的。

定义 4.3　对于式（4.1），若当 $u(t) = 0$ 时，必有 $\lim_{x \to \infty} x(t) = 0$，则称该系统是零状态可检测的。

定理 4.1　设式（4.1）是无源的，且存在光滑可微的正定函数 $V(x)$ 满足耗散不等

式，即式（4.2）。若该系统是零状态可检测的，那么使闭环系统渐近稳定的反馈控制器给定如下

$$u = \phi(z), \quad \phi(0) = 0$$

式中，ϕ 为满足 $y^{\mathrm{T}}\phi(z) < 0$（$\forall\, z \neq 0$）的任意函数。

4.2.2 非线性系统的 KYP 引理

无源性系统的一个基本特性就是 KYP（Kalman-Yacubovitch-Popov）引理。KYP 引理在控制设计与系统理论中处于核心地位。

定义 4.4 对于式（4.1），若存在可微的半正定函数 $V(x)$，$V(0) = 0$，满足

$$\begin{cases} L_f V(x) \leqslant 0 \\ L_{g_2} V(x) = h(x) \end{cases} \tag{4.4}$$

则称系统具有 KYP 特性。其中，L_f 为对向量场 f 的李导数，L_{g_2} 为对向量场 g_2 的李导数。

引理 4.1（KYP 引理） 式（4.1）是无源的，当且仅当存在非负函数 $V(x)$ 满足式（4.4），即具有 KYP 特性。

证明 （充分性）存在非负函数 $V(x)$，沿式（4.1）的状态轨迹求 $V(x)$ 对时间 t 的微分，并利用式（4.4）得

$$\dot{V}\big|_{(4.1)} = L_f V(x) + L_g V(x)u \leqslant y^{\mathrm{T}}(t)u(t) \tag{4.5}$$

对式（4.5）从 0 到 t 积分得到无源不等式，故式（4.1）是无源的。

（必要性）假设式（4.1）是无源的，那么有无源不等式成立，即

$$V(x(T)) - V(x(0)) \leqslant \int_0^T y^{\mathrm{T}}(\tau)u(\tau)\mathrm{d}\tau, \quad \forall T > 0 \tag{4.6}$$

对式（4.6）两边求导有

$$L_f V(x) + L_g V(x)u \leqslant y^{\mathrm{T}}(t)u(t) \tag{4.7}$$

由此得式（4.1）具有 KYP 特性。证毕。

4.2.3 微分几何的理论基础

对式（4.1），考察输出信号 y 对时间的微分，有

$$\dot{y} = \frac{\partial h}{\partial x}\dot{x} = \frac{\partial h}{\partial x}[f(x) + g_2(x)u] = L_f h(x) + L_{g_2} h(x)u \tag{4.8}$$

因此，如果对于 $\forall x$，有

$$L_g h(x) \neq 0 \tag{4.9}$$

$\forall x \in \mathbf{R}^n$ 成立，那么，令 $\dot{y} = v$，则有

$$u = [L_g h(x)]^{-1}[v - L_f h(x)] = \alpha(x) + \beta(x)v \qquad (4.10)$$

如果对 $\forall x$，$L_g L_f h(x) = 0$，则可进一步进行微分，直到 $L_g L_f^{r-1} h(x) \neq 0$，即相对阶为 r。一般来讲，若式（4.1）具有相对阶 r，可以取新的坐标变换

$$\begin{cases} \xi_1 = y = h(x) \\ \xi_2 = \dot{\xi}_1 = L_f h(x) \\ \quad\vdots \\ \xi_r = \dot{\xi}_{r-1} = L_f^{r-1} h(x) \end{cases} \qquad (4.11)$$

和 $n - r$ 维变换函数 $\eta(x)$，如果 $\eta(x)$ 满足

$$\begin{cases} L_g \eta(x) = 0 \\ L_{(f(x),g(x))} \eta(x) = 0 \end{cases} \qquad (4.12)$$

则式（4.1）与系统

$$\begin{cases} \dot{\xi}_1 = \xi_2 \\ \dot{\xi}_2 = \xi_3 \\ \quad\vdots \\ \dot{\xi}_r = v \\ \dot{\eta}(x) = \tilde{f}(\eta, \xi_1, \xi_2, \cdots, \xi_r) \end{cases} \qquad (4.13)$$

反馈等价。显然，当 $r = n$ 时，有

$$L_g \eta(x) = L_g L_f h(x) = L_g L_f^2 h(x) = \cdots = L_g L_f^{n-2} h(x) = 0$$

$$L_g L_f^{n-1} h(x) \neq 0$$

综上所述，若式（4.1）的输出信号满足式（4.9）同时存在光滑的函数 $\eta(x)$，使得式（4.11）是微分同胚的且满足式（4.12），则该系统与式（4.13）是反馈等价的。

　　实际上，在非线性系统中，相对阶相同的系统在一定的几何条件下均可以转化为子系统和一个或多个积分器串联的形式，这种串联形式的表达式成为这类反馈等价系统的标准形式，式（4.1）经过上述坐标变换可以变换成与其反馈等价的标准形式，即式（4.13）。

4.3　研究模型描述

　　本章考虑单机无穷大系统，如图 4.1 所示。这里进行如下假设：忽略定子回路电阻和阻尼绕组的影响；不考虑调速器的调节作用，即 $P_m = P_{m0}$；采用静止晶闸管快速励磁方式，即励磁机时间常数 $T_e = 0$；忽略发电机瞬变凸极效应。

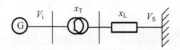

图 4.1 单机无穷大系统

针对图 4.1 所示的系统可知，有扰动的发电机励磁系统的数学模型[10]可表示为

$$\begin{cases} \dot{\delta}(t) = \omega(t) - \omega_0 \\ \dot{\omega}(t) = \dfrac{\omega_0}{H}P_m - \dfrac{D}{H}(\omega(t) - \omega_0) - \dfrac{\omega_0}{H}\dfrac{E'_q(t)V_S}{x'_{d\Sigma}}\sin\delta(t) + w_2 \\ \dot{E}'_q(t) = -\dfrac{E'_q(t)}{T'_d} + \dfrac{1}{T'_{d0}}\dfrac{x_d - x'_d}{x'_{d\Sigma}}V_S\cos\delta(t) + \dfrac{1}{T'_{d0}}V_f(t) + w_3 \end{cases} \quad (4.14)$$

式中，$\delta(t)$ 为发电机转子运行角；$\omega(t)$ 为发电机转子角速度；ω_0 为发电机稳态角速度；H 为机械转子惯量；$E'_q(t)$ 为 q 轴暂态电势；D 为阻尼系数；T'_{d0} 为发电机定子开路时励磁绕组的时间常数；$x'_{d\Sigma} = x'_d + x_T + x_L$；$V_f(t)$ 为励磁控制输出电压；P_m 为发电机的机械功率；$P_e = \dfrac{E'_q(t)V_S\sin\delta(t)}{x'_{d\Sigma}}$ 为发电机电磁有功功率；w_2、w_3 分别为发电机转动轴上的扭转干扰和励磁绕组的电磁干扰。

令 $x_1 = \delta - \delta_0$，$x_2 = \omega - \omega_0$，$x_3 = E'_q - E'_{q0}$，其中 δ_0、E'_{q0} 皆表示对应变量的初值。考虑到系统参数变化和外部扰动的影响，将式（4.14）写成以下一般形式，即

$$\begin{bmatrix} \dot{x}_1 \\ \dot{x}_2 \\ \dot{x}_3 \end{bmatrix} = \begin{bmatrix} x_2 \\ d_1x_2 + d_2x_3 + d_3(x_3 + x_{30})(\sin\delta_0 - \sin(x_1 + \delta_0)) \\ d_4x_3 + d_5\cos(x_1 + \delta_0) - d_5\cos\delta_0 \end{bmatrix} + g_1(x)w + g_2(x)u \quad (4.15)$$

式中，$d_1 = -\dfrac{D}{H}$；$d_2 = -\dfrac{\omega_0 V_S}{x'_{d\Sigma}H}\sin\delta_0$；$d_3 = \dfrac{\omega_0 V_S}{x'_{d\Sigma}H}$；$x_{30} = E'_{q0}$；$d_4 = -\dfrac{1}{T'_d}$；$d_5 = \dfrac{x_d - x'_d}{T'_{d0}x'_{d\Sigma}}V_S$；$u = V_f - V_{f0}$。其中，$w$ 为外部扰动，u 为控制输入。$g_1(x) = [0,1,1]^T$，$g_2(x) = [0,0,d_6]^T$，$w = [w_1, w_2, w_3]$。为了便于控制器的设计，将式（4.15）改写成非线性方程

$$\begin{cases} \dot{x} = f(x) + g_1(x)w + g_2(x)u \\ z = h(x) \end{cases} \quad (4.16)$$

式中，$x \in \mathbf{R}^3$ 为状态向量；$u \in \mathbf{R}$、$z \in \mathbf{R}$ 分别为输入信号和输出信号；$f(x)$、$g_1(x)$、$g_2(x)$ 分别为三维向量函数，且 $f(0) = 0$，$h(0) = 0$。

对于单机系统的励磁控制器设计问题，可以转化为下列 L_2 性能准则[6]。

对于给定的正数 γ，设计状态反馈镇定器 $u = \alpha(x) + \beta(x)$，$\alpha(0) = 0$，使得闭环系统满足以下性能准则。

（1）当 $w=0$ 时，控制律为 $u=\alpha(x)$，使闭环系统在 $x=0$ 时是渐近稳定的。

（2）当 $w\neq 0$ 时，控制律为 $u=\alpha(x)+\beta(x)$

$$\int_0^T \left\| z(x) \right\|^2 \mathrm{d}t \leqslant \gamma^2 \int_0^T \left\| w \right\|^2 \mathrm{d}t, \quad \forall w \in L_2[0,t], \quad T \geqslant 0 \qquad (4.17)$$

式中，$L_2[0,t]=\{w \,|\, w:[0,T] \to \mathbf{R}^{n\times k}\}$；$\int_0^T \left\| w \right\|^2 \mathrm{d}t < +\infty$。

4.4　基于无源化的励磁反馈镇定器设计和 L_2 性能准则

4.4.1　坐标变换和标准链式结构

对于式（4.15）所描述的非线性单机无穷大励磁系统，当 $w=0$ 时，可写成

$$\begin{cases} \dot{x}=f(x)+g_2(x)u \\ z=h(x) \end{cases} \qquad (4.18)$$

对于式（4.18），考察输出信号 z 对时间的微分

$$\dot{z}=\frac{\partial h}{\partial x}\dot{x}=\frac{\partial h}{\partial x}[f(x)+g_2(x)u]=L_f h(x)+L_{g_2} h(x)u$$

如果对于 $\forall x$，$L_{g_2} h(x) \neq 0$ 成立，令 $\dot{z}=v$，则有 $u=\dfrac{v-L_f h(x)}{L_{g_2} h(x)}$。如果对于 $\forall x$，

$L_{g_2} h(x)=0$，则可对 $\dot{z}$ 继续进行微分，得 $\ddot{z}=L_f^2 h(x)+L_{g_2} L_f h(x)u$；如果 $L_{g_2} L_f h(x)=0$，

则可进一步进行微分，直到 $L_{g_2} L_f^{r-1} h(x) \neq 0$，即相对阶为 r，而此时有

$$\begin{cases} u=L_{g_2} L_f^{r-1} h(x)^{-1}(v-L_f^r h(x)) \\ z^r=v \end{cases}$$

对于单机无穷大励磁系统，令 $h(x)=x_2$，当 $w=0$ 时，$g_2(x)=[0,0,d_6]^\mathrm{T}$，可得

$$L_{g_2} h(x)=0，\quad L_f h(x)=d_1 x_2 + d_2 x_3 + d_3(x_3+x_{30})(\sin\delta_0 - \sin(x_1+\delta_0))$$

$$L_{g_2} L_f h(x)=d_2 d_6 + d_3 d_6(\sin\delta_0 - \sin(x_1+\delta_0)) \neq 0$$

$$(f(x),g_2(x))=-\frac{\partial f}{\partial x}g_2=[0,-d_2 d_6 - d_3 d_6(\sin\delta_0 - \sin(x_1+\delta_0)),-d_4 d_6]^\mathrm{T}$$

所以该单机系统相对阶为 2，则可以得到以下变换方程，即

$$\begin{cases} L_{g_2} \eta(x)=\dfrac{\partial \eta}{\partial x_3}=0 \\ \\ L_{(f(x),g_2(x))} \eta(x)=-(d_2 d_6 + d_3 d_6(\sin\delta_0 - \sin(x_1+\delta_0)))\dfrac{\partial \eta}{\partial x_2}-d_4 d_6 \dfrac{\partial \eta}{\partial x_3}=0 \end{cases}$$

该方程组的一个解为 $\eta(x) = x_1$。对于励磁系统，进行如下变换

$$
\begin{cases}
\xi_1 = h(x) = x_2 \\
\xi_2 = L_f h(x) = d_1 x_2 + d_2 x_3 + d_3 (x_3 + x_{30})(\sin \delta_0 - \sin(x_1 + \delta_0)) \\
\eta(x) = x_1
\end{cases}
\tag{4.19}
$$

使该系统变为

$$
\begin{cases}
\dot{\xi}_1 = \xi_2 \\
\dot{\xi}_2 = v \\
\dot{\eta} = f_0(\eta, \xi_1) = [L_f \eta(x)]
\end{cases}
\tag{4.20}
$$

式中，v 为坐标变换后的控制输入

$$
\dot{\eta} = [L_f \eta(x)] = [1, 0, 0] \begin{bmatrix} x_2 \\ d_1 x_2 + d_2 x_3 + d_3 (x_3 + x_{30})(\sin \delta_0 - \sin(x_1 + \delta_0)) \\ d_4 x_3 + d_5 \cos(x_1 + \delta_0) - d_5 \cos \delta_0 \end{bmatrix} = x_2
\tag{4.21}
$$

由式（4.19）的逆变换，最终可得

$$
\dot{\eta} = \xi_1
\tag{4.22}
$$

其变换阵为 $\Phi(x) = [\eta, \xi_1, \xi_2]^{\mathrm{T}} = [\eta(x), h(x), L_f h(x)]^{\mathrm{T}}$，该变换具有局部微分同胚，即它的雅可比矩阵对任意 x 非奇异。

4.4.2　基于无源化的单机无穷大励磁系统反馈镇定控制器设计

单机无穷大励磁系统的无源化，就是利用无源性与稳定性之间的等价关系，利用反馈补偿使系统成为无源系统的过程，并且利用无源化可以得到反馈镇定控制器。

（1）根据引理 4.1（KYP 引理）[4]，式（4.14）成为无源系统的充要条件是存在一个可微非负函数 $V(x)$，满足

$$
\begin{cases}
L_f V(x) \leqslant 0 \\
L_{g_2} V(x) = h(x)
\end{cases}
\tag{4.23}
$$

（2）无源化递推设计反馈控制器时用到相对阶为 1 的一些结论，因此由式（4.20）可知系统相对阶为 1 时可表示为

$$
\begin{cases}
\dot{\xi}_1 = v \\
\dot{\eta} = f_0(\eta, \xi_1)
\end{cases}
\tag{4.24}
$$

①当 $\xi_1 = 0$ 时，系统在 $\eta = 0$ 时是渐近稳定的，即 $\eta = 0$ 是系统 $\dot{\eta} = f_1(\eta)$ 的渐近稳定的平衡点。其中，$f_1(\eta) = f_1(\eta, 0)$，$f_1(0) = 0$。

②若令 $f_2(\eta, \xi_1) = \int_0^1 \dfrac{\partial f_0(\eta, \psi)}{\partial \psi} \bigg|_{\psi = \theta \xi_1} \mathrm{d}\theta$，则有

$$f_0(\eta, \xi_1) = f_1(\eta) + f_2(\eta, \xi_1)\xi_1 \tag{4.25}$$

由以上两点可知，根据李雅普诺夫逆定理对于在原点稳定的系统 $\dot{\eta} = f_1(\eta)$，存在正定函数 $W(\eta)(W(0) = 0)$，并且 $\dot{W} = L_{f_1}W(\eta) < 0$，对 $\forall \eta \neq 0$ 成立，即

$$\dot{W} = L_{f_1}W(\eta) < 0, \quad \forall \eta \neq 0 \tag{4.26}$$

（3）对于式（4.24）所描述的非线性系统，令 ξ_1 为该系统的输出，设存在半正定函数 $W(\eta) \geqslant 0$ 使得

$$V(\eta, \xi_1) = \frac{1}{2}\xi_1^2 + W(\eta) \tag{4.27}$$

成立。

若取反馈律为

$$u = v - L_{f_2}W(\eta) \tag{4.28}$$

则闭环系统对于存储函数式（4.27）和输入 v 是无源的。

（4）若考虑式（4.24），如果存在函数 $\beta_1(\eta)(\beta_1(0) = 0)$ 和正定函数 $W(\eta)$ 使得

$$\dot{W} = L_{f_0}W(\eta) < 0, \quad \forall \eta \neq 0 \tag{4.29}$$

成立，则使闭环系统在原点稳定的反馈控制律为

$$v = \frac{\partial \beta_1}{\partial \eta}f_0(\eta, \xi_1) - L_{f_0}W(\eta) - \xi_1 + \beta_1(\eta) \tag{4.30}$$

（5）对于式（4.14）所描述的单机无穷大励磁系统，由于相对阶为 2，通过坐标变换转换成标准链式结构如式（4.20），则反馈控制律设计如下。

设存在函数 $\beta_1(\eta)(\beta_1(0) = 0)$ 和正定函数 $W(\eta)$ 使得 $\dot{W} = L_{f_0}W(\eta) < 0$，$\forall \eta \neq 0$ 成立，即当 $\xi_1 = \beta_1(\eta)$ 时，η 子系统在 $\eta = 0$ 时是渐近稳定的，令 $\xi_1' = \xi_1 - \beta_1(\eta)$，则 (η, ξ_1) 子系统就可以表示为 $\begin{cases} \dot{\xi}_1' = \xi_2 - \dot{\beta}_1(\eta) \\ \dot{\eta} = f_0(\eta, \xi_1' + \beta_1(\eta)) \end{cases}$。

① 将 ξ_2 看成该系统的假想控制输入，那么根据式（4.30）可得

$$\xi_2 = \beta_2(\eta) = \frac{\partial \beta_1}{\partial \eta}f_0(\eta, \xi_1) - L_{f_0'}W(\eta) - \xi_1 + \beta_1(\eta, \xi_1) \tag{4.31}$$

式中，f_0' 满足 $f_0(\eta, \xi_1' + \beta_1(\eta)) = f_0(\eta, \beta_1(\eta)) + f_0'(\eta, \xi_1')\xi_1'$。令 $\eta' = [\eta, \xi_1']^{\mathrm{T}}$，$f_0(\eta', \xi_2) = \begin{bmatrix} f_0(\eta, \xi_1' + \beta_1(\eta)) \\ \xi_2 - \dot{\beta}_1(\eta) \end{bmatrix}$，则系统可以表示为

$$\begin{cases} \dot{\eta}' = f_0(\eta', \xi_2) \\ \dot{\xi}_2 = v \end{cases} \tag{4.32}$$

② 以 v 为控制输入，求使得 (η, ξ_1, ξ_2) 稳定的反馈控制律。由第①步可知，对于

该系统的 η' 子系统，当 $\xi_2 = \beta_2(\eta, \xi_1)$ 时，正定函数 $W_1'(\eta', \xi_1') = W(\eta) + \dfrac{\xi_1'^2}{2}$，满足
$\dfrac{\partial W'}{\partial \eta'} f_0(\eta', \beta_2(\eta')) < 0, \ \forall \eta' \neq 0$。令 $\xi_2'^2 = \xi_2 - \beta_2(\eta, \xi_1)$，$\beta_2(\eta, \xi_1) = \beta_2(\eta')$，$f_1(\eta', \xi') = [0,1]^{\mathrm{T}}$，
则有

$$f_0(\eta', \xi_2'^2 + \beta_2(\eta')) = f_0(\eta', \beta_2(\eta')) + f_1(\eta', \xi_2')\xi_2'$$

由式（4.28）可以得到式（4.30）的反馈控制律为

$$v = \frac{\partial \beta_2}{\partial \eta'} f_0(\eta', \xi_2) - L_{f_1} W_1'(\eta_1') - \xi_2 + \beta_2(\eta')$$

又由于

$$L_{f_1} W_1'(\eta_1') = \begin{bmatrix} \dfrac{\partial W}{\partial \eta}, \xi_1' \end{bmatrix} \begin{bmatrix} 0 \\ 1 \end{bmatrix} = \xi_1' = \xi_1 - \beta_1(\eta)$$

$$\frac{\partial \beta_2}{\partial \eta'} f_0(\eta', \xi_2) = \begin{bmatrix} \dfrac{\partial \beta_2}{\partial \eta}, \dfrac{\partial \beta_2}{\partial \xi'} \end{bmatrix} \begin{bmatrix} f_0(\eta, \xi_1' + \beta_1(\eta)) \\ \xi_2 - \dot{\beta}_1(\eta) \end{bmatrix} = \frac{\partial \beta_2}{\partial \eta} f_0(\eta, \xi_1' + \beta_1(\eta)) + \frac{\partial \beta_2}{\partial \xi'}(\xi_2 - \dot{\beta}_1(\eta))$$

故可求得式（4.20）的反馈控制率为

$$v = \frac{\partial \beta_2}{\partial \eta} f_0(\eta, \xi_1' + \beta_1(\eta)) + \frac{\partial \beta_2}{\partial \xi_1'}(\xi_2 - \dot{\beta}_1(\eta)) - \xi_1 + \beta_1(\eta) - \xi_2 + \beta_2(\eta, \xi_1) \quad (4.33)$$

（6）对于式(4.14)所描述的单机无穷大励磁系统，令 $\xi_1 = \beta_1(\eta) = -\eta$，$\xi_1' = \xi_1 - \beta_1(\eta)$，
$W(\eta) = \eta^2/2$，可以验证 $\dot{W} = L_{f_0} W = \eta\dot{\eta} = -\eta^2 < 0$。于是可得

$$f_0(\eta, \xi_1' + \beta_1(\eta)) = f_0(\eta, \beta_1(\eta)) + f_0'(\eta, \xi_1')\xi_1'$$

从而可得到 $f_0' = 1$。根据式（4.25），可得到 $\beta_2(\eta, \xi_1) = -2(\xi_1 + \eta)$。令 $\xi_2'^2 = \xi_2 - \beta_2(\eta, \xi_1)$，
则 $\dfrac{\partial \beta_2}{\partial \xi_2'} = -2$，此时有

$$W_1'(\eta', \xi_1') = W(\eta) + (\xi_1 - \beta_1(\eta))^2/2$$

可验证 $\dot{W}_1'(\eta', \xi_1') < 0$，根据式（4.31）结合 $\xi_1 = \beta_1(\eta) = -\eta$，可得到控制律 $v = -5\xi_1$
$-3\eta - 3\xi_2$，又有式（4.19），最终可得到反馈控制律为

$$\alpha(x) = -5x_2 - 3x_1 - 3(d_1 x_2 + d_2 x_3 + d_3(x_3 + x_{30})(\sin\delta_0 - \sin(x_1 + \delta_0))) \quad (4.34)$$

4.4.3　L_2 增益干扰抑制控制问题设计

当 $w \neq 0$ 时，考虑式（4.14）所描述的单机无穷大励磁系统，假设控制输入和干扰
输入通道满足匹配条件，即存在适当的函数阵 $q(x)$，使得 $g_1(x) = g_2(x)\tilde{g}_1(x)$ 成立。

定理 4.2　设式（4.16）满足如下条件。

（1）$(f(x), h(x))$ 是零状态可检测的。

（2）存在镇定控制律 $\alpha(x)$ 和李雅普诺夫函数 $V(x)$，使得

$$\frac{\partial V}{\partial x}[f(x)+g_2(x)\alpha(x)] \leqslant -\frac{1}{2}h^{\mathrm{T}}(x)h(x)$$

那么，对于任意给定的 $\gamma>0$，该系统所对应的 L_2 性能准则设计问题的解为

$$u=\alpha(x)+\beta(x) \tag{4.35}$$

$$\beta(x)=-\frac{1}{2\gamma^2}\tilde{g}_1(x)\tilde{g}_1^{\mathrm{T}}(x)g_2^{\mathrm{T}}(x)\frac{\partial^{\mathrm{T}}V}{\partial x} \tag{4.36}$$

证明　沿式（4.16）的状态轨迹，求 $V(x)$ 对时间的微分，得

$$\dot{V}\Big|_{(4.16)}=\frac{\partial V}{\partial x}[f(x)+g_2(x)\alpha(x)]+\frac{\partial V}{\partial x}g_2(x)[\beta(x)+\tilde{g}_1(x)w]$$

$$\leqslant -\frac{1}{2}h^{\mathrm{T}}(x)h(x)+\frac{1}{2\gamma^2}\frac{\partial V}{\partial x}g_2(x)\tilde{g}_1(x)\tilde{g}_1^{\mathrm{T}}(x)g_2^{\mathrm{T}}(x)\frac{\partial^{\mathrm{T}}V}{\partial x}$$

$$-\frac{1}{2\gamma^2}\left\|\tilde{g}_1^{\mathrm{T}}(x)g_2^{\mathrm{T}}(x)\frac{\partial^{\mathrm{T}}V}{\partial x}-\gamma^2 w\right\|^2+\frac{\partial V}{\partial x}g_2(x)\beta(x)+\frac{\gamma^2}{2}w^{\mathrm{T}}w$$

$$\leqslant \frac{1}{2}\left(\gamma^2\|w\|^2-\|z\|^2\right)+\frac{\partial V}{\partial x}g_2(x)\left(\beta(x)+\frac{1}{2\gamma^2}\tilde{g}_1(x)\tilde{g}_1^{\mathrm{T}}(x)g_2^{\mathrm{T}}(x)\frac{\partial^{\mathrm{T}}V}{\partial x}\right)$$

$$=\frac{1}{2}\left(\gamma^2\|w\|^2-\|z\|^2\right) \tag{4.37}$$

即 $V(x)$ 满足 γ-耗散不等式（式（4.17））。而当 $w=0$ 时，由状态可检测条件和耗散不等式（式（4.17）），$x=0$ 的渐近稳定性得证。证毕。

当 $w\neq 0$ 时，根据匹配条件，选取 $\tilde{g}_1(x)=[1,1,0]$，取正定的存储函数

$$V(x)=w(\eta)+\frac{1}{2}\xi_1'^2+\frac{1}{2}\xi_2'^2$$

$$=\frac{1}{2}\eta^2+\frac{1}{2}[\xi_1-\beta_1(\eta)]^2+\frac{1}{2}[\xi_2-\beta_2(\eta,\xi_1)]^2$$

$$=\frac{1}{2}x_1^2+\frac{1}{2}(x_2+x_1)^2+\frac{1}{2}[d_1x_2+d_2x_3+d_3(x_3+x_{30})(\sin\delta_0-\sin(x_1+\delta_0))+2(x_2+x_1)]^2$$

式中，x_{30} 表示 x_3 的初始值。根据式（4.36），选取 $\gamma=\sqrt{2}$，可以求得

$$\beta(x)=-0.5(d_1x_2+d_2x_3+d_3(x_3+x_{30})(\sin\delta_0-\sin(x_1+\delta_0))$$
$$+2(x_2+x_1))(d_2+d_3(\sin\delta_0-\sin(x_1+\delta_0)))$$

最后得到控制律为

$$u=\alpha(x)+\beta(x)$$
$$=-3x_1-5x_2-(x_1+x_2)(d_2+d_3(\sin\delta_0-\sin(x_1+\delta_0)))$$
$$-(d_1x_2+d_2x_3+d_3(x_3+x_{30})(\sin\delta_0-\sin(x_1+\delta_0)))(3+0.5(d_2+d_3(\sin\delta_0-\sin(x_1+\delta_0))))$$

4.4.4　系统仿真

利用以上的控制方法，对图 4.1 所示的单机无穷大系统进行仿真分析。系统参数为 $D = 5$，$x_d = 1.116$，$x'_d = 0.416$，$H = 5.6$，$x_T = 0.2$，$V_S = 1$，$T'_{d0} = 0.8$，$E'_{q0} = 1.063$，$\delta_0 = 30°$，$\omega_0 = 1$。

对以下情况进行仿真分析，系统在 $t = 0\text{s}$ 时发生三相短路，在 0.2s 时故障切除，仿真结果如图 4.2～图 4.4 所示。从响应结果来看，应用无源系统设计的控制器和用 L_2 增益手段来抑制干扰可以有效地抑制系统的振荡，使系统快速稳定下来，从而有效地提高了系统的稳定性和安全性。

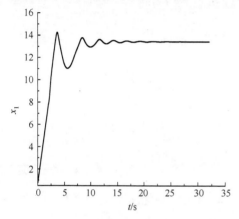

图 4.2　发电机功角响应曲线

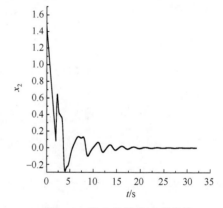

图 4.3　发电机转角响应曲线

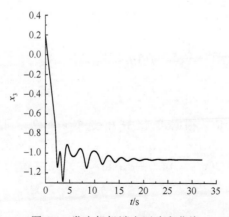

图 4.4　发电机机端电压响应曲线

4.5　基于无源系统理论的励磁系统非线性鲁棒镇定器设计

控制系统的设计都要以被控对象的数学模型为依据，然而严格说来，对任一被控对象建模时都不可能做到完全精确，必然存在不确定性[5]。这种不确定性包括参数不确定、结构不确定和各种干扰等，这些不确定性可能在建模时就存在，也可能是在系统运行过程中产生的。由于存在不确定性，设计的反馈控制系统必须都能适应这些不确定性，使之对系统的动态性能不会有太大的影响，这就要求控制系统必须具有鲁棒性[11]。鲁棒性，粗略地讲就是指系统的性能预期的设计品质不因不确定性的存在而遭到破坏的特性。因此，鲁棒控制成为研究非线性系统控制的一个重要领域，而基于微分几何的非线性系统控制理论的出现[12]，则极大地促进了非线性系统鲁棒控制理论的研究。它与李雅普诺夫稳定性理论、小增益理论以及耗散性或无源性等理论相结合，出现了许多有效的鲁棒系统分析和设计方法。

鲁棒镇定是非线性鲁棒控制问题的基本问题，其主要设计方法目前仍然以李雅普诺夫稳定性定理为基础。利用这类方法设计鲁棒镇定系统时，首先假设不确定性因素可以表示为有界的未知参数、增益有界的未知摄动函数或未知动态过程，然后根据其上界值或有界函数以及被控对象的标称模型来构造一个适当的李雅普诺夫函数，使其保证整个系统对于不确定性集合中的任何元素都是稳定的。这种设计方法的关键是如何给出构造理想的李雅普诺夫函数的一般方法。近年来鲁棒控制理论的研究表明，如果系统满足一定的链式结构，就可通过递推设计的方法逐步构造出理想的李雅普诺夫函数[13]。而利用基于微分几何的非线性系统理论，可以给出判定一个系统本质上是否具有上述链式结构的几何条件，并给出通过坐标变换将系统的数学模型变成显式的链式结构的一般方法。文献[14]按照这种思路讨论了不确定性可用未知参数描述时的鲁棒镇定问题。应该指出，上述李雅普诺夫函数的构造过程正是使系统无源化的过程，而此时的李雅普诺夫函数正是保证系统无源性的存储函数。

近年来，围绕着电力系统鲁棒非线性控制问题，开展了基于无源化的镇定控制理论和方法的研究，文献[15]将无源性理论与变结构相结合对同步发机励磁进行控制，该方法直接针对发电机非线性型进行设计。本节的工作就是利用无源系统和无源化控制方法，讨论励磁控制的电机系统的鲁棒镇定问题，所设计的鲁棒控制器为解决电力系统的稳定性问题提供了有参考价值的方法。

4.5.1　鲁棒无源性基础

1. 不确定系统描述

考虑如下具有不确定性的仿射非线性系统

$$\begin{cases} \dot{x} = f(x) + \Delta f(x) + g(x)u \\ y = h(x) \end{cases} \tag{4.38}$$

式中，$x \in \mathbf{R}^n$；控制 $u \in \mathbf{R}^m$；测量输出 $y \in \mathbf{R}^m$；f、g、h 都是光滑函数，$f(0)=0$，$h(0)=0$，$\Delta f(x)$ 表示系统的不确定性，且 $\Delta f(x) = e(x)\delta(x)$。而 $\delta(x)$ 满足集合 $\Omega = \left\{ \delta(x) \big| \|\delta(x)\| \leqslant \|n(x)\| \right\}$，其中 $n(x)$ 为已知函数向量，$\|\cdot\|$ 是函数向量的欧几里得范数，显然 $n(x)$ 描述了未知函数的上界。当 $\Delta f(x) = 0$ 时，式（4.14）称为标称系统，就是式（4.1）。

若式（4.1）和 $e(x)$ 满足一定的几何条件，采用状态反馈，即式（4.10）和坐标变换

$$[z, y]^{\mathrm{T}} = [T(z), h(x)]^{\mathrm{T}} = \phi(x) \tag{4.39}$$

可将式（4.38）变成下述标准型

$$\begin{cases} \dot{z} = f_0(z, y) + f_1(z, y)\delta(z, y) \\ \dot{y} = v + b_1(z, y)\delta(z, y) \end{cases} \tag{4.40}$$

上述标准型是以下系统的鲁棒镇定的标准型。

2. 鲁棒无源性

定义 4.5　式（4.38）是鲁棒无源的，是指存在一次可微的非负定函数 $V(x)$，使得

$$\begin{cases} L_{f+\Delta f}V(x) \leqslant 0 \\ L_g V(x) = h^{\mathrm{T}}(x) \end{cases} \tag{4.41}$$

对所有 $\Delta f(x)$ 成立。如果式（4.41）是严格不等式，则式（4.38）是严格鲁棒无源的。

引理 4.2（鲁棒 KYP 引理）　式（4.38）是鲁棒无源的，当且仅当存在非负存储函数 $V(x)$（$V(0)=0$）$\mathbf{R}^n \to \mathbf{R}$，满足条件

$$\begin{cases} L_f V(x) + \left\| L_f^{\mathrm{T}} V(x) \right\| \cdot \|n(x)\| \leqslant 0 \\ L_g V(x) = h^{\mathrm{T}}(x) \end{cases} \tag{4.42}$$

这个引理是前面 KYP 引理的推广，它描述了系统鲁棒无源性的充分必要条件，但式（4.42）不适用于设计控制器。文献[16]给出了控制器的设计方法。

定理 4.3[16]　考察式（4.38），如果存在函数 $\beta(z)(\beta(0)=0)$ 和正定函数 $W(z)$ 使得

$$L_{f_0}W(z) + L_{f_1}W(z)\eta(z, \beta(z)) \leqslant 0, \quad \forall z \tag{4.43}$$

对任意 $\eta(x) \in \Omega$ 成立，则使闭环系统成为无源系统且在原点 $(z, y) = (0, 0)$ 是渐近稳定的反馈控制器为

$$v = \frac{\partial \beta}{\partial z} f_0(z, y) - L_{f_0}W(z) - \frac{\lambda(z)}{2}C_2(z, y) - y + \beta(z) \tag{4.44}$$

式中，$\lambda(z) > 0$ 是适当的正值函数，且

$$C_2(z, y) = 2L_{f_0}W(z)\tilde{b}_1(z, y - \beta(z)) + \tilde{b}_1^2(z, y - \beta(z))(y - \beta(z))$$

$$\tilde{b}_1(z, y - \beta(z)) = -\frac{\partial \beta}{\partial z} f_1(z) + b_1(z, y)$$

4.5.2　单机无穷大励磁系统的无源性

由于电力系统在建模过程中不可能精确知道每个参数，所以系统模型与实际系统之间必然存在误差，另外，励磁电机在运行过程中阻尼可能发生变化，因此模型的各个参数不会是完全确定的。本节针对阻尼系数不确定问题，采用鲁棒无源化原理来设计鲁棒控制器，可以有效地保证系统的稳定性。

考虑带有阻尼不确定的单机无穷大励磁系统[17]

$$\begin{cases} \dot{x}_1 = x_2 \\ \dot{x}_2 = -a_1 x_2 + a_2[x_{30}\sin\delta_0 - (x_3 + x_{30})\sin(x_1 + \delta_0)] + \delta(x_2) \\ \dot{x}_3 = -p_1 x_3 + p_2(\cos(x_1 + \delta_0) - \cos\delta_0) + b(V_f - V_{f_0}) \end{cases} \tag{4.45}$$

该系统最终要达到的工作运行点为 $(\delta_0, \omega_0, E'_{q0})$，设 $x_1 = \delta - \delta_0$，$x_2 = \omega - \omega_0$，$x_3 = E'_q - E'_{q0}$，$\delta(x_2) = a_3 x_2$ 中 a_3 为不确定系数，$a_1 = \dfrac{D}{H}$，$a_2 = \dfrac{\omega_0 V_S}{Hx'_{d\Sigma}}$，$p_1 = \dfrac{1}{T'_d}$，$p_2 = \dfrac{x_d - x'_d}{T'_{d0} x'_{d\Sigma}} V_S$，$b = \dfrac{1}{T'_{d0}}$，$x_{30} = E'_{q0}$，$V_{f_0} = b^{-1}(p_1 x_{30} - p_2 \cos\delta_0)$，$\|a_3 x_2\| \leq \|a_1 x_2\|$。相关参数请参考文献[18]中第 2 章的表 2-1。

为了讨论式（4.45）的无源性，把式（4.45）化为式（4.38）的形式，即

$$\begin{cases} \dot{x} = f(x) + \Delta f(x) + g(x)v \\ y = h(x) \end{cases} \tag{4.46}$$

式中

$$x = [x_1, x_2, x_3]^T = [\delta - \delta_0, \omega - \omega_0, E'_q - E'_{q0}]^T$$

$$\Delta f(x) = e(x)\delta(x_2), \quad g(x) = [0, 0, 1]^T$$

$$f(x) = \begin{bmatrix} x_2 \\ -a_1 x_2 + a_2[x_{30}\sin\delta_0 - (x_3 + x_{30})\sin(x_1 + \delta_0)] \\ k(x) \end{bmatrix}, \quad e(x) = [0, 1, 0]^T$$

对受控系统，首先设计如下形式的预置反馈

$$v = -p_1 x_3 - p_2(\cos(x_1 + \delta_0) - \cos\delta_0) + bu - k(x) \tag{4.47}$$

式中，$k(x)$ 为待定函数；$u = (V_f - V_{f_0})$。

为了证明式（4.45）是无源系统，构造存储函数 $V(x)$ 为

$$V(x) = \gamma^2 \left(\frac{1}{2}(a_1 x_1 + x_2)^2 - \int_0^{x_1} a_2 x_{30}(\sin\delta_0 - \sin(x_1 + \delta_0))\mathrm{d}x_1 \right) + \frac{x_3^2}{2} \tag{4.48}$$

对 $V(x)$ 求微分，得

$$V'_x = \begin{pmatrix} \gamma^2(a_1(a_1x_1 + x_2) - a_2x_{30}(\sin\delta_0 - \sin(x_1 + \delta_0))) \\ \gamma^2(a_1x_1 + x_2) \\ x_3 \end{pmatrix}$$

很显然 $V(0) = 0$ 且 $\dfrac{1}{2}(a_1x_1 + x_2)^2$，$\dfrac{x_3^2}{2} \geqslant 0$，对于积分式 $-\displaystyle\int_0^{x_1}(\sin\delta_0 - \sin(x_1 + \delta_0))\mathrm{d}x_1$，无论 x_1 的值取正或取负，积分式的值都是负值或零，由此可得 $V(x) \geqslant 0$。

下面验证 $L_f V(x) + \left\| L_e^{\mathrm{T}} V(x) \right\| \cdot \left\| n(x) \right\| \leqslant 0$，即

$$L_f V = \gamma^2(a_1 a_2 x_1 x_{30}(\sin\delta_0 - \sin(x_1 + \delta_0))) - \gamma^2(a_1 x_1 + x_2)a_2 x_3 \sin(x_1 + \delta_0) + k(x)x_3$$

$$L_f V(x) + \left\| L_e^{\mathrm{T}} V(x) \right\| \cdot \left\| n(x) \right\| = L_f V(x) + \gamma^2(a_1^2 x_1 x_2 + a_1 x_2^2)$$

因为 $\gamma^2 \geqslant 0$，而 $a_1 a_2 x_1 x_{30}(\sin\delta_0 - \sin(x_1 + \delta_0)) \leqslant 0$，要使 $L_f V(x) + \left\| L_e^{\mathrm{T}} V(x) \right\| \cdot \left\| n(x) \right\| \leqslant 0$，则必有

$$-\gamma^2(a_1 x_1 + x_2)a_2 x_3 \sin(x_1 + \delta_0) + k(x)x_3 + \gamma^2(a_1^2 x_1 x_2 + a_1 x_2^2) = 0$$

由上式解得 $k(x)$ 为

$$k(x) = \gamma^2\left((a_1 x_1 + x_2)a_2 \sin(x_1 + \delta_0) - \frac{(a_1^2 x_1 x_2 + a_1 x_2^2)}{x_3}\right) \tag{4.49}$$

式中，γ 为待定常数。

设 $h(x) = x_3$，则 $L_g V = V_x g(x) = x_3 = h(x)$。

综上所述，由引理 4.2 知式（4.45）是无源的，从而证明了式（4.45）是无源系统。

4.5.3　单机无穷大励磁系统的鲁棒镇定

在式（4.49）中，考虑到 γ 为待定常数，不妨设 $\gamma = 0$，则 $k(x) = 0$。从而反馈控制律为

$$u = b^{-1}(v + p_1 x_3 + p_2(\cos(x_1 + \delta_0) - \cos\delta_0)) \tag{4.50}$$

式（4.45）可变换为如下不确定非线性受控系统，即

$$\begin{cases} \dot{x}_1 = x_2 \\ \dot{x}_2 = -a_1 x_2 + a_2[x_{30}\sin\delta_0 - (x_3 + x_{30})\sin(x_1 + \delta_0)] + \delta(x_2) \\ \dot{x}_3 = v \end{cases} \tag{4.51}$$

考虑坐标变换 $\begin{bmatrix} x_1 \\ x_2 \end{bmatrix} = z$，$y = x_3$，则

$$\dot{z} = \begin{bmatrix} x_2 \\ -a_1 x_2 + a_2[x_{30}\sin\delta_0 - (x_3 + x_{30})\sin(x_1 + \delta_0)] \end{bmatrix} + \begin{bmatrix} 0 \\ 1 \end{bmatrix}\delta(x_2) \qquad (4.52)$$

选择李雅普诺夫函数 $W(x_1, x_2) = \dfrac{1}{2}x_1^2 + \dfrac{1}{2}x_2^2$，针对式（4.52）对李雅普诺夫函数求导，得

$$\dot{W}(x_1, x_2) = x_1 x_2 + x_2[-a_1 x_2 + a_2(x_{30}\sin\delta_0 - (x_3 + x_{30})\sin(x_1 + \delta_0))] + a_3 x_2^2$$

当 $a_2[x_{30}\sin\delta_0 - (x_3 + x_{30})\sin(x_1 + \delta_0)] = -x_1 - a_3 x_2$ 时，$\dot{W}(x_1, x_2) = -a_1 x_2^2 \leqslant 0$，且 $W(x_1, x_2)$ $\geqslant 0$，根据李雅普诺夫函数稳定性理论知式（4.52）是鲁棒稳定的。由

$$a_2[x_{30}\sin\delta_0 - (x_3 + x_{30})\sin(x_1 + \delta_0)] = -x_1 - a_3 x_2$$

解得

$$x_3 = \frac{a_2 x_{30}(\sin\delta_0 - \sin(x_1 + \delta_0)) + x_1 + a_3 x_2}{a_2 \sin(x_1 + \delta_0)} \qquad (4.53)$$

则式（4.51）可以化为式（4.40）的形式，得到表达式如以下形式

$$f_0(z, y) = \begin{bmatrix} x_2 \\ -a_1 x_2 + a_2[x_{30}\sin\delta_0 - (x_3 + x_{30})\sin(x_1 + \delta_0)] \end{bmatrix},\quad f_1(z, y) = \begin{bmatrix} 0 \\ 1 \end{bmatrix},\quad b_1(z, y) = 0$$

不难验证，当 $\beta(z) = x_3$ 时，式（4.51）是鲁棒稳定的，且满足

$$L_{f_0}W(z) + L_{f_1}W(z)\eta(z, \beta(z)) \leqslant 0, \quad \forall z$$

根据定理 4.3 知式（4.51)的反馈控制律为

$$v = \frac{a_3(1 + x_2)(x_1 + k_1 + a_3 x_1 x_2)}{k_3} - x_2(x_1 + k_1) + \frac{x_2(k_3 - a_2(k_2 + x_{30}k_3))\cos(x_1 + \delta_0)}{k_3^2}$$

式中

$$k_1 = -a_1 x_2 + a_2 x_{30}(\sin\delta_0 - \sin(x_1 + \delta_0)) - a_2 x_3 \sin(x_1 + \delta_0)$$

$$k_2 = a_2 x_{30}(\sin\delta_0 - \sin(x_1 + \delta_0)) + x_1 + a_3 x$$

$$k_3 = a_2 \sin(x_1 + \delta_0)$$

又 $u = b^{-1}(v + p_1 x_3 + p_2(\cos(x_1 + \delta_0) - \cos\delta_0))$，$u = (V_f - V_{f_0})$，这里取 $\lambda(z) = 1$。

因此，具有不确定性的单机无穷大电力系统的励磁控制律为

$$V_f = b^{-1}(p_1 x_{30} - p_2\cos\delta_0) + b^{-1}(v + p_1 x_3 + p_2(\cos(x_1 + \delta_0) - \cos\delta_0)) \qquad (4.54)$$

4.5.4　数值仿真分析

为了验证控制方法的有效性，对带有不确定项的单机无穷大励磁系统加入式（4.54）所示的控制律。系统的参数取值如下：$D = 5.0$，$H = 4.0\text{s}$，$x_d = 1.81$，$V_S = 1.0$，$T'_{d0} = 6.9$，$T'_d = 6.55$，$x_d = 1.81$，$x'_d = 0.3$，$x_T = 0.0292$，$\omega_0 = 314.16$，$\delta_0 = 0.7439$，$E'_{q0} = 0.436$。系统的不确定性系数 $a_3 = -10$，初始状态为 $x_1 = 1$，$x_2 = 1$，$x_3 = 1$。

在 $t=200s$ 时投入控制器，受控系统的动态响应和控制率变化图如图 4.5 和图 4.6 所示。由图 4.5 和图 4.6 可见，在加入不确定项后所设计的鲁棒控制器的作用下，系统的混沌得到了迅速的抑制，而且系统又回到了最初的平衡点。

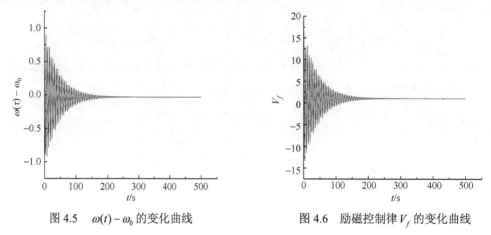

图 4.5　$\omega(t)-\omega_0$ 的变化曲线　　　　图 4.6　励磁控制律 V_f 的变化曲线

4.5.5　小结

控制系统的无源性包含闭环系统的稳定性，是稳定性概念的扩展。无源性控制方法的基本思想是在控制器的设计中，通过适当配置系统的能量耗散，使得整个系统是无源的。本章首先采用无源化设计系统的反馈控制器，以 L_2 作为干扰抑制手段，对电力系统单机无穷大系统进行分析和探讨，并用系统仿真方法证明了该方法的有效性。然后在简要介绍鲁棒无源性的基础知识的基础上，基于无源化系统理论，针对具有励磁控制的单机无穷大输电系统讨论了其系统的无源性，并设计出了鲁棒镇定控制器，仿真结果证明了该控制器的有效性。控制器设计过程中未用到任何线性化方法，因而能够完整地保留原系统的非线性特性，从某种意义上说，本章得到的鲁棒镇定控制方法，为实现电力系统有效而稳定地运行提供了一种有一定参考价值的方法。

4.6　无源自适应控制磁阻同步电动机的混沌运动

4.6.1　引言

磁阻同步电动机（the Synchronous Reluctance Motors，SynRMs）又称为反应式同步电动机。它的特点是转子上没有励磁绕组，由定子绕组产生磁场，因直-交轴存在差异而产生转矩，从而实现机电能量转换。没有转子消耗，磁阻电动机的高效率性能备受关注。磁阻同步电动机被认为可能代替矢量控制的感应电动机或者可认为是感应电动机的扩展。这种电动机可利用没有转子相位差的优点来简化控制器。同步磁阻电动机能够以低成本获得同步电动机的优点。近年来，磁阻同步电动机的稳定性、可靠性研究受到人们的广泛关注。研究表明，在某些参数和工作条件下磁阻同步电动机会呈现混沌行为[19,20]。混沌的存在将严重影响电动机运行的稳定性，因而研究磁阻同步电动机的混沌控制对保证工业自动化生产有重要意义。为此，本节首先基于无源性稳定理论提出一种新的控制方法，然后证明混沌磁阻同步电动机在该控制器作用下达到稳定，研究结果有望对保证磁阻同步电动机的稳定运行提供有价值的参考和新见解。

4.6.2　磁阻同步电动机数学模型

磁阻同步电动机数学模型为[19,20]

$$
\begin{cases}
\dfrac{\mathrm{d}i_d}{\mathrm{d}t} = v'_d - Bi_d + i_q\omega \\[2mm]
\dfrac{\mathrm{d}i_q}{\mathrm{d}t} = -i_q - i_d\omega + C(\omega - \omega_{\mathrm{ref}}) \\[2mm]
\dfrac{\mathrm{d}\omega}{\mathrm{d}t} = i_di_q - A\omega + T'_{\mathrm{L}}
\end{cases}
\tag{4.55}
$$

式中，ω、i_q 和 i_d 为状态变量，分别表示转子机械角速度和 q、d 轴定子电流；A、B 和 C 为系统参数，皆为正数；T'_{L}、v'_d 分别表示负载转矩和 d 轴定子电压。不失一般性，这里只考虑电动机没有外部输入的情况，即 $T'_{\mathrm{L}} = v'_d = \omega_{\mathrm{ref}} = 0$ 的情形[19,20]，其中 ω_{ref} 为参考角速度。这时式（4.55）变成

$$
\begin{cases}
\dfrac{\mathrm{d}i_d}{\mathrm{d}t} = Bi_d + i_q\omega \\[2mm]
\dfrac{\mathrm{d}i_q}{\mathrm{d}t} = -i_q - i_d\omega + C\omega \\[2mm]
\dfrac{\mathrm{d}\omega}{\mathrm{d}t} = i_di_q - A\omega
\end{cases}
\tag{4.56}
$$

在 SynRMs 的实际模型中，参数 A、B 和 C 具有不确定性，它们的大小随工作环境、条件的变化而改变。文献[19]利用现代非线性分析理论（如分岔、混沌理论）对式（4.56）的动力学性质进行了充分的研究。研究结果表明，SynRMs 在参数 A、B 和 C 取某些值时会呈现混沌行为，图 4.7 为参数值取 A=1.58、B=0.18 和 C=10[19]时，SynRMs 出现的混沌运动。SynRMs 的混沌行为将严重破坏电机系统的稳定运行，甚至会引起传动系统的崩溃，所以如何抑制 SynRMs 中的混沌运动是一项极具意义的工作。下面设计无源自适应控制来控制 SynRMs 中的混沌运动。

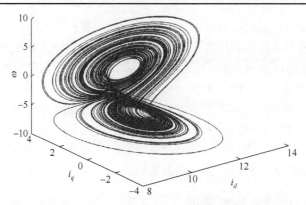

图 4.7　SynRMs 的混沌相图（A=1.58、B=0.18 和 C=10）

4.6.3　无源控制方法

在前面的章节中已经对无源非线性系统的基本概念和无源控制方法进行过一些介绍，但那些方法更适用于非自治系统。对于自治系统 SynRMs，其无源控制设计方法有较大改变，下面进行详细介绍。

首先考虑非线性系统，即式（4.1），其中状态变量 $X \in \mathbf{R}^n$，外部输入量 $u \in \mathbf{R}^m$，测量输出 $y \in \mathbf{R}^m$，f、g 均为光滑的向量场，h 为光滑映射。

定义 4.6[21]　如果存在一个实常数 w，使得对于 $\forall t \geqslant 0$，不等式

$$\int_0^t u^{\mathrm{T}} y(\tau) \mathrm{d}\tau \geqslant w \tag{4.57}$$

成立，或者存在 $\rho > 0$ 和一个实常数 w，使得不等式

$$\int_0^t u^{\mathrm{T}}(\tau) y(\tau) \mathrm{d}\tau + w \geqslant \int_0^t \rho y^{\mathrm{T}}(\tau) y(\tau) \mathrm{d}\tau \tag{4.58}$$

成立，那么式（4.1）称为无源非线性系统。

令 $z = \alpha(x)$，那么式（4.1）可以转换成下面的一般形式

$$\begin{aligned} \dot{z} &= f_0(z) + p(z, y)y \\ \dot{y} &= b(z, y) + a(z, y)u \end{aligned} \tag{4.59}$$

式中，$a(z, y)$ 对任何的 (z, y) 都是非奇异的。根据无源非线性系统概念，可以引出下面的引理。

引理 4.3[22]　如果式（4.1）是最小相位系统，式（4.59）将等效为无源系统并且在下面的状态反馈作用下渐近稳定到系统平衡点。

$$u = \alpha(x) + \beta(x)v \tag{4.60}$$

式中，v 是外部输入。引理 4.3 表明对于一个不稳定非线性系统，可以构造式（4.60）所示控制器，使系统等效为无源系统，从而实现系统在平衡点的稳定。

4.6.4　无源自适应控制磁阻同步电动机的混沌运动

SynRMs 系统加入控制器的表达式为

$$\begin{cases} \dfrac{\mathrm{d}i_d}{\mathrm{d}t} = Bi_d + i_q\omega \\[2mm] \dfrac{\mathrm{d}i_q}{\mathrm{d}t} = -i_q - i_d\omega + C\omega \\[2mm] \dfrac{\mathrm{d}\omega}{\mathrm{d}t} = i_d i_q - A\omega + u \\[2mm] y = \omega \end{cases} \tag{4.61}$$

式中，u 是控制器；y 是系统输出。根据上面的概念，引出本节的主要结果。

定理 4.4　式（4.61）是最小相位系统。

证明　假设 $z_1 = i_d$，$z_2 = i_q$ 并考虑到 $y = \omega$，式（4.61）可以重写成式（4.59）的形式

$$\begin{cases} \dot{z}_1 = -Bz_1 + z_2 y \\ \dot{z}_2 = -z_2 - z_1 y + Cy \\ \dot{y} = z_2 z_1 - Ay + u \end{cases}$$

那么式（4.59）中所给符号表述如下，即

$$\begin{aligned} & z = (z_1, z_2) \\ & f_0(z) = [-Bz_1, -z_2]^{\mathrm{T}} \\ & p(z, y) = [-z_2, -z_1 + C]^{\mathrm{T}} \\ & b(z, y) = z_2 z_1 - Ay \\ & a(z, y) = 1 \end{aligned} \tag{4.62}$$

选择一个存储函数

$$V = W(z) + \frac{1}{2}y^2 + \frac{1}{2k_1}(\hat{A} - A)^2 + \frac{1}{2k_2}(\hat{B} - B)^2 + \frac{1}{2k_3}(\hat{C} - C)^2 \tag{4.63}$$

式中，$W(z) = \dfrac{1}{2}z_1^2 + z_2^2$；$\hat{A}$、$\hat{B}$、$\hat{C}$ 分别是不确定性参数 A、B、C 的估计值，它们可以是常数或随时间变化的方程；k_1、k_2、k_3 是任意正常数。式（4.59）的零动态系统表达为

$$\dot{z} = f_0(z) \tag{4.64}$$

考虑式（4.64）和 B 正常数，有

$$\frac{\mathrm{d}W(z)}{\mathrm{d}t} = \frac{\partial W(z)}{\partial z} f_0(z) = [z_1, z_2][-Bz_1, -z_2]^{\mathrm{T}} \leqslant 0 \tag{4.65}$$

由于 $W(z)$ 是 $f_0(z)$ 的李雅普诺夫函数，所以受控系统的零动态系统是李雅普诺夫意义下的稳定，即式（4.61）是最小相位系统，证毕。

定理 4.5　对于式（4.61），如果存在这样一个闭环控制器

$$
\begin{aligned}
u &= (\hat{A} - \alpha)y + v - z_1 z_2 - \hat{C} z_2 \\
\dot{\hat{A}} &= -k_1 y^2 \\
\dot{\hat{B}} &= 0 \\
\dot{\hat{C}} &= k_3 z_2 y
\end{aligned}
\tag{4.66}
$$

那么受控 SynRMs 等价于一个无源系统且渐近稳定在一个给定的平衡点。此外，控制器能够免受不确定性参数的影响。

在式（4.66）中，v 是一个外部输入信号，α 是任意正常数，$\dot{\hat{A}}$、$\dot{\hat{B}}$、$\dot{\hat{C}}$ 是自适应率。任意正标量 k_1、k_3 可以调整自适应率的性能。

证明　对式（4.63）沿着式（4.61）的轨迹积分，可得

$$
\begin{aligned}
\frac{\mathrm{d}V}{\mathrm{d}t} &= \frac{\partial W(z)}{\partial z}\dot{z} + y\dot{y} + \frac{1}{k_1}(\hat{A} - A)\dot{\hat{A}} + \frac{1}{k_2}(\hat{B} - B)\dot{\hat{B}} + \frac{1}{k_3}(\hat{C} - C)\dot{\hat{C}} \\
&= \frac{\partial W(z)}{\partial z}f_0(z) + \frac{\partial W(z)}{\partial z}p(z,y)y + [b(z,y) + a(z,y)u]y \\
&\quad + \frac{1}{k_1}(\hat{A} - A)\dot{\hat{A}} + \frac{1}{k_2}(\hat{B} - B)\dot{\hat{B}} + \frac{1}{k_3}(\hat{C} - C)\dot{\hat{C}}
\end{aligned}
\tag{4.67}
$$

根据定理 4.4，$\dfrac{\partial W(z)}{\partial z}f_0(z) \leqslant 0$，所以式（4.67）变成

$$
\begin{aligned}
\frac{\mathrm{d}V}{\mathrm{d}t} &\leqslant \frac{\partial W(z)}{\partial z}p(z,y)y + [b(z,y) + a(z,y)u]y + \frac{1}{k_1}(\hat{A} - A)\dot{\hat{A}} \\
&\quad + \frac{1}{k_2}(\hat{B} - B)\dot{\hat{B}} + \frac{1}{k_3}(\hat{C} - C)\dot{\hat{C}} \\
&\leqslant -Ay^2 + Cz_2 y + z_1 z_2 y + uy \frac{1}{k_1}(\hat{A} - A)\dot{\hat{A}} + \frac{1}{k_2}(\hat{B} - B)\dot{\hat{B}} + \frac{1}{k_3}(\hat{C} - C)\dot{\hat{C}}
\end{aligned}
\tag{4.68}
$$

把式（4.66）代入式（4.68），可得

$$
\frac{\mathrm{d}V}{\mathrm{d}t} \leqslant vy - \alpha y^2
\tag{4.69}
$$

假设系统的初始状态为 V_0，对式（4.69）两边关于时间 t 积分，可得

$$
V - V_0 \leqslant \int_0^t v(\tau)y(\tau)\mathrm{d}\tau - \int_0^t \alpha y^2(\tau)\mathrm{d}\tau
\tag{4.70}
$$

因为 $V \geqslant 0$，令 $\beta = V_0$，有

$$\int_0^t v(\tau)y(\tau)\mathrm{d}\tau + \beta \geqslant \int_0^t \alpha y^2(\tau)\mathrm{d}\tau + V \geqslant \int_0^t \alpha y^2(\tau)\mathrm{d}\tau \qquad (4.71)$$

这个不等式满足定义 4.6，根据引理 4.2，式（4.61）是无源的，并且在式（4.66）的作用下渐近稳定在一个给定的平衡点。另外，由于有自适应率估计不确定参数，所以控制器能够免受不确定性参数的影响，证毕。

4.6.5　数值仿真

假设参数取值与 4.6.2 节一致，即 $A = 1.58$、$B = 0.18$ 和 $C = 10$，那么系统中一个平衡点为 $X_{\mathrm{eq}} = (i_d^*, i_q^*, \omega^*) = (9.8446, 0.52479, 3.3766)$。令 $\dot{i}_d = \dot{i}_q = \dot{\omega}$，并把平衡点 X_{eq} 代入式（4.61），有 $v = \alpha\omega^* + Ci_q^*$，即控制信号可以确定。在施加控制前，系统处于混沌振荡状态，第 100s 加入控制 u。图 4.8、图 4.9 分别为控制系数取 $\alpha = 5$，$v = 22.1320$，$k_1 = 2$，$k_3 = 5$ 时的控制结果和参数估算曲线。由图 4.8 和图 4.9 可见，控制器在很短的时间内把系统控制到平衡点，并且能正确估算不确定性参数。

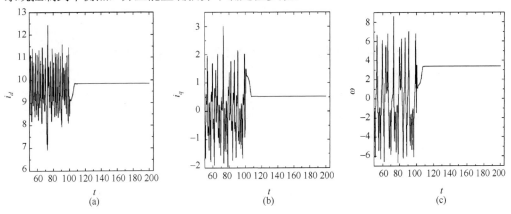

图 4.8　控制系数取 $\alpha = 5, v = 22.1320, k_1 = 2, k_3 = 5$ 时的控制结果

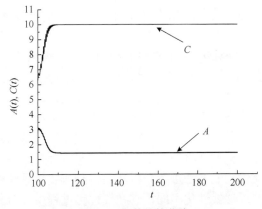

图 4.9　参数估算曲线

4.6.6　小结

SynSMs 混沌运动的存在将严重影响电机伺服系统的稳定性, 因而研究 SynRMs 的混沌控制对保证工业自动化生产有重要意义。为此, 本节首先基于无源性稳定概念和理论提出一种新的混沌控制方法; 然后证明混沌 SynRMs 在该控制器作用下达到稳定; 最后通过数值仿真验证了所设计控制器的正确性和有效性。本节的研究结果有望为保证 SynRMs 的稳定运行提供有价值的参考。

4.7　基于微分几何方法的永磁同步电动机的混沌运动的控制

4.7.1　引言

电动机是以磁场为媒介进行机械能和电能相互交换的电磁装置, 过去对电动机的研究主要涉及启动、调速和振荡等问题。随着对电动机动态特性的深入研究, 人们发现了电动机传动系统的一些不规则的现象, 如调速系统的超低频振荡或随机振荡、不规则的电磁噪声和控制性能的不稳定等。这些现象直接影响到电动机的效率和运行质量, 由于电动机传动系统的复杂性, 人们往往将这些不规则现象归为系统设计缺陷或系统故障进行研究, 所以找不到解决这些问题的方法。直到最近二十年, 随着混沌学研究的深入, 人们利用动态系统混沌理论分析这些不规则运动, 发现了电动机传动系统中的不规则运动与混沌现象的相似之处, 如对参数和初始条件的敏感依赖性、不存在固定周期轨道、运动轨迹的长期不可预测性等, 揭示了电动机运动中貌似随机振荡的混沌机理[23-30]。

PMSM 由于其结构简单、高效节能, 在工业上得到越来越广泛的应用。近年来, 它的稳定性、可靠性研究受到人们广泛的关注, 这是由于 PMSM 的稳定、可靠运行是工业自动化生产的关键问题。已有的研究表明[23-30], PMSM 传动系统在某些参数和工作条件下会呈现混沌行为, 其主要表现为转矩和转速的间歇振荡、控制性能的不稳定、系统不规则的电流噪声等。当 PMSM 处于混沌运动时, 电机系统出现无规则的振荡, 转速忽高忽低, 这将严重危及电机转动的稳定性, 甚至会引起电机与电力系统的崩溃, 因此必须研究抑制或消除 PMSM 中的混沌运动的方法。混沌控制自从 1990 年被提出以来, 它的理论和方法已经得到充分研究[31-46], 但直接应用于 PMSM 混沌控制的研究工作不仅不多, 而且控制性能也不够完善。为了研究更优的控制方法, 本节研究利用微分几何控制理论中的状态反馈精确线性化方法控制 PMSM 中的混沌运动。

状态反馈精确线性化是非线性系统的微分几何控制理论体系的主要组成部分, 其基本原理是通过非线性坐标变换将非线性系统的状态方程化为完全可控的线性系统, 然后对线性系统运用最优控制方法进行分析从而得到非线性系统的最优控制结果。这种精确线性化与传统的近似线性化不同, 它在线性化过程中没有忽略任何高阶非线性项, 因此不仅是精确的, 而且具有全局意义。

4.7.2　PMSM 混沌模型及其动力学特性

均匀气隙 PMSM 模型方程可简写成如下形式

$$\begin{cases} \dot{i}_d = -i_d + i_q \omega + \tilde{u}_d \\ \dot{i}_q = -i_q - i_d \omega + \gamma \omega + \tilde{u}_q \\ \dot{\omega} = \sigma(i_q - \omega) - \tilde{T}_L \end{cases} \tag{4.72}$$

式中，ω、i_q 和 i_d 为状态变量，分别表示转子机械角速度和 q、d 轴定子电流；σ 和 γ 为系统参数，皆取正值；$\tilde{T}_L$ 和 $\tilde{u}_d$、$\tilde{u}_q$ 分别表示负载转矩和 d、q 轴定子电压。不失一般性，这里只考虑电机没有外部输入的情况，即 $\tilde{u}_d = 0$、$\tilde{u}_q = 0$ 和 $\tilde{T}_L = 0$ 的情形。这时式（4.72）变成

$$\begin{cases} \dot{i}_d = -i_d + i_q \omega \\ \dot{i}_q = -i_q - i_d \omega + \gamma \omega \\ \dot{\omega} = \sigma(i_q - \omega) \end{cases} \tag{4.73}$$

下面介绍用微分几何精确线性化方法对 PMSM 的混沌进行控制的研究结果。

4.7.3　基于微分几何精确线性化的 PMSM 中混沌运动的控制

在式（4.73）第一项中加入控制量 u，选择转子的角速度为控制目标，则可得到如下的控制系统，即

$$\begin{cases} \dot{i}_d = -i_d + i_q \omega + u \\ \dot{i}_q = -i_q - i_d \omega + \gamma \omega \\ \dot{\omega} = \sigma(i_q - \omega) \\ y = \omega - \omega_d \end{cases} \tag{4.74}$$

式中，ω_d 为控制的目标角速度，取恒定值；y 为系统角速度与目标角速度的差值。若式（4.74）满足精确线性化条件，则可以通过坐标变换把系统化为完全可控的线性系统，那么当相应的线性系统输出值为零时可以使式（4.74）控制到目标值。下面首先论证该系统满足精确线性化条件，然后求出控制 PMSM 混沌的控制律。

4.7.4　PMSM 混沌控制系统的状态反馈精确线性化条件

式（4.74）所描述的 PMSM 混沌控制系统是典型的单输入单输出（Single Input Single Output，SISO）非线性系统，为了便于分析，可将其表示为如下的仿射非线性系统的标准式，即

$$\dot{X} = f(X) + g(X)u \tag{4.75}$$

$$Y = \lambda(X) \tag{4.76}$$

式中，$X \in \mathbf{R}^n$ 为状态变量；$u \in \mathbf{R}$ 为控制量；f 和 g 为 $\mathbf{R}^n$ 上的光滑向量场，其中 $f(X) =$
$\begin{bmatrix} -i_d + i_q \omega \\ -i_q - i_d \omega + \gamma \omega \\ \sigma(i_q - \omega) \end{bmatrix}$；$g(X) = \begin{bmatrix} 1 \\ 0 \\ 0 \end{bmatrix}$；$Y \in \mathbf{R}$ 为输出量；$\lambda(X)$ 为标量函数，且 $\lambda(X) = \omega - \omega_d$。

在确定 PMSM 混沌控制系统的状态反馈精确线性化条件之前，先引出仿射非线性系统中几个重要概念。

（1）李导数的定义，以 $L_f \lambda(X)$ 表示的用下列运算

$$L_f \lambda(X) = \frac{\partial \lambda(X)}{\partial X} f(X) \tag{4.77}$$

所得出的新标量函数定义为函数 $\lambda(X)$ 沿向量场 $f(X)$ 的导数，称为李导数。

（2）李括号的定义，以 $[f(X), g(X)]$ 或 $ad_f g$ 表示的按以下运算

$$[f(X), g(X)] = ad_f g = \frac{\partial g}{\partial X} f - \frac{\partial f}{\partial X} g \tag{4.78}$$

得出的一个新的向量场定义为 $g(X)$ 对于 $f(X)$ 的李括号。

（3）关系度的定义，对于给定的式（4.75）和式（4.76），如果：

①输出函数 $\lambda(X)$ 对向量场 f 的 k 阶李导数对向量场 g 的李导数在 $X = X^0$ 的邻域内的值为零，即

$$L_g L_f^k \lambda(X) = 0 \tag{4.79}$$

②输出函数 $\lambda(X)$ 对向量场 f 的 $r-1$ 阶李导数（$k < r-1$）对向量场 g 的李导数在 $X = X^0$ 的邻域内的值不为零，即

$$L_g L_f^{r-1} \lambda(X) \neq 0 \tag{4.80}$$

则说仿射非线性系统在 X^0 的邻域中的关系度为 r。

有了以上几个概念，可以确定 PMSM 混沌控制系统的状态反馈精确线性化条件。根据微分几何精确线性化原理，式（4.75）当且仅当满足以下两个条件[47]。

（1）矩阵 $C = [g(X) \quad ad_f g(X) \quad \cdots \quad ad_f^{n-2} g(X) \quad ad_f^{n-1} g(X)]$，对于在 X^0 附近的所有 X，其秩不变且等于 n。

（2）向量场的集合 $D = \{g(X), ad_f g(X), ad_f^2 g(X), \cdots, ad_f^{n-2} g(X)\}$ 在 $X = X^0$ 处是对合的，那么，就必然存在一个函数 $h(x)$，使得在 $X = X^0$ 处该系统的关系度 r 等于系统的阶数 n，即所给的系统可在 $X = X^0$ 的一个开集上被精确线性化为一个完全可控的线性系统。

下面，利用上述原理证明 PMSM 混沌控制系统可精确线性化的充分必要条件为 $\sigma \omega \neq 0$。

事实上，由式（4.74）有

$$ad_f g(X) = \frac{\partial g(X)}{\partial X} f(X) - \frac{\partial f(X)}{\partial X} g(X) = \begin{bmatrix} 1 \\ \omega \\ 0 \end{bmatrix} \tag{4.81}$$

$$ad_f^2 g(X) = \frac{\partial (ad_f g(X))}{\partial X} f(X) - \frac{\partial f(X)}{\partial X} ad_f g(X) = \begin{bmatrix} 1 - \omega^2 \\ \sigma i_q + (2-\sigma)\omega \\ -\sigma\omega \end{bmatrix} \tag{4.82}$$

则

$$\det C = \begin{vmatrix} 1 & 1 & 1 - \omega^2 \\ 0 & \omega & \sigma i_q + (2-\sigma)\omega \\ 0 & 0 & -\sigma\omega \end{vmatrix} = -\sigma\,\omega^2 \tag{4.83}$$

从而可知当 $\sigma\,\omega^2 \neq 0$，即 $\sigma\omega \neq 0$ 时，$\det C \neq 0$，故 C 的秩为 3，等于系统阶数 n，条件（1）得到满足。又有李括号

$$[g(X), ad_f g(X)] = \frac{\partial (ad_f g(X))}{\partial X} g(X) - \frac{\partial g(X)}{\partial X} ad_f g(X) = \begin{bmatrix} 0 \\ 0 \\ 0 \end{bmatrix} \tag{4.84}$$

零向量属于任何向量场的集合，所以集合 D 是对合的，条件（2）得到满足。因此，式（4.75）必然存在一个函数 $h(x)$，使得在 $X = X^0 \in \{(i_d, i_q, \omega) \in \mathbf{R}^3 \mid \sigma\omega \neq 0\}$ 处该系统的关系度 r 等于系统阶数 3。

　　下面就来验证式（4.76）所构造的输出函数 $\lambda(X)$ 就是函数 $h(x)$，即验证函数 $\lambda(X)$ 使系统关系度满足 $r = n = 3$ 的条件。为此，对给定的系统，首先计算系统的李导数，然后利用其确定系统关系度。

$$\lambda(X) = \omega - \omega_d \tag{4.85}$$

$$L_g \lambda(X) = \frac{\partial \lambda(X)}{\partial X} g(X) = 0 \tag{4.86}$$

$$L_f \lambda(X) = \frac{\partial \lambda(X)}{\partial X} f(X) = \sigma(i_q - \omega) \tag{4.87}$$

$$L_g L_f \lambda(X) = \frac{\partial L_f \lambda(X)}{\partial X} g(X) = 0 \tag{4.88}$$

$$L_f^2 \lambda(X) = \frac{\partial L_f \lambda(X)}{\partial X} f(X) = -\sigma i_d \omega - (\sigma + \sigma^2) i_q + (\sigma^2 + \gamma\sigma)\omega \tag{4.89}$$

$$L_g L_f^2 \lambda(X) = \frac{\partial L_f^2 \lambda(X)}{\partial X} g(X) = -\sigma\omega \tag{4.90}$$

因为 $\sigma\omega \neq 0$，即 $L_g L_f^2 \lambda(X) \neq 0$，所以根据关系度的定义以及式（4.86）、式（4.88）和式（4.90）可以证明，由系统构造的输出函数 $\lambda(X)$ 可使系统关系度 $r = n = 3$。

综合以上分析可知，PMSM 混沌控制系统在所有状态点 $X = X^0 \in \{(i_d, i_q, \omega) \in \mathbf{R}^3 \mid \sigma\omega \neq 0\}$ 处可精确线性化。

4.7.5　求 PMSM 混沌系统的控制律

由于 PMSM 混沌控制系统满足精确线性化条件，所以可通过微分同胚的坐标转换把如式（4.75）所描述的 PMSM 混沌控制系统化为一个完全可控的线性系统，即化为如下的布鲁诺夫斯基（Brunovsky）标准形式[48]

$$\dot{Z} = AZ + Bv \qquad (4.91)$$

式中，$A = \begin{bmatrix} 0 & 1 & 0 \\ 0 & 0 & 1 \\ 0 & 0 & 0 \end{bmatrix}$，$B = \begin{bmatrix} 0 \\ 0 \\ 1 \end{bmatrix}$。其中坐标转换 Φ 为

$$Z = |z_1, z_2, z_3|^{\mathrm{T}} = |\Phi_1(X), \Phi_2(X), \Phi_3(X)|^{\mathrm{T}} = |\lambda(X), L_f\lambda(X), L_f^2\lambda(X)|^{\mathrm{T}} \qquad (4.92)$$

把式（4.85）、式（4.87）、式（4.89）代入式（4.92），得到坐标变换式为

$$Z = \begin{cases} z_1 = \Phi_1(X) = \lambda(X) = \omega - \omega_d \\ z_2 = \Phi_2(X) = L_f\lambda(X) = \sigma(i_q - \omega) \\ z_3 = \Phi_3(X) = L_f^2\lambda(X) = -\sigma i_d \omega - (\sigma + \sigma^2)i_q + (\sigma^2 + \gamma\sigma)\omega \end{cases} \qquad (4.93)$$

在新坐标系统下的 PMSM 混沌控制系统状态反馈律为

$$u = \frac{-L_f^3\lambda(X) + v}{L_g L_f^2 \lambda(X)} \qquad (4.94)$$

式中

$$L_f^3\lambda(X) = \frac{\partial L_f^2\lambda(X)}{\partial X} f(X) = \begin{bmatrix} -\sigma\omega & -\sigma - \sigma^2 & -\sigma i_d + \sigma\gamma + \sigma^2 \end{bmatrix} f(X)$$
$$= \sigma^3(i_q - \omega) + \sigma^2(2i_d\omega + i_q - i_d i_q + \gamma i_q - 2\gamma\omega) + \sigma(2i_1\omega - i_q\omega^2 + i_q - \gamma\omega) \qquad (4.95)$$

可以看到，PMSM 混沌控制系统的控制量 u 与被精确线性化的式（4.91）的控制量 v 之间有式（4.94）所示的关系，因为 $L_g L_f^2\lambda(X)$、$L_f^3\lambda(X)$ 可由式（4.90）和式（4.95）确定，所以式（4.94）中的 v 一旦确定，控制量 u 也随之确定。为了使 PMSM 混沌控制系统有良好的稳定和动态性能，可运用二次型性能指标线性最优控制设计方法得到最优控制律 v[49]，即

$$v = v^* = -R^{-1}B^T P^* Z = -K^* Z \tag{4.96}$$

式中，$K^* = R^{-1}B^T P^*$ 为最优反馈增益矩阵；P^* 为里卡蒂矩阵方程

$$A^T P + PA - PBR^{-1}B^T P + Q = 0 \tag{4.97}$$

的解，其中 Q 为正定或半正定的权矩阵；R 为正定的权矩阵。本节取 $Q = \begin{bmatrix} 1 & 0 & 0 \\ 0 & 1 & 0 \\ 0 & 0 & 1 \end{bmatrix}$，

$R = 1$。把 A、B、Q、R 的值代入式（4.97）解得

$$P^* = P = \begin{bmatrix} 2.4142 & 2.4142 & 1.0000 \\ 2.4142 & 4.8284 & 2.4142 \\ 1.0000 & 2.4142 & 2.4142 \end{bmatrix}, \quad K^* = \begin{bmatrix} 1.0000 & 2.4142 & 2.4142 \end{bmatrix}$$

即 $k_1^* = 1.0000$，$k_2^* = 2.4142$，$k_3^* = 2.4142$。

所以求得

$$v = -K^* Z = -k_1^* z_1 - k_2^* z_2 - k_3^* z_3 \tag{4.98}$$

把式（4.90）、式（4.93）、式（4.95）和式（4.98）代入式（4.94）得到 PMSM 混沌控制系统，即式（4.75）的控制律 u 为

$$u = \frac{\left(\begin{array}{c} -(\sigma^3(i_q - \omega) + \sigma^2(2i_d\omega + i_q - i_d i_q + \gamma i_q - 2\gamma\omega) + \sigma(2i_d\omega - i_q\omega^2 + i_q - \gamma\omega)) \\ -1.0(\omega - \omega_d) - 2.4142\sigma(i_q - \omega) - 2.4142(-\sigma i_d\omega - (\sigma + \sigma^2)i_q + (\gamma\sigma + \sigma^2)\omega) \end{array} \right)}{-\sigma\omega}$$

最终的控制律是系统状态量的非线性函数，在实际设计中需测量电动机 d、q 轴定子电流和转子机械角速度，这些值在实际系统中易于测量，因此对 PMSM 混沌系统的控制是可以实现的。

4.7.6　控制方法的仿真研究

为了验证本节采用的控制策略的有效性和优越性，这里对 PMSM 混沌系统的状态反馈精确线性化控制方法进行仿真，同时把仿真结果与传统近似线性化方法的控制结果进行对比。传统近似线性化控制方法是将非线性系统在某一平衡点处加以线性化，然后用线性系统理论进行分析。PMSM 混沌系统的近似线性状态反馈控制策略简述如下[50]：在 PMSM 混沌系统，即式（4.74）第三式中加入状态反馈控制项 $u' = k(x_3 - y_d)$，当反馈增益 k 的取值使得 PMSM 混沌控制系统在平衡点的雅可比矩阵特征值的实部小于零时，可控制到恒定目标转速 y_d。这种控制方法的弊端是在对平衡点求雅可比矩阵时忽略了平衡点泰勒展开式的高阶项，当控制目标不在平衡点的小邻域内时，控制结果会出现误差，而且控制目标值离平衡点越远，误差就越大。而对于精确线性化控制方法，其线性化过程中没有忽略任何高阶非线性项，控制目标可以是任意点 $X = X^0 \in$

$\{(i_d, i_q, \omega) \in \mathbf{R}^3 \mid \sigma\omega \neq 0\}$。因此相对于传统近似线性化控制策略，精确线性化控制方法能够更好地适应 PMSM 状态大范围的变化，能够使控制系统有更好的动态性能和更高的稳定性。仿真时，PMSM 系统参数取 $\sigma = 5.46$，$\gamma = 20^{[28,29]}$，近似线性化状态反馈增益取 $k = -14$。为了保证对比的有效性，这里选择系统非零不稳定平衡点作为线性化的状态点 X^0，在时间 $t = 35$s 时加入控制。当所选的控制目标为系统的非零平衡点，即 $\omega_d = \sqrt{\gamma - 1}^{[36]}$时，两种控制策略都可以实现目标态的控制；当所选的控制目标远离系统的平衡点，如 $\omega_d = 1$ 时，精确线性化控制方法仍然能使系统被控制到目标转速 $\omega = 1$，而近似线性化控制方法的控制结果为 $\omega = 1.8211$，误差超过 80%。控制仿真结果如图 4.10、图 4.11 所示，图中实线和虚线分别表示微分几何精确线性化方法和传统近似线性化方法控制的动态响应曲线。

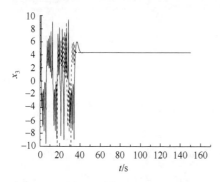
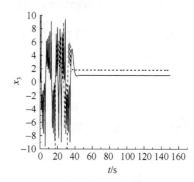

图 4.10　目标为系统平衡点的控制结果　　　图 4.11　目标为远离系统平衡点的控制结果

4.7.7　小结

近 20 年来，微分几何理论在非线性控制系统的应用中得到了快速发展，本节首先基于微分几何控制理论推导出 PMSM 混沌运动系统的状态反馈精确线性化控制律，然后利用其对 PMSM 中的混沌运动进行控制，最后对被控制系统进行控制仿真。研究结果表明，该控制策略不仅行之有效，还克服了传统状态反馈近似线性化控制中动态性能差、稳定性低等缺点。本节的研究结果对微分几何理论在电机传动系统的混沌控制中的应用将起到一定的促进作用。

参 考 文 献

[1]　黄健, 涂光瑜, 陈德树. 具有双励机的混合多机电力系统非线性综合控制器的研究. 中国电机工程学报, 1997, 17(5): 289-293.

[2]　Wang Y, Hill D J, Middleton R H. Transient stability enhancement and voltage regulation of power system. IEEE Transactions on Power System, 1993, 8(2): 620-627.

[3]　李东海, 姜学智, 李立勤. 逆系统方法在电力系统中的应用. 电网技术, 1997, 21(7): 10-12.

[4]　王智涛, 梅生伟. 基于无源系统理论的励磁系统非线性最优控制. 电力系统自动化, 2000, 24(22): 5-8.

[5]　梅生伟, 申铁龙. 带有干扰的非线性系统的无源化控制. 控制理论与应用, 1999, 16(6): 797-801.

[6]　谭拂晓, 关新平, 刘德荣, 等. 调节 L_2 增益抑制耦合发电机组的混沌现象. 控制理论与应用, 2008, 25(6): 1016-1020.

[7]　梅生伟, 申铁龙, 刘康志. 现代鲁棒控制理论与应用. 北京: 清华大学出版社, 2003.

[8]　Lin W. Feedback stabilization of general nonlinear control system: A passive system approach. Systems & Control Letters, 1995, 25: 41-52.

[9]　Wen Y. Passive equivalence of chaos in Lorenz system. IEEE Transactions on Circuits and Systems-I, 1999, 46: 876-878.

[10]　卢强, 孙元章. 电力系统非线性控制. 北京: 科学出版社, 1993.

[11]　周克敏, 多伊尔, 格洛弗, 等. 鲁棒与最优控制. 北京: 国防工业出版社, 2002.

[12]　Isidori A. Nonlinear Control Systems. 3rd ed. London: Springer Science & Business Media, 1995.

[13]　Krstic M, Kanellakopoulos I, Kokotovic P V. Nonlinear and Adaptive Control Design. New York : John Wiley &Sons , Inc. , 1995.

[14]　Su W, Xie L. Robust control of nonlinear feedback passive systems. Systems &Control Letters, 1996, 28(2): 85-93.

[15]　鄢圣茂, 宋立忠, 姚琼荟. 基于无源性的同步发电机励磁控制. 电力自动化设备, 2005, 25(10): 68-70.

[16]　Shen T, Mei S, Lu Q, et al. Adaptive robust controller design for power systems. Proceedings of the IASTED International Conference, Hawaii, 2000: 84-88.

[17]　张敏. 发电机励磁系统分析. 水利采煤与管道运输, 2007, (2): 66-68.

[18]　李爱芸. 基于无源系统理论的发电机非线性励磁控制的研究. 桂林: 广西师范大学, 2009.

[19]　Gao Y, Chau K T. Hopf bifurcation and chaos in synchronous reluctance motor drives. IEEE Transactions on Energy Conversion, 2004, 19: 296-302.

[20]　韦笃取, 罗晓曙. Passive adaptive control of chaos in synchronous reluctance motor. Chinese Physics, 2008, 17(1): 0092-0087.

[21]　Willems J C. Dissipative dynamical systems. European Journal of Control, 1972, 45: 321-351.

[22]　Byrnes C I, Isidori A, Willems J C. Passivity, feedback equivalence and the global stabilization of minimum phase nonlinear systems. IEEE Transactions on Automatic control, 1991, 36(11): 1228-1240.

[23]　Hemati N, Leu M C. A complete model characterization of brushless DC motors. IEEE Transactions on Industry Applications, 1992, 28(1): 172-180.

[24]　Hemati N, Kwatny H. Bifurcation of equilibria and chaos in permanent-magnet machines. Proceedings of the 32nd Conference on Decision and Control, San Antonio, Texas, 1993: 475-479.

[25]　Hemati N. Strange attractors in brushless DC motor. IEEE Transactions on Circuits and Systems-I,

1994, 41: 40-45.

[26] 曹志彤, 郑中胜. 电机运动系统的混沌特性. 中国电机工程学报, 1998, 18(5): 318-322.

[27] Chen J H, Chau K T, Chan C C. Chaos in voltage-mode controlled DC drive system. International Journal of Electronics, 1999, 86: 857-874.

[28] Zhang B, Li Z, Mao Z Y. Study on chaos and stability in permanent-magnet synchronous motors. Journal of South China University of Technology, 2000, 28(12): 125-130.

[29] 张波, 李忠, 毛宗源. 电机传动系统的不规则运动和混沌现象初探. 中国电机工程学报, 2001, 21(7): 40-45.

[30] Li Z, Park J, Joo Y, et al. Bifurcations and chaos in a permanent-magnet synchronous motor. IEEE Transactions on Circuits and Systems-I, 2002, 49(3): 383-387.

[31] Braiman Y, Goldhirsch I. Taming chaotic dynamics with periodic perturbations. Physical Review Letters, 1991, 66: 545-549.

[32] Lima R, Pettini M. Suppression of chaos by resonant parametric perturbations. Physical Review A, 1992, 41: 726-729.

[33] Pyragas K. Experimental control of chaos by delayed self-controlling feedback. Physical Review A, 1993, 99: 180-183.

[34] Ni W S, Qin T F. Controlling chaos by method of adaptive. Chinese Physics letters, 1994, 11: 325.

[35] Liu Y, Barbosa L C, Leite R J R. Control of Lorenz chaos. Physical Letters A, 1994, 185: 35.

[36] 童培庆. 混沌的自适应控制. 物理学报, 1995, 44: 169-173.

[37] 方锦清. 非线性系统中混沌控制方法、同步原理及其应用前景(二). 物理学进展, 1996, 16(1): 1.

[38] Tian Y C, Gao F R. Adaptive control of chaotic continuous-time systems with delay. Physica D, 1998, 117: 1-4.

[39] 罗晓曙, 方锦清, 王力虎, 等. A new strategy of chaos control and a unified mechanism for several kinds of chaos control methods. 物理学报(海外版), 1999, 85(12): 895-900.

[40] 王光瑞, 于熙龄, 陈式刚, 等. 混沌的控制、同步与应用. 北京: 国防工业出版社, 1999.

[41] 罗晓曙, 方锦清, 孔令江, 等. 一种新的基于系统变量延迟反馈的控制方法. 物理学报, 2000, 49: 14-23.

[42] 罗晓曙, 方锦清. A method of controlling spatiotemporal chaos in coupled map lattices. Chinese Physics, 2000, 9(5): 333.

[43] 罗晓曙, 汪秉宏, 江锋, 等. Using random proportional pulse feedback of system variables to control chaos and hyperchaos. Chinese Physics, 2001, 10(1): 17.

[44] 罗晓曙, 陈关荣, 汪秉宏, 等. On Hybrid control of period-doubling bifurcation and chaos in discrete nonlinear dynamical systems. Chaos, Solitons & Fractals, 2003, 18(4): 775.

[45] 罗晓曙, 汪秉宏, 陈关荣, 等. Controlling chaos and hyperchaos by switching modulation of system parameters. International Journal of Modern Physics B, 2004, 18: 2686.

[46] 罗晓曙. 非线性系统中的混沌控制与同步及其应用研究. 合肥: 中国科技大学, 2003.

[47] Isidori A. Nonlinear Control Systems. 3rd ed. New York: Springer-Verlag, 1995.

[48] 高金峰, 罗先觉, 马西奎. 实现连续时间标量混沌信号同步的自适应控制方法. 物理学报, 2000, 48: 2196.

[49] 卢强, 韩英铎. 输电系统最优控制. 北京: 科学出版社, 1982: 45.

[50] 韦笃取, 罗晓曙, 汪秉宏, 等. 基于微分几何方法的永磁同步电动机的混沌运动的控制. 物理学报, 2006, 51(1): 54.

第 5 章　基于状态反馈和延迟反馈的永磁同步电动机混沌控制研究

5.1　引　　言

在前面的章节中，详细探讨了 PMSM 混沌运动的控制方法，并取得了较好的控制结果。但是这些工作还有待于进一步研究：第一，仅研究均匀气隙 PMSM 的混沌运动控制，其实大部分情况下 PMSM 的气隙是非均匀的；第二，只研究 PMSM 空载运行、无外部输入情况下的混沌控制方法，实际上 PMSM 在有外部输入和负载时也会产生混沌。因此，必须研究出更具广泛性和实际应用价值的控制方法，对非均匀气隙 PMSM 一般情形下的混沌运动进行控制。

利用状态反馈控制系统运动是工程中常用的方法，其基本原理是：当系统的运行点由于受到扰动而离开平衡点时，可通过取适合的反馈增益，把某些状态变量或它们的组合反馈回原系统，使系统在不稳定平衡点处的雅可比矩阵特征值的实部小于零，从而使系统达到稳定状态并把运行点迅速控制回平衡点。状态反馈控制方法具有设计简单、控制代价小、易于实现等优点。本章基于极点配置理论，利用线性状态反馈控制方法对非均匀气隙 PMSM 一般情形下的混沌运动进行控制。

5.2　状态反馈控制理论

状态反馈是系统的状态变量通过比例环节传送到输入端的反馈方式[1,2]。状态反馈是体现现代控制理论特色的一种控制方式。状态变量能够全面地反映系统的内部特性，因此状态反馈比传统的输出反馈能更有效地改善系统的性能，具有一系列优点。

5.2.1　状态反馈控制系统的构成

设被控系统 $f(x,y,u)$ 具有如下形式

$$\begin{cases} \dot{x} = Ax + Bu \\ y = Cx \end{cases} \tag{5.1}$$

式中，x 为 n 维状态向量；u 为 m 维控制向量；y 为 m 维输出控制；A 为 $n \times n$ 维系统矩阵；B 为 $n \times m$ 维输入矩阵；C 为 $m \times n$ 维输出矩阵。

令系统的控制项为

$$u = -Kx + v \qquad (5.2)$$

式中，K 为 $m \times n$ 维状态反馈矩阵，它将 n 维状态向量 x 负反馈至 m 维输入向量 u 处；v 是 m 维参考输入向量。状态反馈控制系统的结构如图 5.1 所示。

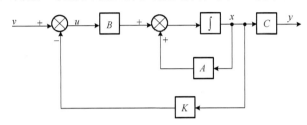

图 5.1　状态反馈控制系统的结构[1]

将式（5.1）的控制量 u 用式（5.2）代入，即得采用状态反馈控制后的闭环系统的状态空间表达式为

$$\begin{cases} \dot{x} = (A - BK)x + Bv \\ y = Cx \end{cases} \qquad (5.3)$$

其中，系统矩阵由开环系统 A 变为 $A - BK$，状态反馈控制不改变系统的阶次，状态变量个数不变，闭环系统记为 $\sum_k (A - BK, B, C)$。系统状态的运动形式是由系统的极点位置决定的，当系统矩阵由开环系统的 A 变为闭环系统的 $A - BK$ 时，反馈矩阵 K 的选取将影响系统极点的分布，从而影响系统状态的运动形式，这就是状态反馈控制的基本原理。一个控制性能优良的闭环系统应该是所有极点可以任意配置的，因为这样才能使系统的状态运动按设计者的意愿进行。

5.2.2　状态反馈控制系统极点任意配置的条件

定理 5.1（极点配置定理）　对于线性定常系统 $\sum_0 (A, B, C)$，可通过状态反馈控制实现极点任意配置的条件有如下结论：线性定常系统可通过状态反馈控制实现全部 n 个极点任意配置的充要条件是被控系统 $\sum_0 (A, B, C)$ 状态完全能控。

证明　为了使该结论的证明过程简化，下面仅就单输入单输出的情况进行讨论，而多输入多输出情况下的证明过程类似。

（必要性）对于单输入单输出线性定常系统 $\sum_0 (A, B, C)$，$m \times n$ 维状态反馈矩阵退化为 $1 \times n$ 维行向量。上述结论的必要性采用反证法证明。反设系统 $\sum_0 (A, B, C)$ 不能控，则由第 4 章关于系统分解的论述，该系统必能通过非奇异变换 $x = p\bar{x}$ 进行按能控性分解，在新状态空间中状态空间表达式为

$$\begin{cases} \dot{\overline{x}} = \begin{bmatrix} \dot{\overline{x}}_c \\ \dot{\overline{x}}_{\overline{c}} \end{bmatrix} = \begin{bmatrix} \overline{A}_c & \overline{A}_{12} \\ 0 & \overline{A}_{\overline{c}} \end{bmatrix} \begin{bmatrix} \overline{x}_c \\ \overline{x}_{\overline{c}} \end{bmatrix} + \begin{bmatrix} \overline{B}_c \\ 0 \end{bmatrix} u \\ y = \begin{bmatrix} \overline{C}_c & \overline{C}_{\overline{c}} \end{bmatrix} \begin{bmatrix} \overline{x}_c \\ \overline{x}_{\overline{c}} \end{bmatrix} \end{cases} \tag{5.4}$$

引入状态反馈

$$u = -Kx + v = -Kp\overline{x} + v = -\begin{bmatrix} \overline{K}_1 & \overline{K}_2 \end{bmatrix} \begin{bmatrix} \overline{x}_c \\ \overline{x}_{\overline{c}} \end{bmatrix} + v \tag{5.5}$$

式中，$\begin{bmatrix} \overline{K}_1 & \overline{K}_2 \end{bmatrix}$ 表示新状态空间中的反馈行向量，$\begin{bmatrix} \overline{K}_1 & \overline{K}_2 \end{bmatrix} = Kp = \begin{bmatrix} K_1 p & K_2 p \end{bmatrix}$。

将式（5.5）代入式（5.4）得闭环系统的系统矩阵为

$$\overline{A} - \overline{BK} = \begin{bmatrix} \overline{A}_c & \overline{A}_{12} \\ 0 & \overline{A}_{\overline{c}} \end{bmatrix} - \begin{bmatrix} \overline{B}_c \\ 0 \end{bmatrix} \begin{bmatrix} \overline{K}_1 & \overline{K}_2 \end{bmatrix} = \begin{bmatrix} \overline{A}_c - \overline{B}_c \overline{K}_1 & \overline{A}_{12} - \overline{B}_c \overline{K}_2 \\ 0 & \overline{A}_{\overline{c}} \end{bmatrix} \tag{5.6}$$

相应的系统特征多项式为

$$\begin{aligned} \det[sI - (A - BK)] &= \det[sI - (\overline{A} - \overline{BK})] \\ &= \det \begin{bmatrix} sI - \overline{A}_c + \overline{B}_c \overline{K}_1 & -\overline{A}_{12} + \overline{B}_c \overline{K}_2 \\ 0 & sI - \overline{A}_{\overline{c}} \end{bmatrix} \\ &= \det(sI - \overline{A}_c + \overline{B}_c \overline{K}_1) \cdot \det(sI - \overline{A}_{\overline{c}}) \end{aligned} \tag{5.7}$$

式（5.7）表明状态反馈不能改变不能控部分的极点，即不能控的系统不能通过状态反馈任意配置它的全部极点。或者说，系统要通过状态反馈配置其全部极点，它必须是状态完全能控的。

（充分性）要证明一个状态完全能控的系统一定能通过状态反馈控制实现其极点的任意配置。为此设系统 $\sum_0 (A, B, C)$ 能控，并且对于 n 个任意指定的期望极点 $\lambda_i^* (i = 1, 2, \cdots, n)$，可以得到对应的闭环系统特征多项式

$$\varphi^*(s) = \prod_{i=1}^{n} (s - \lambda_i^*) = s^n + a_{n-1}^* s^{n-1} + \cdots + a_1^* s + a_0^* \tag{5.8}$$

而由能控系统规范型的描述，该系统一定可通过非奇异变换 $x = p\overline{x}$ 化为能控规范型，即在新状态空间中系统的状态方程为

$$\dot{\overline{x}} = \overline{A}\overline{x} + \overline{B}u = \begin{bmatrix} 0 & 1 & \cdots & 0 \\ \vdots & \vdots & & \vdots \\ 0 & 0 & \cdots & 1 \\ -a_0 & -a_1 & \cdots & -a_{n-1} \end{bmatrix} \overline{x} + \begin{bmatrix} 0 \\ \vdots \\ 0 \\ 1 \end{bmatrix} u \tag{5.9}$$

引入状态反馈

$$u = -Kx + v = -Kp\bar{x} + v = -\overline{K}\bar{x} + v \tag{5.10}$$

设状态反馈行向量取值为

$$\overline{K} = Kp = \begin{bmatrix} \overline{K}_0 & \overline{K}_1 & \cdots & \overline{K}_{n-1} \end{bmatrix} = \begin{bmatrix} a_0^* - a_0 & a_1^* - a_1 & \cdots & a_{n-1}^* - a_{n-1} \end{bmatrix} \tag{5.11}$$

得闭环系统的状态方程为

$$\dot{\bar{x}} = (\overline{A} - \overline{B}\,\overline{K})\bar{x} + \overline{B}u$$

$$= \left(\begin{bmatrix} 0 & 1 & \cdots & 0 \\ \vdots & \vdots & & \vdots \\ 0 & 0 & \cdots & 1 \\ -a_0 & -a_1 & \cdots & -a_{n-1} \end{bmatrix} - \begin{bmatrix} 0 \\ \vdots \\ 0 \\ 1 \end{bmatrix} \begin{bmatrix} a_0^* - a_0 & a_1^* - a_1 & \cdots & a_{n-1}^* - a_{n-1} \end{bmatrix} \right) \bar{x} + \begin{bmatrix} 0 \\ \vdots \\ 0 \\ 1 \end{bmatrix} u$$

$$= \begin{bmatrix} 0 & 1 & \cdots & 0 \\ \vdots & \vdots & & \vdots \\ 0 & 0 & \cdots & 1 \\ -a_0^* & -a_1^* & \cdots & -a_{n-1}^* \end{bmatrix} \bar{x} + \begin{bmatrix} 0 \\ \vdots \\ 0 \\ 1 \end{bmatrix} \tag{5.12}$$

对应的闭环系统特征多项式为

$$\det[sI - (A - BK)] = \det[sI - (\overline{A} - \overline{B}\,\overline{K})]$$
$$= s^n + a_{n-1}^* s^{n-1} + \cdots + a_1^* s + a_0^* = \varphi^*(s) \tag{5.13}$$

与任意指定的 n 个期望极点 $\lambda_i^* (i = 1, 2, \cdots, n)$ 所对应的闭环系统特征多项式（式（5.8））一致，即按式（5.11）取状态反馈行向量总能使闭环系统的 n 个极点位于任意指定的位置上。所以，只要开环系统 $\sum_0 (A, B, C)$ 能控，总存在状态反馈可以任意地配置闭环系统的全部极点。

5.2.3　单输入系统极点配置方法

单输入系统极点配置算法就是在给定被控对象 $\sum_0 (A, B, C)$ 和一组任意期望极点 $\lambda_i^* (i = 1, 2, \cdots, n)$ 的情况下，求解使系统在状态反馈 $u = -Kx + v$ 作用下系统闭环极点位于期望极点的状态反馈行向量 K。通常 K 可以通过解联立方程求状态反馈矩阵各元素的方法获得，该方法比较直观，适合于被控对象 $\sum_0 (A, B, C)$ 阶次较低的情况。其具体步骤如下。

（1）判断被控对象 $\sum_0 (A, B, C)$ 的能控性，若能控，则往下进行；否则结束计算，因为不符合极点任意配置的条件。

（2）由给定的一组期望极点 $\lambda_i^* (i = 1, 2, \cdots, n)$，求得期望的特征多项式

$$\varphi^*(s) = \prod_{i=1}^{n} (s - \lambda_i^*) = s^n + a_{n-1}^* s^{n-1} + \cdots + a_1^* s + a_0^*$$

（3）由闭环系统动态方程写出闭环系统的特征多项式

$$\varphi(s) = \det[sI - (A - BK)] = \varphi(s, K_0, K_1, \cdots, K_{n-1})$$

由于状态反馈行向量 $K = \begin{bmatrix} K_0 & K_1 & \cdots & K_{n-1} \end{bmatrix}$ 是待求量，所以 $\varphi(s)$ 中包含了 K 的各元素。

（4）由 $\varphi(s) = \varphi^*(s)$，利用两个多项式对应系数相等，可以得到 n 个联立的代数方程，并解得 n 个待定量 $K_0, K_1, \cdots, K_{n-1}$，即求得状态反馈行向量 $K = \begin{bmatrix} K_0 & K_1 & \cdots & K_{n-1} \end{bmatrix}$。

5.3　基于极点配置的非均匀气隙永磁同步电动机混沌状态反馈控制

5.3.1　非均匀气隙 PMSM 的混沌数学模型及混沌特性

非均匀气隙 PMSM 模型具有如下形式[3-5]

$$\begin{cases} \dfrac{\mathrm{d}i_d}{\mathrm{d}t} = -\dfrac{L_q}{L_d} i_d + i_q \omega + \tilde{u}_d \\[2mm] \dfrac{\mathrm{d}i_q}{\mathrm{d}t} = -i_q - i_d \omega + \gamma \omega + \tilde{u}_q \\[2mm] \dfrac{\mathrm{d}\omega}{\mathrm{d}t} = \sigma(i_q - \omega) + \varepsilon i_d i_q - \tilde{T}_L \end{cases} \tag{5.14}$$

式中，$\gamma = \dfrac{n_p \psi_r^2}{R_1 \beta}$；$\sigma = \dfrac{L_q \beta}{R_1 J}$；$\tilde{u}_q = \dfrac{n_p L_q \psi_r u_q}{R_1^2 \beta}$，$n_p = 1$；$\tilde{u}_d = \dfrac{n_p L_q \psi_r u_d}{R_1^2 \beta}$；$\varepsilon = \dfrac{L_q \beta^2 (L_d - L_q)}{L_d J n_p \psi_r^2}$；

$\tilde{T}_L = \dfrac{L_q^2 T_L}{R_1^2 J}$。$i_d$、$i_q$、$\omega$ 为无量纲状态变量，分别表示 d、q 轴定子电流和转子机械角速度；参数 u_d、u_q 和 T_L 分别为 d、q 轴电压和外部扭矩；L_d、L_q 分别为 d、q 轴定子电感；ψ_r 为永久磁通；R_1 为定子绕组；β 为粘性阻尼系数；J 是转动惯性；n_p 为极对数。R_1、β、J、L_q、L_d 和 T_L 皆取正数，当 $L_q = L_d$ 时是均匀气隙 PMSM，否则为非均匀气隙 PMSM。

本章只研究非均匀气隙且 $\tilde{u}_q$、$\tilde{u}_d$ 和 $\tilde{T}_L$ 不为零的情况。式（5.14）的参数中，ψ_r 受工作环境、条件影响最大。系统随 ψ_r 值变化而呈现出非常复杂的非线性动力学性质[3-5]。以 ψ_r 为分岔参数，其他参数取[4] $R_1 = 0.9$，$J = 4.7 \times 10^{-3}$，$\beta = 0.0162$，$L_d = 15$，$L_q = 10$，$u_d = -0.1$，$u_q = 0.6$，$T_L = 0.5$，可作出系统分岔图，如图 5.2 所示。从图 5.2 中可以知道倍周期分岔是非均匀 PMSM 通向混沌的主要途径。图 5.3 所示的相图是 $\psi_r = 0.22874$ 时系统典型的混沌吸引子（图中 $x = i_d$，$y = i_q$，$z = \omega$）。

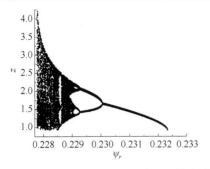

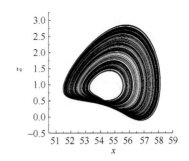

图 5.2　ψ_r 为分岔参数，状态变量 z 的分岔图　　图 5.3　非均匀气隙 PMSM 的混沌相图

当非均匀气隙 PMSM 处于混沌运动时，电机系统出现无规则的振荡，转速忽高忽低，这将严重危及电机转动的稳定性，甚至会引起电机系统的崩溃[3]，因此必须研究抑制或消除非均匀气隙 PMSM 中的混沌运动的方法。下面介绍利用线性状态反馈控制方法对非均匀气隙 PMSM 一般情形下的混沌运动进行控制的研究结果。

5.3.2　受控系统的方程式

采用上述方法对非均匀气隙 PMSM 混沌控制系统进行控制，为了使设计简单化，而且保证系统完全可控，取 $B = \mathrm{diag}(1,1,1)$，则得受控闭环系统为

$$\begin{cases} \dfrac{\mathrm{d}i_d}{\mathrm{d}t} = -\dfrac{L_q}{L_d}i_d + i_q\omega + \tilde{u}_d - k_{11}(i_d - i_{d0}) \\[2mm] \dfrac{\mathrm{d}i_q}{\mathrm{d}t} = -i_q - i_d\omega + \gamma\omega + \tilde{u}_q - k_{22}(i_q - i_{q0}) \\[2mm] \dfrac{\mathrm{d}\omega}{\mathrm{d}t} = \sigma(i_q - \omega) + \varepsilon i_d i_q - \tilde{T}_L - k_{33}(\omega - \omega_0) \end{cases} \tag{5.15}$$

式中，i_{d0}、i_{q0}、ω_0 为系统不稳定平衡点。通过极点配置求得合适的 K 值，可以把混沌系统运行点控制到平衡点，达到控制混沌的目的。

5.3.3　反馈增益的确定

系统参数 $\psi_r = 0.22874$，这时 PMSM 系统处于混沌运行状态。式（5.14）不稳定平衡点为 $X_0 = (i_{d0}, i_{q0}, \omega_0) = (54.22285, 56.96562, 0.94057)$[3]，则受控闭环系统在不稳定平衡点 X_0 的雅可比矩阵为

$$J = \begin{bmatrix} -\dfrac{L_q}{L_d} - k_{11} & \omega_0 & i_{q0} \\[2mm] -\omega_0 & -1 - k_{22} & \gamma - i_{d0} \\[2mm] \varepsilon i_{q0} & \sigma + \varepsilon i_{d0} & -\sigma - k_{33} \end{bmatrix} = \begin{bmatrix} -0.66667 - k_{11} & 0.94057 & 56.96562 \\ -0.94057 & -1 - k_{22} & -50.6407 \\ 202.6208 & 231.1645 & -38.2979 - k_{33} \end{bmatrix} \tag{5.16}$$

下面用极点配置法来求式（5.16）中的 K 值。为了保证受控系统具有较快的响应速度、较短的调节时间和较小的超调量，希望系统综合指标为：输出超调量 $\sigma_p \leqslant 5\%$；超调时间 $t_p \leqslant 0.5\text{s}$；系统频宽 $\omega_b \leqslant 10$。式（5.15）线性化后希望的极点数 $n = 3$，选其中一对为主导极点，另一个为远极点，并认定系统的性能主要由主导极点决定。由文献[6]可取希望极点为 $s_{1,2} = -7.07 \pm j7.07$，$s_3 = -100$。由希望极点构成的特征多项式为

$$f(s) = s^3 + 114.1s^2 + 1510s + 10000 \tag{5.17}$$

而由式（5.16）可得实际受控系统的特征方程为

$$\begin{aligned}
f(\lambda) = {} & \lambda^3 + (39.96417 + k_{11} + k_{22} + k_{33})\lambda^2 + (229.17591 + 39.2975k_{11} \\
& + 38.96417k_{22} + 1.66667k_{33} + k_{11}k_{22} + k_{11}k_{33} + k_2k_{33})\lambda + (18357.87928 \\
& + 11744.27129k_{11} - 11516.64674k_{22} + 1.55136k_{33} + 38.2975k_1k_2 \\
& + 0.66667k_{22}k_{33} + k_{11}k_{33} + k_{11}k_{22}k_{33})
\end{aligned} \tag{5.18}$$

为了使受控系统达到希望的性能指标，应使式（5.16）和式（5.17）的系数相等，因此解得 $k_{11} = 5.0316$，$k_{22} = 6.1889$，$k_{33} = 62.9152$。

5.3.4 数值仿真结果

本节在 $t = 20\text{s}$ 时加入控制，受控系统的动态响应如图 5.4 所示，其中图 5.4(a)、图 5.4(b)、图 5.4(c)分别为 PMSM 的状态响应曲线，由图 5.4 可以看到系统的动态响应特性，如响应速度、调节时间和超调量完全符合期望的综合指标要求。

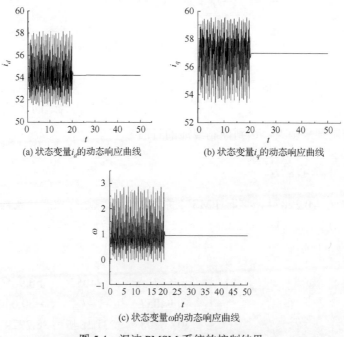

(a) 状态变量 i_d 的动态响应曲线   (b) 状态变量 i_q 的动态响应曲线

(c) 状态变量 ω 的动态响应曲线

图 5.4   混沌 PMSM 系统的控制结果

5.3.5　小结

利用状态反馈控制系统运动是工程中常用的方法，本节基于极点配置方法对非均匀气隙 PMSM 一般情形下的混沌运动进行线性状态反馈控制，其控制规律不需要使用除系统状态量以外的任何有关受控系统的信息，因此具有设计简单、控制代价小、易于实现等优点。此外，反馈增益由极点配置方法获得，使系统的动态响应特性完全符合期望的综合指标要求。数值仿真得到的结果与理论分析相一致。研究结果对保证电机传动系统的稳定运行具有较好的参考价值。

5.4　基于有限时间稳定理论的永磁同步电动机混沌状态反馈控制

5.4.1　概述

有限时间稳定理论指不稳定系统在有限时间内被控制到稳定态[7]。有限时间稳定控制技术自 1986 年由 Haimo[8]提出后受到国内外学者的普遍关注，并在非线性系统的混沌控制与混沌同步中得以广泛应用。例如，王校锋等[9]提出了有限时间实现混沌同步控制问题，他们首先利用 Terminal 滑模技术可以使系统状态在"有限时间内"收敛至平衡点这个特性；然后将 Terminal 滑模控制技术与混沌同步问题相结合，把同步控制问题转化为响应系统的跟踪问题，从理论上给出了构造 Terminal 滑模面的充分条件和相应 Terminal 滑模控制器；最后以主从 Duffing 系统为例通过数值模拟验证该同步策略的可行性和有效性。南开大学的高铁杠等[10]提出了一种基于有限时快速滑模的混沌系统控制方法，他们首先通过理论证明混沌系统经过状态变换后，可以通过快速收敛的有限时控制器在有限时间内实现主从系统的完全同步；然后以陈氏混沌系统和四阶细胞神经网络超混沌系统为例进行了数值模拟仿真，结果证明了该有限时间控制器不仅行之有效，而且具备较强的鲁棒性。刘云峰等[11]提出了混沌同步有限时间实现问题，他们基于全程滑模控制技术，从理论上选择指数型终端滑模趋近律来设计滑模控制器，实现混沌系统的状态同步控制。为了避免混沌系统参数不确定性和外界扰动对控制性能的影响，该设计方案引入模糊基函数网络，在线实时估计不确定性和外部扰动的界值，该控制策略还能保证系统的初始状态处于滑模面上，消除了滑模控制的到达阶段，从而确保了闭环系统的全局鲁棒性和稳定性，最后以 Duffing 系统为例验证同步策略的正确性和有效性。文献[12]基于有限时间稳定理论提出一种新的控制器，对具有不确定参数的混沌系统进行控制，并用 Lorenz、Lü 和 Chen 混合系统模拟仿真证明了该控制器的有效性。文献[13]针对一类具有非匹配不确定性的混沌系统，通过建立同步精确度范围与非匹配不确定性的范围和终端滑模参数之间的数学关系，提出了一种终端滑模同步控制器实现该类混沌系统的有限时间同步方法，最后通过数值仿真证明了该方法的有效性。Guo 和 Vincent[14]将自适应控制方法与有限时间稳定理论相结合设计一个仅含单变量的控制器对 Lorenz、Lü 和 Chen 统一混合系统等实施控制，使系统达到有限时间稳定。Yu[15]基于有限时间稳定理论相提出一种稳定控制策略并应用于一个新的三维混沌系统，收到了很好的控制效果。漳州师范大学的蔡建平等[16]对几类具有不确定性参数的混沌系统提出有限时间稳定的同步控制方法，并用 Duffing方程和陀螺仪系统的同步控制验证了他们所提出方法的有效性和正确性。以上的这些研究工作表明，有限时间稳定控制方法和普通的控制方法相比，具有收敛速度较快、控制性能优良等特点。本节基于有限时间稳定理论设计控制器，对 PMSM 的混沌运行进行状态反馈控制，理论分析和数值仿真都证明了采用方法的正确性和有效性。该控制器设计简单，易于工程实现[17]。

5.4.2　有限时间稳定基本概念和定理

有限时间稳定是指系统在一段有限的时间内趋于期望的目标状态。下面首先引出一些基本概念。

定义 5.1[18-20]　考虑如下的非线性系统

$$\dot{X} = f(X) \tag{5.19}$$

式中，状态变量 $X \in \mathbf{R}^n$，如果存在一个常数 $T > 0$（T 的取值可能和状态变量初值 $X(0)$有关）使得

$$\lim_{t \to T} \|X(t)\| = 0$$

并且如果 $t > T$，有 $\|X(t)\| \equiv 0$，那么式（5.19）所描述的系统有限时间稳定。

引理 5.1[18-20]　假设存在一个连续正定函数 $V(t)$ 满足下面的微分不等式

$$\dot{V}(t) \leqslant -\varepsilon V^\rho(t), \quad \forall t \geqslant t_0, \quad V(t_0) \geqslant 0 \tag{5.20}$$

式中，$\varepsilon > 0$；$0 < \rho < 1$是常数。那么对于任何初始时间 t_0，$V(t)$ 都满足如下不等式

$$V^{1-\rho}(t) \leqslant V^{1-\rho}(t_0) - \varepsilon(1-\rho)(t-t_0), \quad t_0 \leqslant t \leqslant t_1 \tag{5.21}$$

和

$$V(t) \equiv 0, \quad \forall t \geqslant t_1 \tag{5.22}$$

式中，t_1 的表达式为

$$t_1 = t_0 + \frac{V^{1-\rho}(t_0)}{\varepsilon(1-\rho)} \tag{5.23}$$

证明[18-20]　考虑下面的微分方程

$$\dot{x}(t) \leqslant -\varepsilon x^\rho(t), \quad x(t_0) = V(t_0) \tag{5.24}$$

的唯一解为

$$x^{1-\rho}(t) = x^{1-\rho}(t_0) - \varepsilon(1-\rho)(t-t_0), \quad t_0 \leqslant t \leqslant t_1 \tag{5.25}$$

并且

$$x(t) \equiv 0, \quad \forall t \geq t_1$$

利用文献[18]～文献[20]中的比较引理，有

$$V^{1-\rho}(t) = V^{1-\rho}(t_0) - \varepsilon(1-\rho)(t-t_0), \quad t_0 \leq t \leq t_1 \tag{5.26}$$

并且有

$$V(t) \equiv 0, \quad \forall t \geq t_1$$

这里的 t_1 同样由式（5.23）表示，证毕。

引理 5.2[21]　假设 $0 < \beta < 1$，那么对于正实数 a 和 b，下面的不等式成立。

$$(a+b)^\beta \leq a^\beta + b^\beta \tag{5.27}$$

5.4.3　基于有限时间稳定理论抑制 PMSM 的混沌运动

第 2 章已经对 PMSM 混沌模型及其动力学行为进行了详细介绍，这里直接引出其表达式

$$\begin{cases} \dfrac{\mathrm{d}\omega}{\mathrm{d}t} = \sigma(i_q - \omega) \\ \dfrac{\mathrm{d}i_q}{\mathrm{d}t} = -i_q - i_d\omega + \gamma\omega \\ \dfrac{\mathrm{d}i_d}{\mathrm{d}t} = -i_d + i_q\omega \end{cases} \tag{5.28}$$

式中，各变量和参数所代表的物理意义具体见第 2 章。

为了控制 PMSM 的混沌运动，在式（5.28）中加上控制项 u_1、u_2 和 u_3，则受控电机系统表示为

$$\begin{cases} \dfrac{\mathrm{d}\omega}{\mathrm{d}t} = \sigma(i_q - \omega) + u_1 \\ \dfrac{\mathrm{d}i_q}{\mathrm{d}t} = -i_q - i_d\omega + \gamma\omega + u_2 \\ \dfrac{\mathrm{d}i_d}{\mathrm{d}t} = -i_d + i_q\omega + u_3 \end{cases} \tag{5.29}$$

下面基于有限时间稳定理论设计状态反馈控制器使 PMSM 在有限时间内稳定到平衡点 $X_0 = (0,0,0)$，对于其他平衡点可以通过平移技术使系统达到稳定。首先给出重要定理如下。

定理 5.2　如果设计状态控制器为

$$\begin{aligned} u_1 &= -\sigma i_q - \omega^\lambda \\ u_2 &= Hi_q - i_q^\lambda \\ u_3 &= -i_d^\lambda \end{aligned} \tag{5.30}$$

式中，$H \leqslant 1$；$\lambda = i / j (j > i$，是正的奇整数$)$，那么混沌 PMSM 在有限时间内被控制到平衡点。

证明　对于式（5.28）的第一项等式重写为

$$\dot{\omega} = -\sigma\omega - \omega^{\lambda} \tag{5.31}$$

考虑李雅普诺夫函数 $V_1 = \omega^2 / 2$，V_1 沿着式（5.31）的轨迹对时间求导，则有

$$
\begin{aligned}
\dot{V}_1 &= \omega(-\sigma\omega - \omega^{\lambda}) \\
&= -\sigma\omega^2 - \omega^{\lambda+1} \\
&\leqslant -\omega^{\lambda+1} \\
&= -\left(\frac{1}{2}\right)^{-\frac{\lambda+1}{2}} \left(\frac{1}{2}\omega^2\right)^{\frac{\lambda+1}{2}} \\
&= -\left(\frac{1}{2}\right)^{-\frac{\lambda+1}{2}} V_1^{\frac{\lambda+1}{2}}
\end{aligned}
\tag{5.32}
$$

由于 $0 < \lambda < 1$，所以 $0 < (\lambda+1)/2 < 1$，根据引理 5.1，状态变量 ω 经过有限时间 $T_1 = \omega(0) / (1-\lambda)$ 后到达 $\omega = 0$ 处。

把控制项 u_2、u_3 和 $\omega = 0$ 分别代入式（5.28）的第二项和第三项，可以得到

$$
\begin{aligned}
\frac{\mathrm{d}i_q}{\mathrm{d}t} &= -i_q + Hi_q - i_q^{\lambda} \\
\frac{\mathrm{d}i_d}{\mathrm{d}t} &= -i_d - i_d^{\lambda}
\end{aligned}
\tag{5.33}
$$

考虑李雅普诺夫函数 $V_2 = (i_q^2 + i_d^2) / 2$，$V_2$ 沿着式（5.29）的轨迹对时间求导则有

$$
\begin{aligned}
\dot{V}_1 &= i_q(-i_q + Hi_q - i_q^{\lambda}) - i_d(i_d + i_d^{\lambda}) \\
&= -(1-H)i_q^2 - i_q^{\lambda+1} - i_d^2 - i_d^{\lambda+1} \\
&\leqslant i_q^{\lambda+1} - i_d^{\lambda+1} \\
&= -\left(\frac{1}{2}\right)^{-\frac{\lambda+1}{2}} \left(\frac{1}{2}i_q^2\right)^{\frac{\lambda+1}{2}} - \left(\frac{1}{2}\right)^{-\frac{\lambda+1}{2}} \left(\frac{1}{2}i_d^2\right)^{\frac{\lambda+1}{2}} \\
&= -\left(\frac{1}{2}\right)^{-\frac{\lambda+1}{2}} \left(\left(\frac{1}{2}i_q^2\right)^{\frac{\lambda+1}{2}} + \left(\frac{1}{2}i_d^2\right)^{\frac{\lambda+1}{2}}\right) \\
&\leqslant -\left(\frac{1}{2}\right)^{-\frac{\lambda+1}{2}} \left(\frac{1}{2}i_q^2 + \frac{1}{2}i_d^2\right)^{\frac{\lambda+1}{2}} \\
&= -\left(\frac{1}{2}\right)^{-\frac{\lambda+1}{2}} V_2^{\frac{\lambda+1}{2}}
\end{aligned}
\tag{5.34}
$$

根据引理 5.1，状态变量 i_q 和 i_d 经过有限时间 T_2 到达 $i_q = 0$、$i_d = 0$ 处。因此，式（5.28）在 T_2 之后稳定在 $i_q = 0$、$i_d = 0$ 和 $\omega = 0$ 处，即 PMSM 的混沌运动得到抑制，证毕。

5.4.4 数值仿真

本节通过数值仿真来验证所设计的混沌控制器的有效性。式（5.28）的微分方程求解采用四阶龙格-库塔（Runge-Kutta）方法，积分步长取 $h = 0.005$。状态变量初值取 $(\omega(0), i_q(0), i_d(0)) = (12, 13, 10)$，系统其他参数取值与第 2 章一致。在加入控制器之前，电机处于混沌运动。在第 150s 施加控制信号，图 5.5 和图 5.6 分别是控制参数取 $\lambda = 0.1$，$H = 0.3$ 和 $\lambda = 0.7$，$H = 0.9$ 时的运行结果。从图 5.5 和图 5.6 中可以看到，电机在有限时间内达到了预期的控制目标，证明了所采用控制方法的正确性和有效性。数值仿真还表明，随着控制参数的增大，系统的稳定过渡过程减少，超调量逐渐减少，系统得到快速稳定。

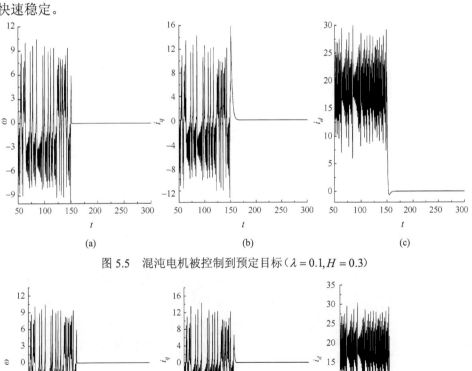

图 5.5 混沌电机被控制到预定目标（$\lambda = 0.1, H = 0.3$）

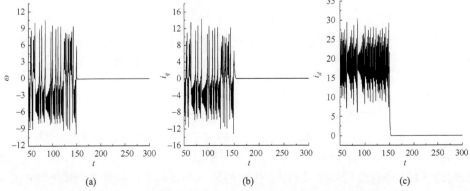

图 5.6 混沌电机被控制到预定目标（$\lambda = 0.7, H = 0.9$）

5.4.5　小结

本节提出一种基于有限时间稳定理论的状态反馈控制器，并对 PMSM 的混沌运动进行控制。首先介绍有限时间控制理论的基本概念和定理，然后详细描述混沌控制器的设计过程，最后通过理论分析和数值仿真证明了所采用控制方法的正确性和有效性。本节的研究结果还表明：①随着控制参数的增大，系统的稳定过渡过程减少，超调量逐渐减少，系统得到快速稳定；②有限时间稳定控制方法和普通的控制方法相比，具有收敛速度较快、控制性能优良等特点。

5.5　永磁同步电动机时滞反馈电流控制系统混沌行为研究

5.5.1　引言

目前国内外对 PMSM 本体的混沌行为研究已有一些进展。然而，目前国内外的上述工作，尚未考虑具有电流延迟（时滞）反馈控制的情况[22]。随着对非线性系统研究的不断深入，研究人员也越来越关注研究中非线性模型的准确性，他们把以往研究中简化的模型重新进行校验，发现其中相当一部分动力系统的状态变量之间存在时间滞后现象，即系统的演化趋势不仅与系统当前的状态有关，而且还依赖过去某一时刻或若干时刻的状态，人们将这类动力学系统通称为时滞动力学系统[23]。时滞现象在实际工程问题中是普遍存在的，如电子线路系统、通信系统、生物系统、化工过程和电机系统中均存在时滞。时滞的存在使得系统的分析与综合变得更加复杂和困难，因而研究电流时滞反馈对 PMSM 控制系统混沌行为的影响更具有实际意义，并有助于理论结果的工程应用。另外，1993 年 Pyragas[24]的一项开创性工作，使国内外学者开始关注时滞反馈对非线性系统混沌行为的影响。例如，Reddy 等[25]研究时滞反馈对两个耦合电子电路振幅的作用，他们发现如果选取适当的延迟反馈增益和延迟反馈时间，可以使电路系统的振荡振幅消失，即两个原来振荡的系统在延迟反馈作用下达到稳定。Abdallah 等[26,27]研究静态时滞反馈控制器对非线性振荡系统的影响，他们通过计算系统矩阵的广义特征值确定延迟时间间隔，并使系统达到全局稳定。Ryu 等[28]研究常时滞反馈对混沌谐和振子动力学行为的影响，研究发现，对于常时滞，在 $\tau = \left(n + \dfrac{1}{2} \right) T$ 附近系统出现稳定区域（这里 n 是整数，T 是混沌振子的平均周期）。Gjurchinovski 等[29,30]研究三种不同形式的变时滞反馈对 Lorenz 系统混沌行为的影响，发现相对于常时滞反馈，变时滞反馈更容易使系统稳定。祁伟[23]研究了一类非线性时滞系统在不同时滞区域的动力学，发现这类系统在不同的时滞区域呈现出不同的动力学性质，除了基本解，在长时滞区域，还有奇倍频谐波解，在中时滞区域和短时滞区域还有两类不同的新解，最后还详细讨论了对这类系统在不同参数区域施加多时滞反馈控制的情况。文献[31]

运用数值模拟方法研究了由两个完全相同的 HR（Hindmarsh-Rose）神经元通过单向时滞反馈耦合连接组成系统的动力学行为，研究结果表明，当时滞时间和耦合强度在适当的范围内取值时，由主动神经元发生放电活动时所产生的动作电位，能够预测被动神经元发生放电活动时所产生的动作电位，即出现预测混沌同步现象。以上所有的这些研究结果都表明时滞反馈对非线性系统混沌行为演化起到了重要作用。本章利用数值分析和模拟仿真方法研究具有常时滞和变时滞的 PMSM 控制系统全局稳定性问题。研究发现，在不同的延迟反馈增益和延迟时间取值下，系统出现混沌、准周期、极限环、稳定运行等状态；研究还发现变时滞反馈电流比常时滞反馈电流更能增大 PMSM 稳定运行的区域；最后利用理论分析解释了这一现象的产生机理。本章的研究结果有望为保证 PMSM 控制系统的稳定运行提供新的思路。

5.5.2　PMSM 延迟反馈电流控制系统模型

图 5.7 是 PMSM 等效电路。具有时滞反馈电流的 PMSM 控制系统模型表示如下[22]

$$\begin{cases} \dfrac{\mathrm{d}i_q}{\mathrm{d}t} = -i_q - i_d\omega + \gamma\omega + K(i_q(t-\tau(t)) - i_q(t)) \\[2mm] \dfrac{\mathrm{d}i_d}{\mathrm{d}t} = -i_d + i_q\omega + K(i_d(t-\tau(t)) - i_d(t)) \\[2mm] \dfrac{\mathrm{d}\omega}{\mathrm{d}t} = \sigma(i_q - \omega) \end{cases} \tag{5.35}$$

式中，i_d、i_q 和 ω 为状态变量，分别表示 q、d 轴定子电流和转子机械角速度；σ 和 γ 为系统参数，皆取正值；$\tau(t)$ 为延迟时间，可以是常时滞或变时滞；K 是电流反馈控制增益。当 $K=0$，即没有时滞反馈电流时，式（5.35）转化为 PMSM 本体模型，其非线性系统动力学行为已在第 2 章进行了详细介绍。本章主要考虑 $K>0$ 的情形。

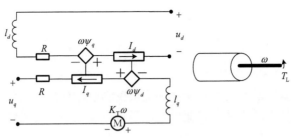

图 5.7　PMSM 等效电路图

5.5.3　PMSM 延迟反馈电流控制系统混沌行为

1. 常时滞（即 $\tau(t)=$ 常数）的情形

下面通过数值分析和模拟仿真方法研究常时滞反馈电流对 PMSM 控制系统混沌

行为的影响。假设式（5.35）在平衡点附近初始扰动为 $e^{-\lambda t}$，其中 λ 是特征值，则在不稳定平衡点对其进行线性化可得

$$\begin{bmatrix} -1+\Pi & -\omega_o & \gamma-i_{do} \\ \omega_o & -1+\Pi & i_{qo} \\ \sigma & 0 & -\sigma \end{bmatrix} X = \lambda X \tag{5.36}$$

式中，$\Pi = K(e^{-\lambda\tau}-1)$；$X = (i_q, i_d, \omega)'$，$i_{qo}$、$i_{do}$ 和 ω_o 是状态变量的不稳定平衡点，并且有 $(i_{qo}, i_{do}, \omega_o) = (\sqrt{\gamma-1}, \gamma-1, \sqrt{\gamma-1})$，这里取 $\gamma=20$ 和 $\sigma=6$。从式（5.36）可以写出其特征方程为

$$(-\sigma-\lambda)((-1+\Pi-\lambda)^2 + \omega_o^2) + \sigma(-\omega_o i_{qo} - (\gamma-i_{do})(-1+\Pi-\lambda)) = 0 \tag{5.37}$$

通过求式（5.37）的特征根 λ 得到 PMSM 系统，即式（5.35）在参数 (τ, K) 平面上的稳定区域边界，同时结合线性系统稳定分析和数值仿真，可以得到延迟反馈增益和延迟时间在不同取值情况下 PMSM 控制系统的整体动力学行为，结果如图 5.8 所示。图中，延迟时间参数 τ 为横坐标，延迟反馈增益 K 为纵坐标。黑色、淡灰色、深灰色和白色分别代表系统的混沌、准周期，极限环和稳定区域。从图 5.8 可知，如果延迟反馈增益 K 取值很小，无论延迟时间参数 τ 取何值，系统都不会出现稳定状态。另外，

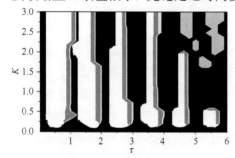

图 5.8　具有常时滞反馈电流 PMSM 控制系统在参数 (τ, K) 平面上的非线性动力学行为

当延迟时间参数 τ 比较小时，不管延迟反馈增益 K 取何值，系统处于混沌运动。而对于较大的延迟反馈增益 K，当 τ 逐渐增大到某个阈值时，系统直接进入稳定运动；进一步增大 τ 值，系统的稳定运动变成极限环的周期-1 运动，并很快过渡到准周期；然后系统重复同样的过程。值得注意的是，随着 τ 增大，系统的稳定区域面积逐渐缩小，根据如此演化规律，可以预期当 τ 增大到一定程度时，稳定区域将会消失。同时，从图 5.8 中可以看出只有当参数 K 取恰当值时稳定区域面积才能达到最大，表明 PMSM 控制系统的整体动力学行为不仅受延迟时间参数的影响，还和延迟反馈控制增益有很大关系。

分岔是指非线性系统中某参数变化时，其状态发生突变的现象，也是指非线性常微分系统由于参数的改变，而引起解的不稳定从而导致解的数目发生变化的行为。分岔图是分析非线性系统各种动力学行为的有效方法。为了更详细地研究时滞反馈电流对 PMSM 控制系统动力学的影响，这里固定 K 值并作出系统状态变量随参数 τ 变化的分岔图，结果如图 5.9（对应于 $K=0.4$ 的情形）和图 5.10（对应于 $K=0.3$ 的情形）所示，这两个图可以理解为图 5.8 分别在 $K=0.4$ 和 $K=0.3$ 的横切面。从图 5.9 可知，当参数 τ 比较小时，系统处于无规则混沌振荡状态，系统在 $\tau=0.223$ 处由混沌转为稳定运动；然后稳定区域在 $\tau=0.813$ 处过渡到极限环运动，随着 τ 进一步增大，极限环在

$\tau=1.012$ 处发展成准周期，并在 $\tau=1.248$ 时重新进入混沌运动。对比图 5.9 和图 5.10，可以看出随着 K 值增大，PMSM 控制系统的稳定区域明显减小，表明 K 值太大或太小都不利于系统的稳定运行。此外，本节还研究了参数 K 和 τ 值固定时，系统状态变量的时间序列波形。结果如图 5.11～图 5.13 所示，分别对应系统的稳定（$K=0.4$，$\tau=0.5$）、周期（$K=0.4$，$\tau=0.85$）和准周期（$K=0.4$，$\tau=1.1$）运动时的时间系列波形。

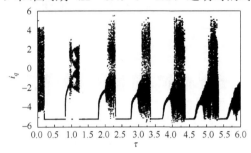

图 5.9　当 $K=0.4$ 时系统状态变量 i_q 随参数 τ 变化的分岔图

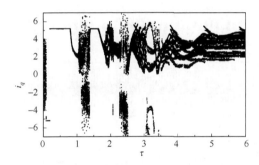

图 5.10　当 $K=0.3$ 时系统状态变量 i_q 随参数 τ 变化的分岔图

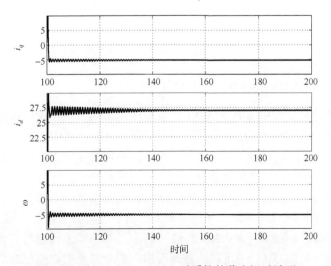

图 5.11　当 $K=0.4$，$\tau=0.5$ 时系统的稳定运动波形

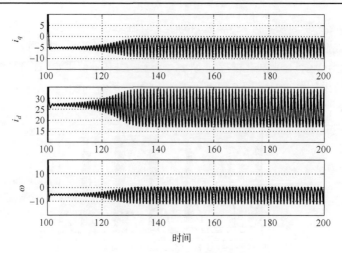

图 5.12　当 $K = 0.4$，$\tau = 0.85$ 时系统的周期运动波形

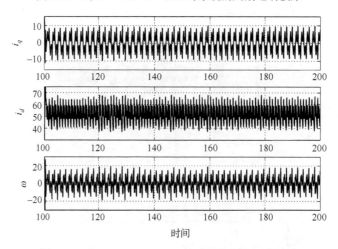

图 5.13　当 $K = 0.4$，$\tau = 1.1$ 时系统准周期运动波形

2. 变时滞（即 $\tau(t) = \xi \sin \omega t + \tau_0$）的情形

为了分析变时滞反馈电流对 PMSM 控制系统稳定的影响，这里选取比较简单的变时滞形式，即 $\tau(t) = \xi \sin \omega t + \tau_0$，就是可调的周期性时间，其中 ξ 和 ω 分别是变时滞周期的幅度和频率；τ_0 是正实数。变时滞 $\tau(t)$ 以 τ_0 为中心在 $[\tau_0 - \xi, \tau_0 + \xi]$ 范围内分布并受 ξ 调控，即 $\tau(t)$ 大小随时间变化而变化。为了使分析简单化，在以下的数值模拟仿真中固定取 $\omega = 1$。为了研究变时滞反馈电流对 PMSM 控制系统动力学行为的影响，对不同的 ξ 参数值在较大的 (τ_0, K) 参数空间范围全面分析系统动力学行为，结果如图 5.14 所示，它们分别对应 $\xi = 0.3$、$\xi = 0.7$ 和 $\xi = 1$ 的情形，其中黑色代表稳定运行区域，而白色代表混沌区域。从图 5.14 中可以清楚地看出，变时滞反馈电流相对常时滞反馈电流

更能增大 PMSM 控制系统稳定运行的区域，换而言之，变时滞反馈电流更容易使 PMSM 控制系统达到稳定。从图中还可以发现 PMSM 控制系统的稳定区域随着参数 ξ 的增大而增大，并在 $\xi = 1$ 时达到最大。图 5.15 是系统在参数取值 $\xi = 0.7$，$\tau_0 = 2.5$ 时的分岔图。

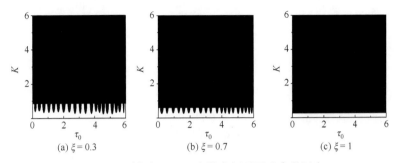

图 5.14　系统在 (τ_0, K) 参数空间平面动力学行为

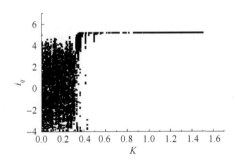

图 5.15　系统在参数取值 $\xi = 0.7$，$\tau_0 = 2.5$ 时的分岔图

5.5.4　时滞反馈电流作用机理分析

为了理解时滞反馈电流对 PMSM 控制系统动力学的影响，并解释为什么变时滞反馈电流比常时滞反馈电流更有利于 PMSM 控制系统的稳定运行，本节提供一些理论分析。首先考虑一个二维动力系统

$$\dot{X} = f(X) \tag{5.38}$$

式中，状态变量 $X \in \mathbf{R}^n$；f 为光滑函数。函数 f 至少含有一个不稳定平衡点 X^* 使得 $f(X^*) = 0$。不失一般性，假设 $X^* = 0$ 是其中一个不稳定平衡点。

对式（5.38）在中心流形坐标进行线性化，可得

$$\dot{X} = AX(t) \tag{5.39}$$

式中

$$A = \begin{bmatrix} \lambda & \eta \\ -\eta & \lambda \end{bmatrix}$$

决定式（5.39）的动力学行为，这里 λ 和 η 都是正实数，则矩阵 A 有复共轭特征值 $\Lambda_0 = \lambda \pm \eta i$ 保证系统（5.40）在 $X^* = 0$ 平衡点处不稳定，而式（5.39）也可以写成如下形式，即

$$\begin{cases} \dot{x}_1 = \lambda x_1 + \eta x_2 \\ \dot{x}_2 = -\eta x_1 + \lambda x_2 \end{cases} \tag{5.40}$$

考虑对角线的时滞反馈，式（5.40）可写为

$$\begin{cases} \dot{x}_1 = \lambda x_1 + \eta x_2 + K(x_1(t - \tau(t)) - x_1(t)) \\ \dot{x}_2 = -\eta x_1 + \lambda x_2 + K(x_2(t - \tau(t)) - x_2(t)) \end{cases} \tag{5.41}$$

式中，K 是反馈增益；$\tau(t) = \xi \sin \omega t + \tau_0$ 为时滞，其中 ξ 和 ω 分别是变时滞周期的幅度和频率，τ_0 是正实数。变时滞 $\tau(t)$ 以 τ_0 为中心在 $[\tau_0 - \xi, \tau_0 + \xi]$ 范围内分布并受 ξ 调控。如果 $\xi = 0$，那么 $\tau(t)$ 为常时滞，否则 $\tau(t)$ 为变时滞。根据 MAN（Michiels-Assche-Niculescu）定理[32]，式（5.42）的稳定性可用下式推断

$$\begin{cases} \dot{x}_1 = \lambda x_1 + \eta x_2 + K\left((2\xi)^{-1} \int_{t-\tau_0-\xi}^{t-\tau_0+\xi} x_1(\vartheta) \mathrm{d}\vartheta - x_1(t)\right) \\ \dot{x}_2 = -\eta x_1 + \lambda x_2 + K\left((2\xi)^{-1} \int_{t-\tau_0-\xi}^{t-\tau_0+\xi} x_2(\vartheta) \mathrm{d}\vartheta - x_2(t)\right) \end{cases} \tag{5.42}$$

即 MAN 定理保证如果式（5.42）是渐近稳定的，那么式（5.41）也是渐近稳定的[32]。假设式（5.42）中有 $X(t) \sim \mathrm{e}^{\bar{\Lambda}t}$，并且特征值为 $\bar{\Lambda}$，那么可以得到其特征方程为[33]

$$\lambda \pm \eta i = \bar{\Lambda} + K\left(1 - \frac{\sinh \bar{\Lambda}\xi}{\bar{\Lambda}\xi} \mathrm{e}^{-\bar{\Lambda}\tau_0}\right) \tag{5.43}$$

在 MAN 定理条件下，式（5.41）的稳定性由式（5.43）的根 $\bar{\Lambda}$ 决定。令 $\bar{\Lambda} = q + pi$，将其代入式（5.43），同时把等式分解成实部和虚部。由于 $q = 0$ 是系统稳定的阈值，所以式（5.43）可以推导成以下表达式，即

$$\begin{cases} \lambda = K\left(1 - \frac{\sin p\xi}{p\xi} \cos p\tau_0\right) \\ \pm\eta = p + K\frac{\sin p\xi}{p\xi} \sin p\tau_0 \end{cases} \tag{5.44}$$

当 $\xi = 0$，即 $\tau(t)$ 是常时滞时，在 $p\tau_0 = (2n+1)\pi$（这里 n 为正整数）的情况下，式（5.44）可以求解得 $p = \eta$ 和 $K \geqslant \lambda/2$，即 $\tau_0 = (2n+1)\pi/p$ 和 $K = K_{\min} = \lambda/2$ 对应于参数 (K, τ_0) 平面中的稳定区域。然而在 $\tau_0 = n\pi/p$ 的情况下，无论反馈增益取何值，系统没有稳定区域。

当 $\xi > 0$，即 $\tau(t)$ 是变时滞时，由式（5.44）可得

$$\begin{cases} K = K_{\min} = \dfrac{\lambda}{1 + \sin \eta \xi / (\eta \xi)}, & p\tau_0 = (2n+1)\pi \\[3mm] K = K_{\min} = \dfrac{\lambda}{1 - \sin \eta \xi / (\eta \xi)}, & p\tau_0 = 2n\pi \end{cases}$$

显然在 $\xi > 0$ 的情况下，系统的稳定区域被扩大，即变时滞反馈电流比常时滞反馈电流更有利于 PMSM 稳定运行。

5.5.5　小结

本节研究 PMSM 延迟反馈电流控制系统全局稳定性问题。首先通过系统相图、分岔图刻画 PMSM 在延迟时间和延迟反馈增益参数平面上的非线性动力学行为。然后，研究发现变时滞反馈电流比常时滞反馈电流更能增大 PMSM 控制系统稳定运行的区域，最后利用理论分析解释了这一现象的产生机理。本章研究结果对保证 PMSM 控制系统的稳定运行具有重要意义，如可以通过选取适当的延迟时间和延迟反馈增益使得原来混沌运动的 PMSM 镇定到稳定平衡点，保持系统的正常运行。

参 考 文 献

[1] 赵光宙. 现代控制理论. 北京: 机械工业出版社, 2010.

[2] 于长官. 现代控制理论. 哈尔滨: 哈尔滨工业大学出版社, 1997.

[3] 韦笃取. 电力系统、永磁同步电动机混沌控制研究. 桂林: 广西师范大学, 2006.

[4] Jing Z, Yu C, Chen G. Complex dynamics in a permanent magnet synchronous motor model. Chaos Solution & Fractals, 2004, 22: 831-848.

[5] 韦笃取, 罗晓曙. 非均匀气隙永磁同步电动机混沌的状态反馈控制. 广西师范大学学报(自然科学版), 2006, 24(1): 13.

[6] Wang D, Huang J. Neural network-based adaptive dynamic surface control for a class of uncertain nonlinear systems in strict-feedback form. IEEE Trans. Neural Netw, 2005, 16: 195.

[7] 韦笃取, 张波. Control chaos in permanent magnet synchronous motor based on finite time stability theory. Chinese Physics B, 2009, 18(4): 1399-1405.

[8] Haimo V T. Finite time controllers. SIAM Journal on Control and Optimization, 1986, 24(4): 760-770.

[9] 王校锋, 司守奎, 史国荣. 基于 Terminal 滑模的有限时间混沌同步实现. 物理学报, 2006, 55(11): 5694-5699.

[10] 高铁杠, 陈增强, 袁著祉. 基于鲁棒有限时控制的混沌系统的同步. 物理学报, 2006, 54(6): 2574-2579.

[11] 刘云峰, 杨小冈, 缪栋, 等. 基于模糊滑模的有限时间混沌同步实现. 物理学报, 2007, 56(11): 6250-6257.

[12] Wang H, Han Z, Xie Q, et al. Finite-time chaos control of unified chaotic systems with uncertain parameters. Nonlinear Dynamics, 2009, 55(4): 323-328.

[13] 孙黎霞, 冯勇, 郑雪梅. 非匹配不确定混沌系统的有限时间同步. 电机与控制学报, 2006, 10(3): 324-328.

[14] Guo R, Vincent U E. Finite time stabilization of chaotic systems via single input. Physics Letters A, 2010, 375(2): 119-124.

[15] Yu W. Finite-time stabilization of three-dimensional chaotic systems based on CLF. Physics Letters A, 2010, 374(30): 3021-3024.

[16] Cai J, Lin M. Finite-time synchronization of non-autonomous chaotic systems with unknown parameters. 2010 International Workshop on Chaos-Fractal Theory and its Applications, Kunming, 2010: 8-12.

[17] Wei D Q, Zhang B. Control chaos in permanent magnet synchronous motor based on finite time stability theory. Chinese Physics B, 2009, 18(4): 1399-1405.

[18] Khalil H K. Nonlinear Systems. 3rd ed. New Jersey: Prentice-Hall, 2002.

[19] Hong Y, Yang G, Linda B, et al. Global finite times stabilization: From state feedback to output feedback. Proceedings of the 39th IEEE Conference on Decisionand Control Sydney, 2000: 2908-2913.

[20] Wang H, Han Z Z, Xie Q, et al. Finite-time chaos synchronization of unified chaotic system with uncertain parameters. Communications in Nonlinear Science and Numerical Simulation, 2009, 14(5): 2239-2247.

[21] Wang H, Han Z, Xie Q, et al. Finite-time chaos control of unified chaotic systems with uncertain parameters. Nonlinear Dynamics, 2009, 55(4): 323-328.

[22] 韦笃取, 张波, 罗晓曙. Effects of current time-delayed feedback on the dynamics of a permanent-magnet synchronous motor. IEEE Transactions on Circuits and Systems, 2010, 57(6): 456-460.

[23] 祁伟. 时滞系统与复杂动力学网络的研究. 兰州: 兰州大学, 2009.

[24] Pyragas K. Experimental control of chaos by delayed self-controlling feedback. Physics Letters A, 1993, 99(1-2): 180-183.

[25] Reddy D V R, Sen A, Johnston G L. Experimental evidence of time-delay-induced death in coupled limit-cycle oscillators. Physical Review Letters, 2000, 85(16): 3381-3384.

[26] Abdallah C T, Dorato P, Benites-Read J, et al. Delayed-Positive feedback can stabilize oscillatory systems. Proceedings of the American Control Conference, San Francisco, CA, USA, 1993: 3106-3107.

[27] Niculescu S I, Abdallah C T. Delay effects on static output feedback stabilization. Proceedings of the 39th IEEE Conference on Decision and Control, Sydney, Australia, 2000: 2811-2816.

[28] Ryu J W, Kye W H, Lee S Y. Effects of time-delayed feedback on chaotic oscillators. Physical Review E, 2004, 70(3): 036220.

[29] Gjurchinovski A, Urumov V. Stabilization of unstable steady states by variable-delay feedback control. Europhys Letters, 2008, 84(4): 40013.

[30] Gjurchinovski A, Urumov V. Variable-delay feedback control of unstable steady states in retarded time-delayed systems. Physical Review E, 2010, 81(1): 016209.

[31] 李纪, 李前树. 混沌系统中的预测同步现象. 北京理工大学学报, 2008, 28(7): 635-637.

[32] Michiels W, Assche V V, Niculescu S I. Stabilization of time-delay systems with a controlled time-varying delay and applications. IEEE Transactions on Automatic Control, 2005, 50(4): 493-504.

[33] Hövel P, Schöll E. Control of unstable steady states by time-delayed feedback methods. Physical Review E, 2005, 72(4): 046203.

第6章 非线性电力系统的随机动力学行为分析

6.1 引　言

非线性随机动力学的发展至今已将近一百年，通过几代科学家的努力，非线性随机动力学的理论得到不断发展[1-9]。目前，线性单自由度与多自由度系统的随机振动理论已相当成熟，关于确定性线性结构在随机激励作用下的随机振动研究已经有大量的文献报道，并且形成了一系列成熟的分析理论与方法。在非线性随机振动方面，非线性随机动力系统一直是随机动力学研究的重点。由于绝大多数描述非线性随机系统的微分方程目前没有求得精确解的有效方法，自20世纪20年代以来，人们发展了各种近似的分析方法，大致可分为如下定性分析法和定量分析法两大类。

（1）非线性随机振动系统的定性分析方法是从运动微分方程出发，直接研究解的性质以判断运动形态的方法，如相平面法。定量分析法主要有随机摄动法、随机模拟法[8]等，它将确定性非线性系统振动的分析方法推广到了随机振动领域，如摄动法、多尺度谐波平衡法、随机平均法、等效线性化法、等效非线性化法、广义胞映射法、非高斯截断矩法和累积量截断矩法等。

摄动法[9,10]由Poisson在1830年研究单摆振动时提出，包括谐波平衡法、里茨-伽辽金法、L-P（Littlewood-Paley）方法、KBM（Knodylon Bettang Muster）法、多尺度法、平均法等。目前多尺度法[11-13]、平均法[14]、谐波平衡法[15]已用于求解非线性随机动力学系统的近似解析解，因而摄动法是非线性确定性动力学与随机动力学研究中极为重要的近似解析方法。

等效线性化法是用一个具有精确解的线性随机系统代替给定的非线性随机系统，使两系统之差在某种统计意义上最小[16,17]，这种方法是工程中应用极为广泛的预测非线性系统随机响应的近似解析分法。但是，对受随机外激的无本质非线性现象（如极限环、跳跃等）的非线性系统，等效线性化法虽然能给出较好的二阶矩估计，但它给出的概率密度与可靠性的误差一般较大，因此此方法并不适用于具有本质非线性现象的非线性系统，也不适用于随机参激系统。为了克服上述缺点，发展了等效非线性化方法。

等效非线性法的思想是找到一个非线性随机系统，使两系统形态在某种统计意义上很接近，以后者的精确平稳解作为前者的近似平稳解。提出与发展等效非线性化法的前提是有足够多的具有精确平稳解的非线性随机系统作为潜在的等效非线性系统。Lutes[18]最早运用这一思想，Caughcy则首先提出等效非线性法，后来Lin[19]将它推广到刚度与阻尼同为非线性的情形，To与Li[20]又将它进一步推广到包含高斯白噪声参数激励的情形。近十年来，朱位秋[21]提出和发展了高斯白噪声激励下多自由度耗散的 Hamiltonian 系统的等效非线性化法，提出了三种具有明确物理意义的等效准则，给出了五种情形下近似平稳解的解析表达式，该法适用于多自由度的非线性现象的系统。

随机平均法由确定性系统的平均法和 KBM 法发展而来，是一类预测非线性系统随机响应、判断随机稳定性和估计随机振动系统可靠性的有效近似方法，其在工程，尤其海洋工程中已被广泛应用，至今已成为随机振动分析中应用最为广泛的一种方法。它的理论保证是 Strotonovitch-Khaminskii 定理，详细可见这方面的专著[22,23]和综述[24]，朱位秋[25,26]应用此法对宽带随机激励下的强非线性振动系统的响应和稳定性进行了较深入的研究。这些由确定性系统发展而来的研究随机系统的近似分析方法虽然在工程实际中有着广泛的应用，但其严格的数学基础和适用范围尚待进一步研究。

非线性随机振动中的广义胞映射法是计算马尔可夫型响应过程概率密度的一种数值方法，该法由 Hsu 和 Chiu[27,28]从确定性胞映射法推广而来。徐健学等[29]在这种方法的基础上对非线性随机系统的分岔、混沌进行了分析。徐伟等[30]应用此法研究了随机 Duffing 系统的全局分岔行为。

（2）将概率论、随机过程和随机微分方程运用于非线性随机系统的振动分析，如 FPK（Fokker-Planck-Kolmogorov）方程法、矩闭合法、函数级数法、随机数字模拟法和正交多项式逼近法等。

FPK 方程法是根据随机过程和随机微分方程理论，以求解非线性系统的随机响应过程的稳态概率密度函数为目标，而建立起来的一种计算方法。有关 FPK 方程法的最新进展及其在随机振动中的应用可见文献[7]、文献[31]和文献[32]，至今能求得精确解的 FPK 方程只有少数几类[33]，不能满足随机振动的需要，因此发展了多种 FPK 方程近似解析解法和数值求解方法[34-37]。

函数级数法是将系统输入与输出按照某类函数级数展开，再代入原方程进行计算，从而将随机系统转换成确定性系统再进行研究。函数级数法的处理方法取决于选取的函数级数，其中 Wiener-Hermite 随机多项式展开是一种常用的方法，它可以处理非高斯或非平稳噪声激励的随机系统的响应，详见文献[38]～文献[41]。

随机数字模拟法是对随机非线性动力学系统研究中除解析方法外的另一种有效方法，如目前已经广泛应用的广义胞映射和路径积分法[42-44]，是研究系统随机混沌、随机分岔等方面的有效工具。

Sun[45]针对具有随机系数的微分方程求解问题，提出了对随机响应取 Hermite 正交多项式逼近的方法。受其启发，人们开始关注用正交多项式的级数逼近来研究随机系统的响应。Spanos 等[46]采用混沌多项式展开方式，初步研究了具有随机参数的弹性地基梁的随机振动分析，Lee[47]通过将随机反应的协方差矩阵关于标准正态随机变量进行幂级数展开，获得了关于李雅普诺夫矩阵方程的摄动方程。但是这两种方法都属于随机振动分析中方差矩阵分析方法的范畴，从中很难得出系统反映的其他概率信息。李杰[48]从一个新的视角来考察复合随机振动的分析问题，他提出了随机函数空间次序正交分解的思想，在此基础上，应用关于场域随机变量的子空间正交分解思想，建立了泛函意义上等价于原随机系统的确定性扩阶系统动力学方程，再通过以上所述各类传统随机振动分析的方法求解。2003 年，方同等[49]用正交多项式逼近的方法，将随机结构的演变随机响应问题化为确定性演变随机响应问题，并结合演变随机问题统一解法[50]，求解了线性随机结构的演变集合响应。其结果与随机模拟法和随机摄动法相比较，精度更高，并且，振动系统的随机变量服从一种取值于[−1，1]的拱形概率密度函数，在实际工程中更适用，它对应的正交多项式基为 Chebyshev 多项式。接下来他们借助 Gegenbauer 多项式逼近理论，将具有随机阻尼、随机质量和随机刚度的复合随机振动系统转化为等价的确定性扩阶系统，再利用统一解法求得扩阶系统的均方响应，并与随机模拟法得到的结果进行比较，证实了正交多项式逼近法的有效性。

除上述非线性随机动力系统的响应研究之外，非线性随机动力系统的另一个重要研究课题是系统的随机稳定性和随机分岔。随机稳定性理论研究动力学系统的平凡解在随机参数激励下的稳定性[2,51,52]。有关随机稳定性的定义较多，比较常用的有 P 阶平均稳定性、概率稳定性和概率为 1 稳定性等，但是它们的应用背景和合理性以及彼此之间的关系尚不清楚。研究方法主要有李雅普诺夫函数法和最大李雅普诺夫指数法。随机分岔是指由参数的扰动引起系统的定性性态的变化，这是不同于确定性分岔和通常混沌运动的一种复杂的非线性现象。随机分岔目前主要有两类：动态分岔（D-分岔）和静态分岔（P-分岔）。D-分岔是指不变测度的稳定性随参数发生变化，可用李雅普诺夫指数正负号的变化来判别。P-分岔是指平稳概率密度的定性性质随参数的变化，如从单峰变为双峰或变为火山口峰。目前随机分岔仅对于低维系统的跨临界分岔、叉形分岔和 Hopf 分岔有较多的研究，综述文章见文献[52]。

总之，随机分岔、随机混沌和随机稳定性的研究仍是当前国际上非线性动力系统的前沿课题之一，关于具有随机参数的非线性随机动力学系统还有更多未知的东西需要进一步深入研究，特别是电力系统的随机动力学行为。

为了便于讨论非线性电力系统的随机动力学行为，首先简单介绍随机函数的正交分解法、随机 Melnikov 方法、随机平均法等，为本章后续的内容提供基本的分析方法和理论依据。

6.2　随机动力学系统分析的基本方法与理论

6.2.1　随机函数的正交分解

根据概率论和特殊函数的性质，在随机函数空间中，如果存在一组标准的正交函数基，则此空间中的任一函数都可按这一组标准正交函数基展开成广义的傅里叶级数[8,53-67]。随机变量 ξ 在[a, b]上的概率密度函数为 $f(\xi)$，此处的正交函数基是指函数组 $\{H_i(\xi), i = 0,1,\cdots\}$，其中任意两个函数的加权内积满足如下条件

$$\int_a^b f(\xi)H_m(\xi)H_n(\xi) = \begin{cases} 0, & m \neq n \\ h_m, & m = n \end{cases} \tag{6.1}$$

式中，权函数实际上就是随机变量 ξ 的概率密度函数，所以上述加权内积也可理解为 $H_m(\xi)H_n(\xi)$ 的数学期望。同时

$$\xi H_n(\xi) = \alpha_n H_{n-1}(\xi) + \beta_n H_n(\xi) + \gamma_n H_{n+1}(\xi) \tag{6.2}$$

式中，α_n、β_n、γ_n 为不同的常数。

由于上述多项式满足加权正交条件，可将它们看成随机函数空间中的一组正交基。所以，定义在 $[a,\ b]$ 内的随机变量 ξ 的可测函数 $X(\xi)$ 均可按这一组基函数展开，并可写成

$$X(\xi) = \sum_{i=0}^{\infty} c_i H_i(\xi) \tag{6.3}$$

式中，$c_i = \int_a^b f(\xi)X(\xi)H_i(\xi)\mathrm{d}\xi$，即函数 $X(\xi)$ 在基函数 $H_i(\xi)$ 上的投影。这种展开称为随机函数的正交分解。

服从拱形分布的随机变量 ξ 的概率密度函数曲线如图 6.1 所示，其表达式为

$$f(\xi) = \begin{cases} \left(\dfrac{2}{\pi}\right)\sqrt{1-\xi^2}, & |\xi| \leqslant 1 \\ 0, & |\xi| > 1 \end{cases} \tag{6.4}$$

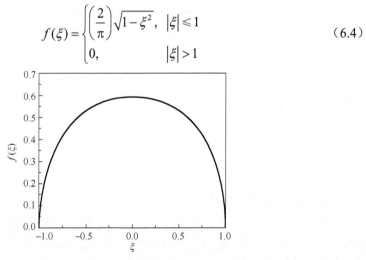

图 6.1　随机变量 ξ 的拱形概率密度函数曲线图

基于此类概率密度函数，选择第二类 Chebyshev 多项式为正交多项式基，则函数 $H_i(\xi)$ 有如下形式，即

$$H_i(\xi) = \sum_{k=0}^{i/2} (-1)^k \frac{(i-k)!}{k!(i-2k)!}(2\xi)^{i-2k} \tag{6.5}$$

则有关系式

$$H_0(\xi) = 1$$
$$H_1(\xi) = 2\xi$$
$$H_2(\xi) = 4\xi^2 - 1 \qquad\qquad (6.6)$$
$$H_3(\xi) = 16\xi^3 - 12\xi^2 + 1$$
$$\vdots$$

第二类 Chebyshev 多项式的循环递推公式为

$$\xi H_i(\xi) = \frac{1}{2}(H_{i-1}(\xi) + H_{i+1}(\xi)) \qquad\qquad (6.7)$$

其加权正交性可表示为

$$\int_{-1}^{1} \frac{2}{\pi}\sqrt{1-\xi^2}\,H_i(\xi)H_j(\xi)\mathrm{d}\xi = \begin{cases} 1, & i = j \\ 0, & i \neq j \end{cases} \qquad\qquad (6.8)$$

这样可将服从拱形分布的随机变量 ξ 的可测函数 $X(\xi)$ 展开成下列级数形式

$$X(\xi) = \sum_{i=0}^{\infty} c_i H_i(\xi) \qquad\qquad (6.9)$$

式中，$c_i = \int_{-1}^{1} f(\xi)X(\xi)H_i(\xi)\mathrm{d}\xi$ 。

在具体的问题中，正交函数基 $H_i(\xi)$ 可根据函数变量 ξ 的分布类型的不同而取为不同的正交多项式，如服从正态分布的随机变量，其正交多项式基为 Hermite 多项式。

6.2.2　随机 Melnikov 方法

Melnikov 方法是研究混沌现象的解析方法[68,69]。此方法的基本思想是将动力系统归结为平面上的一个 Poincaré 映射，研究该映射是否存在横截同宿轨道或异宿轨道的数学条件，从而得出映射是否具有 Smale 马蹄变换意义下的混沌。所以，Melnikov 方法给出了一类非线性动力系统 Smale 马蹄变换意义下出现混沌现象的解析判据。对于二维平面系统，在受周期激励的扰动下，利用 Poincaré 截面，借助 Melnikov 函数来度量其同一个鞍点的稳定流形与不稳定流形之间的距离。Melnikov 的相关定理表明，如果 Melnikov 函数有简单零点（即零点处一阶导数不为零），则稳定流形与不稳定流形横截相交，一旦相交就有无数个交点，同（异）宿轨道破裂，吸引子的相空间发生形变，不停地伸缩与折叠，产生混沌。

许多非线性系统的运动问题，都可归结为如下形式的非线性方程[70]

$$\dot{X} = F(X) + \varepsilon g(X,t), \quad X = \begin{pmatrix} x \\ y \end{pmatrix} \in \mathbf{R}^2 \qquad\qquad (6.10)$$

式中，$F(X) = \begin{pmatrix} f_1(X) \\ f_2(X) \end{pmatrix} \in \mathbf{C}^r$；$g(X,t) = \begin{pmatrix} g_1(X,t) \\ g_2(X,t) \end{pmatrix} \in \mathbf{C}^r$，$r \geq 2$，且在有界集上为有界。

$g(X,t)$ 是周期为 T 的函数，$F(X)$ 是平面 Hamiltonian 向量场。本章通过建立 Poincaré

截面上的 Poincaré 映射，来分析此映射存在横截同宿点或异宿点的数学条件和 Smale 马蹄变换的存在性。如果此映射存在 Smale 马蹄变换性质，这个映射就具有反映混沌属性的不变集。

关于横截同宿点的一个重要理论依据就是 Smale-Birkhoff 定理，该定理描述如下。

定理 6.1（Smale-Birkhoff 同宿点定理）　设 $f : \mathbf{R}^n \to \mathbf{R}^n$ 是微分同胚，p 是它的双曲不动点，且存在 $W^s(p)$ 与 $W^u(p)$ 的横截相交点 $q \neq p$，则 f 具有双曲不变集 Λ，且 f 在 Λ 上具有 Smale 马蹄变换意义下的混沌。

从横截同宿点理论可以得出，对于一个动力系统，可以通过寻找其是否存在横截同宿点来判定系统是否具有 Smale 马蹄变换意义下的混沌。

由式（6.10）得 $\dot{X} = F(X)$ 的 Hamiltonian 量为 $H = H(x, y)$，假设 p 是它的鞍点，当 $H = H(x, y)\big|_p$ 时，存在两条连接鞍点的同宿轨道 $q^0(t) = (x^{\pm}(t), y^{\pm}(t))$。

求解微分方程组

$$\begin{cases} H(x, y)\big|_p = \text{const} \\ \dot{x} = y \end{cases} \tag{6.11}$$

可得同宿轨道的表达式，其中，const 表示常数。

若 $H = H(x, y)$ 有两个鞍点，则存在两条连接鞍点的异宿轨道。

式（6.10）的双曲周期轨道 $r_\varepsilon^0(t)$ 的局部稳定流形 $W_{\text{loc}}^s(r_\varepsilon^0(t))$ 和局部不稳定流形 $W_{\text{loc}}^u(r_\varepsilon^0(t))$ 分别对应于 $\mathbf{C}^r$ 接近于 $\varepsilon = 0$ 时未扰动系统周期轨道 $q^0(t) \times S^1$ 的局部稳定流形 $W_{\text{loc}}^s(p)$ 和局部不稳定流形 $W_{\text{loc}}^u(p)$。当初始点在 $\sum^{t_0}$ 上时，位于 $W_{\text{loc}}^s(r_\varepsilon^0(t))$ 和 $W_{\text{loc}}^u(r_\varepsilon^0(t))$ 上的轨道 $q_\varepsilon^s(t, t_0)$ 和 $q_\varepsilon^u(t, t_0)$ 可分别表示为下列关于 ε 的一致有效的渐近展开式

$$\begin{cases} q_\varepsilon^s(t, t_0) = q^0(t - t_0) + \varepsilon q_1^s(t, t_0) + o(\varepsilon^2), & t \in (t_0, \infty) \\ q_\varepsilon^u(t, t_0) = q^0(t - t_0) + \varepsilon q_1^u(t, t_0) + o(\varepsilon^2), & t \in (-\infty, t_0] \end{cases} \tag{6.12}$$

式中，$q_1^s(t, t_0)$ 在 $t \geq t_0$ 时，满足如下变分方程

$$\dot{q}_1^s(t, t_0) = \text{DF}(q^0(t - t_0))q_1^s(t, t_0) + G(q^0(t - t_0), t) \tag{6.13}$$

式中，G 表示高次项。$q_1^u(t, t_0)$ 在 $t \leq t_0$ 时，满足如下变分方程

$$\dot{q}_1^u(t, t_0) = \text{DF}(q^0(t - t_0))q_1^u(t, t_0) + G(q^0(t - t_0), t) \tag{6.14}$$

式中

$$\text{DF} = \begin{bmatrix} \dfrac{\partial f_1}{\partial x} & \dfrac{\partial f_1}{\partial y} \\[2mm] \dfrac{\partial f_2}{\partial x} & \dfrac{\partial f_2}{\partial y} \end{bmatrix} \tag{6.15}$$

为了进一步研究这两个不变流形之间的相互关系，引进鞍点 $p_\varepsilon^{t_0}$ 在 $\sum{}^{t_0}$ 截面上的稳定流形和不稳定流形在 $q^0(0)$ 法向上的距离函数

$$d(t_0) = q_\varepsilon^u(t_0) - q_\varepsilon^s(t_0) \tag{6.16}$$

式中，$q_\varepsilon^u(t_0) \overset{\text{def}}{=} q_\varepsilon^u(t_0,t)$，$q_\varepsilon^s(t_0) \overset{\text{def}}{=} q_\varepsilon^s(t_0,t)$ 位于 $W^u(p_\varepsilon^{t_0})$ 和 $W^s(p_\varepsilon^{t_0})$ 上，而且这两点是位于不变流形集 $\varGamma^0$ 上 $q^0(0)$ 的法向上相距最近的两点，如图 6.2 所示。

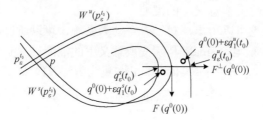

图 6.2　Melnikov 方法的几何示意图

位于 $\varGamma^0$ 上的 $q^0(0)$ 处的切向量为 $F(q^0(0)) = (f_1(q^0(0)), f_2(q^0(0)))^{\mathrm{T}}$，所以法向量为

$$F^\perp(q^0(0)) = (-f_2(q^0(0)), f_1(q^0(0)))^{\mathrm{T}} \tag{6.17}$$

按照距离定义，把式（6.12）～式（6.14）代入式（6.17），可得

$$d(t_0) = \frac{F(q^0(0)) \wedge (q_\varepsilon^u(t_0) - q_\varepsilon^s(t_0))}{\left| F(q^0(0)) \right|} = \varepsilon \frac{F(q^0(0)) \wedge (q_1^u(t_0) - q_1^s(t_0))}{\left| F(q^0(0)) \right|} + o(\varepsilon^2) \tag{6.18}$$

式中，$F(q^0(0)) \wedge (q_\varepsilon^u(t_0) - q_\varepsilon^s(t_0))$ 为 $q_\varepsilon^u(t_0) - q_\varepsilon^s(t_0)$ 在 $F^\perp(q^0(0))$ 上的投影。

引入与时间 t 有关的函数

$$\begin{cases} \Delta^u(t,t_0) = F(q^0(t-t_0)) \wedge q_1^u(t,t_0) \\ \Delta^s(t,t_0) = F(q^0(t-t_0)) \wedge q_1^s(t,t_0) \end{cases} \tag{6.19}$$

经过一系列推导可以得到

$$-\Delta^s(t_0,t_0) = \int_{t_0}^{\infty} F(q^0(t-t_0)) \wedge g(q^0(t-t_0),t)\mathrm{d}t \tag{6.20}$$

同理可得

$$\Delta^u(t_0,t_0) = \int_{-\infty}^{t_0} F(q^0(t-t_0)) \wedge g(q^0(t-t_0),t)\mathrm{d}t \tag{6.21}$$

式中，$F \wedge g = f_1 g_2 - f_2 g_1$。

由式（6.20）和式（6.21）可以导出

$$F(q^0(0)) \wedge (q_1^u(t_0) - q_1^s(t_0)) = \Delta^u(t_0,t_0) - \Delta^s(t_0,t_0)$$

$$= \int_{-\infty}^{\infty} F(q^0(t-t_0)) \wedge g(q^0(t-t_0),t)\mathrm{d}t \tag{6.22}$$

把式（6.21）代入式（6.18），得到距离函数的表达式

$$d(t_0) = \varepsilon \frac{\int_{-\infty}^{\infty} F(q^0(t-t_0)) \wedge g(q^0(t-t_0),t)\mathrm{d}t}{\left|F(q^0(0))\right|} + o(\varepsilon^2) \tag{6.23}$$

称 $M(t_0) = \int_{-\infty}^{+\infty} F(q^0(t-t_0)) \wedge g(q^0(t-t_0),t)\mathrm{d}t$ 为 Melnikov 函数。

作变换 $t \to t+t_0$，得同宿轨道的 Melnikov 函数的常用表达式

$$M(t_0) = \int_{-\infty}^{+\infty} F(q^0(t)) \wedge g(q^0(t),t+t_0)\mathrm{d}t \tag{6.24}$$

如果 $\varepsilon = 0$ 时式（6.10）存在 n 个鞍点，与同宿轨道的 Melnikov 函数类似，则可建立异宿轨道相应的 Melnikov 函数 $p_1, p_2, \cdots p_n, n \geqslant 2$，并存在连接 p_i 到 p_{i+1} 的异宿轨道 $q_i^0(t), i=1,2,\cdots,n-1$，这 n 条异宿轨道形成一个有向异宿圈 $p_1 p_2 \cdots p_n$。并建立关于第 i 条异宿轨道的 Melnikov 函数 $M_i(t_0)$

$$M_i(t_0) = \int_{-\infty}^{+\infty} F(q_i^0(t)) \wedge g(q_i^0(t),t+t_0)\mathrm{d}t \tag{6.25}$$

Melnikov 理论要求扰动 ε 是一个小量，事实上，当扰动相对较大时也往往适用。对于确定性系统，Wiggins 提出了三大类系统中探测到同（异）宿轨道、双曲周期轨道和双曲不变环面的全局摄动方法，将 Melnikov 最初研究周期激励的二维系统情形推广到任意有限维，且同时适用于慢变参数和拟周期激励情形，它将用系统参数来判断混沌运动的准则运用于任意维，并且将 Melnikov 方法推广到激励为多种频率不可通约（即拟周期激励）的情形。然而，值得注意的是，用 Melnikov 方法判定相应二维映射系统存在横截同宿点或者 Smale 马蹄变换，都只能说明存在不变集，使得动力系统在该不变集上的动力行为是混沌的。对应实际系统，从数值模拟上观察到这种混沌运动的不变集（即奇怪吸引子）存在，要求该不变集具有某种吸引性（即要求存在足够大的域，使得由该域出发的轨道都能吸引到这个称为奇怪吸引子的不变集上）。

由于噪声（随动力）可以表示为一簇谐和函数之和，Simiu[24]将 Melnikov 方法推广到随机情形并提出随机 Melnikov 方法。

考虑如下随机非线性动力系统

$$\dot{X} = F(X) + \varepsilon g(X,t), \quad X = \begin{pmatrix} x \\ y \end{pmatrix} \in \mathbf{R}^2 \tag{6.26}$$

式中，$F(X) = \begin{pmatrix} f_1(X) \\ f_2(X) \end{pmatrix} \in \mathbf{C}^r, \ r \geqslant 2, \ f_k(X)$ 在同（异）宿轨道有界集上为有界；$0 < \varepsilon \ll 1$。

$$g(X,t) = \left\{ \gamma_1(X)G(t) + q_1(X)\gamma_2(X)G(t) + q_2(X) \right\}^{\mathrm{T}} \tag{6.27}$$

式中，$\gamma_k(X)$、$q_k(X)$ 都是有界的；$G(t)$ 是均值为零、单位方差的随机过程，谱密度为

S_0。假设系统在未干扰的情形（即 $\varepsilon = 0$）下是一个 Hamiltonian 系统，过鞍点 $o(0,0)$，有一条同宿轨道 $X_h = (X_{h_1}, X_{h_2})^T$。

如果随机过程 $G(t)$是有界的（即每一条轨道都是有界的），易知由式（6.27）定义的过程也是有界的。而随机动力系统，即式（6.26）的解为一个随机过程，该随机过程的每一条轨道对应一个确定性动力系统，利用 6.2.1 节的知识，每一个轨道可以构建一个 Melnikov 函数。把所有这些 Melnikov 函数作为样本，则对应式（6.26）定义了一个随机 Melnikov 过程。一般来说，随机过程 $G(t)$并非有界的（如高斯白噪声），但在实际模拟中，高斯白噪声可以用有界噪声近似，而且其精度相当高。因此总可以将随机激励作为有界情形加以处理。理论和实验证明，具有零均值和单边功率谱密度 S_0 的高斯随机过程 $G(t)$如下，即

$$G_N(t) = \sum_{k=1}^{N} a_k \cos(\omega_k t + \varphi_{ok}) \tag{6.28}$$

式中，$a_k = [2S_0(\omega_k)\Delta\omega/(2\pi)]^{1/2}$；$\varphi_{ok}$ 为 $[0, 2\pi]$ 上的均匀分布。

因此

$$M(t_0) = \int_{-\infty}^{\infty} h(t)G_N(t_0 - t)\mathrm{d}t - k \tag{6.29}$$

式中

$$k = \int_{-\infty}^{\infty} [F_2(X_h(t))q_1(X_h(t)) - F_1(X_h(t))q_2(X_h(t))]\mathrm{d}t \tag{6.30}$$

$$h(t) = F_1(X_h(-t))\gamma_2(X_h(-t)) - F_2(X_h(-t))\gamma_1(X_h(-t)) \tag{6.31}$$

随机 Melnikov 过程 $M(t_0)$ 的均值为

$$E[M(t_0)] = -k \tag{6.32}$$

随机 Melnikov 过程 $M(t_0)$ 的谱密度为

$$S_M = |a(\omega)|^2 S_0 \tag{6.33}$$

式中

$$a(\omega) = \int_{-\infty}^{\infty} h(t)\exp(-i\omega t)\mathrm{d}t \tag{6.34}$$

随机 Melnikov 过程 $M(t_0)$ 的方差为

$$\sigma_M^2 = \frac{1}{2\pi}\int_0^{\infty} S_M(\omega)\mathrm{d}\omega \tag{6.35}$$

由式（6.35）易知，在高斯随机激励 $G(t)$ 的作用下，只要模拟噪声 $G_N(t)$ 的样本容量 N 取足够大，则对 $G(t)$ 的每一条轨道，相应的 Melnikov 过程的轨道在足够大的时间区间上必然有简单零点。在随机扰动下，Melnikov 函数变成随机 Melnikov 过程，可以从 Melnikov 均方准则意义上考虑 Melnikov 过程是否具有简单零点。

6.2.3 随机平均法

随机平均法是一类方法的总称，可视为随机平均原理（或随机平均原理连同确定性平均原理）与 FPK 方程方法相结合的一种方法，是一类预测非线性系统随机响应、判断随机稳定性和估计随机振动系统可靠性的有效近似方法。考虑高斯白噪声激励耗散的 Hamiltonian 系统

$$
\begin{cases}
\dot{Q}_i = \dfrac{\partial \overline{H}}{\partial P_i} \\[2mm]
\dot{P}_i = -\dfrac{\partial \overline{H}}{\partial Q_i} - c_{ij}\dfrac{\partial \overline{H}}{\partial P_j} + f_{ik}(Q,P)\xi_k(t)
\end{cases}
\tag{6.36}
$$

式中，$\overline{H} = \overline{H}(Q,P)$ 为未扰 Hamiltonian 系统的 Hamiltonian 函数；$f_{ik}(Q,P)$ 为激励振幅；c_{ij} 为阻尼系数；$\xi_k(t)$ 为高斯白噪声，均值为零，相关函数为 $E[\xi_k(t)\xi_l(t+\tau)] = 2D_{kl}\delta(\tau)$。根据扩散过程理论，可将上述 Hamiltonian 系统等价为如下的 Itō 随机微分方程

$$
\begin{cases}
\mathrm{d}Q_i = \dfrac{\partial H}{\partial P_i}\mathrm{d}t \\[2mm]
\mathrm{d}P_i = -\left(\dfrac{\partial H}{\partial Q_i} + m_{ij}\dfrac{\partial H}{\partial P_j}\right)\mathrm{d}t + \delta_{ik}(Q,P)\mathrm{d}B_k(t)
\end{cases}
\tag{6.37}
$$

式中，$i,j = 1,2,\cdots,n$；$k = 1,2,\cdots,m$；$m_{ij} = c_{ij}$，$\delta_{ik} = (fL)_{ik}$，其中，噪声 L 满足 $LL^{\mathrm{T}} = 2D$，D 为噪声强度。

式（6.37）称为 Hamiltonian 系统。在物理上，在振动一周中，随机激励输入系统的能量与阻尼消耗的能量之差与系统本身能量相比很小时，即可视为拟 Hamiltonian 系统。在上述等价分析的前提下，讨论 Hamiltonian 系统随机平均原理。

在非线性随机动力学与控制的 Hamiltonian 理论中，Hamiltonian 系统的响应、稳定性、分岔、首次穿越等都是平均伊藤方程所研究的，Hamiltonian 系统随机平均法是该理论的核心。

在随机振动中获得广泛应用的有标准随机平均法、FPK 方程系数随机平均法、能量包线随机平均法和 Hamiltonian 系统随机平均法。标准随机平均法首先由 Stratonovich 提出，基于物理概念和数学推导，导出了平均 FPK 方程的漂移系数与扩散系数的公式。后来，Khasminskii、Papanicolaou 与 Kohler 给出了随机平均原理的严格的数学证明，这种方法称为标准随机平均法，也称为 Stratonovich 随机平均法。下面不加证明地引用文献中的定理，详细证明参见文献[53]和文献[54]。

对于形如式（6.37）的随机系统利用随机平均法原理可以化为如下平均 Itō 随机微分方程

$$dH = m(H)dt + \sigma(H)dB(t) \qquad (6.38)$$

式中，$B(t)$ 为标准 Wiener 过程；$m(H)$ 和 $\sigma(H)$ 分别为 Itō 微分方程的漂移系数和扩散系数，即

$$\begin{cases} m(H) = \dfrac{1}{T(H)} \int_{\Omega} \left[\left(-m_{ij} \dfrac{\partial H}{\partial p_i} \dfrac{\partial H}{\partial p_j} + \dfrac{1}{2} \delta_{ik}\delta_{jk} \dfrac{\partial^2 H}{\partial p_i \partial p_j} \right) \Big/ \dfrac{\partial H}{\partial p_1} \right] dq_1 dq_2 \cdots dq_n dp_2 \cdots dp_n \\[3mm] \sigma^2(H) = \dfrac{1}{T(H)} \int_{\Omega} \left[\left(\delta_{ik}\delta_{jk} \dfrac{\partial H}{\partial p_i} \dfrac{\partial H}{\partial p_j} \right) \Big/ \dfrac{\partial H}{\partial p_1} \right] dq_1 dq_2 \cdots dq_n dp_2 \cdots dp_n \\[3mm] T(H) = \int_{\Omega} \left(1 \Big/ \dfrac{\partial H}{\partial p_1} \right) dq_1 dq_2 \cdots dq_n dp_2 \cdots dp_n \end{cases} \qquad (6.39)$$

式中，$\Omega = \left\{ (q_1, \cdots, q_n, p_2, \cdots, p_n) \middle| H(q_1, \cdots, q_n, 0, p_2, \cdots, p_n) \leqslant H \right\}$。

与式（6.38）相应的平均 FPK 方程为

$$\frac{\partial p}{\partial t} = -\frac{\partial}{\partial H}(m(H)p) + \frac{1}{2}\frac{\partial^2}{\partial H^2}(\sigma^2(H)p) \qquad (6.40)$$

式中，$p = p(H,t|H_0)$ 是 Hamiltonian 过程的转移概率密度。

6.3　随机电机系统响应的 Chebyshev 正交多项式逼近

6.3.1　引言

电力系统是一类强非线性、强耦合的动态大系统，随着大型电力系统互联规模的发展，由负荷、故障带来的随机扰动显得更加普遍，这些随机因素对电力系统的稳定性和电能质量带来了严重的负面影响，增加了电力系统的复杂性，所以对随机激励下非线性电力系统的研究成为当前非线性科学研究的热门课题之一[8,55,56]。本节利用正交多项式逼近法把含随机参数作用的简单电机系统转化成等价的确定性扩阶系统，得到了系统趋向稳定的随机响应，并在此基础上研究了受随机参数影响的简单电机系统的周期分岔现象。

随机系统的正交多项式逼近法由 Spanos 等[46]提出，为随机结构的动力学研究提供了一个重要的方法。诸多学者应用这一方法对随机 Duffing-Van der Pol 系统的动力学行为进行了较多的分析[57,58]，但运用这一方法考虑电力系统的随机动力学行为的研究尚属少见。

6.3.2　含随机参数激励简单电机模型的等效确定性系统

本节采用第 2 章中 2.2.1 节的两单元互联系统为研究对象。为方便起见，简单电力系统数学模型重写如下[71]

$$
\begin{cases}
\dot{\delta}(t) = \omega(t) \\
\dot{\omega}(t) = -\dfrac{1}{T}P_{\mathrm{s}}\sin\delta(t) - \dfrac{D}{T}\omega + \dfrac{1}{T}P_{\mathrm{m}} + \dfrac{P_{\mathrm{e}}}{T}\cos\beta t \\
y(t) = \delta(t) - \delta_0(t)
\end{cases}
\tag{6.41}
$$

式中，$\delta(t)$ 为发电机转子转角；$\omega(t)$ 为电机转子角速度；T 为发电机组惯性常数；D 为阻尼系数；P_{m} 为电机机械功率；P_{s} 为电磁功率；P_{e} 为扰动功率幅值；β 为扰动频率。设 $\delta(t)$、$\omega(t)$ 为系统的状态变量，$y(t)$ 为系统的输出。通过时间变换 $\tau = t\sqrt{P_{\mathrm{s}}/H}$，可将式（6.41）写成如下形式

$$
\begin{cases}
\dfrac{\mathrm{d}u}{\mathrm{d}\tau} = v \\
\dfrac{\mathrm{d}v}{\mathrm{d}\tau} = -\sin u - \alpha v + \rho + F\cos\beta\tau
\end{cases}
\tag{6.42}
$$

式中，$u = \delta$；$v = \omega\sqrt{H/P_{\mathrm{s}}}$；$\rho = P_{\mathrm{m}}/P_{\mathrm{s}}$；$\alpha = D\big/\sqrt{P_{\mathrm{s}}H}$；$F = P_{\mathrm{e}}/P_{\mathrm{s}}$。

对于式（6.42），$F = 0$ 时的平衡点为 $(u_0, 0)(u_0 = \delta_0)$。在该平衡点将式（6.42）展成泰勒级数，保留 Δu 至二次项，得

$$
\frac{\mathrm{d}^2\Delta u}{\mathrm{d}\tau^2} + \alpha\frac{\mathrm{d}\Delta u}{\mathrm{d}\tau} + \omega_0^2\Delta u - \gamma\Delta u^2 = F\cos\varphi\tau
\tag{6.43}
$$

式中，$\omega_0^2 = \cos u_0$；$\gamma = \sin u_0/2$，$\varphi = \beta\sqrt{H/P_{\mathrm{s}}}$。

得等价方程为

$$
\ddot{x} + \alpha\dot{x} + \omega_0^2 x - \gamma x^2 = F\cos\varphi\tau
\tag{6.44}
$$

考虑 α、ω_0 为确定性常数，γ 为随机参数，$F\cos\varphi\tau$ 为确定性谐和激励，γ 重写为

$$
\gamma = \bar{\gamma} + \sigma\mu
\tag{6.45}
$$

式中，$\bar{\gamma}$ 为随机参数 γ 的均值；σ 为 γ 的标准差；μ 是定义在 $[-1,1]$ 上服从拱形分布的随机变量。概率密度函数假设为 λ-PDF（λ 分布），此时系统的响应可表示成时间 t 与 μ 的函数 $x = x(t,\mu)$。由随机函数正交分解法，可将系统的响应展开成以 μ 形式下正交多项式为基函数的级数形式，即

$$
x(t,\mu) = \sum_{i=1}^{N} x_i(t)U_i(\mu)
\tag{6.46}
$$

式中，$U_i(\mu)$ 是第 i 阶正交多项式；$x_i(t) = \int_{-\infty}^{+\infty} p(\mu)x(t,\mu)U_i(\mu)\mathrm{d}\mu$，$p$ 为概率；$N = 1,2,3,\cdots$。

将式（6.46）、式（6.45）代入式（6.44），整理得

$$\left(\frac{\mathrm{d}^2}{\mathrm{d}t^2} + \alpha \frac{\mathrm{d}}{\mathrm{d}t} + \omega_0^2\right) \sum_{i=0}^{N} x_i(t) U_i(\mu) - \overline{\gamma} \left(\sum_{i=0}^{N} x_i(t) U_i(\mu)\right)^2$$

$$-\sigma\mu \left(\sum_{i=0}^{N} x_i(t) U_i(\mu)\right)^2 = F \cos\varphi\tau \qquad (6.47)$$

将式（6.47）中的二项式整理为

$$\left(\sum_{i=0}^{N} x_i(t) U_i(\mu)\right)^2 = x_0^2(t) U_0^2(\mu) + \cdots + x_N^2(t) U_N^2(\mu)$$

$$+ 2x_0(t) U_0(\mu) x_1(t) U_1(\mu) + \cdots + 2x_{N-1}(t) U_{N-1}(\mu) x_N(t) U_N(\mu) \qquad (6.48)$$

运用 Chebyshev 多项式理论有

$$\begin{aligned}
U_0^2 &= U_0 \\
U_1^2 &= U_2 + U_0 \\
2U_0 U_1 &= 2U_1 \\
2U_1 U_2 &= 2U_3 + 2U_1 \\
&\vdots
\end{aligned} \qquad (6.49)$$

将式（6.49）代入式（6.48），则 $U_i(\mu)$ 的二次乘积项可化为相应单个正交多项式 $U_i(\mu)$ 的线性组合。令第 i 阶多项式 $U_i(\mu)$ 的系数为 $X_i(\mu)$，则

$$\left(\sum_{i=0}^{N} x_i(t) U_i(\mu)\right)^2 = X_0(t) U_0(\mu) + \cdots + X_N(t) U_N(\mu) = \sum_{i=0}^{N} X_i(t) U_i(\mu) \qquad (6.50)$$

由 Chebyshev 正交多项式的循环递推公式和式（6.49），把式（6.47）的左边第三项整理成

$$\begin{aligned}
\sigma\mu \left(\sum_{i=0}^{N} x_i(t) U_i(\mu)\right)^2 &= \sigma\mu \left(\sum_{i=0}^{N} X_i(t) U_i(\mu)\right) \\
&= \frac{1}{2}\sigma \sum_{i=0}^{N} X_i(t) [U_{i-1}(\mu) + U_{i+1}(\mu)] \\
&= \frac{1}{2}\sigma \sum_{i=0}^{N} [X_{i-1}(t) + X_{i+1}(t)] U_i(\mu)
\end{aligned} \qquad (6.51)$$

式中，$U_{-1} = 0;\ X_{-1} = 0$。

把式（6.50）、式（6.51）代入式（6.47），得

$$\left(\frac{\mathrm{d}^2}{\mathrm{d}t^2} + \alpha \frac{\mathrm{d}}{\mathrm{d}t} + \omega_0^2\right) \sum_{i=0}^{N} x_i(t) U_i(\mu) - \overline{\gamma} \sum_{i=0}^{N} X_i(t) U_i(\mu)$$

$$-\frac{1}{2}\sigma \sum_{i=0}^{N} [X_{i-1}(t) + X_{i+1}(t)] U_i(\mu) = F \cos\varphi\tau \qquad (6.52)$$

在式（6.52）两端顺次乘以 $p(\mu)U_j(\mu), j = 0,1,2,\cdots,N$，然后关于 μ 取数学期望，根据随机变量的概率密度函数为权函数的加权正交性，得一组关于 $X_j(t)$ 的且与原系统在最小残差意义下等效的确定性非线性微分方程组

$$
\begin{cases}
\left(\dfrac{\mathrm{d}^2}{\mathrm{d}t^2} + \alpha\dfrac{\mathrm{d}}{\mathrm{d}t}\right)x_0(t) - \overline{\gamma}X_0(t) - \dfrac{1}{2}\sigma X_1(t) = F\cos\varphi\tau \\[3mm]
\left(\dfrac{\mathrm{d}^2}{\mathrm{d}t^2} + \alpha\dfrac{\mathrm{d}}{\mathrm{d}t}\right)x_1(t) - \overline{\gamma}X_1(t) - \dfrac{1}{2}\sigma[X_2(t) + X_0(t)] = 0 \\[3mm]
\left(\dfrac{\mathrm{d}^2}{\mathrm{d}t^2} + \alpha\dfrac{\mathrm{d}}{\mathrm{d}t}\right)x_2(t) - \overline{\gamma}X_2(t) - \dfrac{1}{2}\sigma[X_3(t) + X_1(t)] = 0 \\[3mm]
\qquad\qquad\qquad\qquad\vdots
\end{cases}
\tag{6.53}
$$

式（6.53）是由 Chebyshev 正交多项式逼近法得到的与原随机系统等价的确定性系统。当 $N \to \infty$ 时，$\sum\limits_{i=0}^{N} x_i(t)U_i(\mu)$ 与 $x(t,\mu)$ 等价。取 $N = 4$，利用有效的数值解法（Runge-Kutta 法）求解式（6.53）的 $x_i(t)$，将其解代入式（6.44），得原随机系统的近似解为

$$
x(t,\mu) \approx \sum_{i=0}^{4} x_i(t)U_i(\mu)
\tag{6.54}
$$

如果 $\mu = 0$，则 $\gamma = \overline{\gamma}$，系统为均值参数系统，其响应近似表示为

$$
\begin{aligned}
x(t,0) &\approx \sum_{i=1}^{N} x_i(t)U_i(0) = x_0(t) - x_2(t) + x_4(t) \\
&= \delta_0(t) - \delta_2(t) + \delta_4(t)
\end{aligned}
\tag{6.55}
$$

由式（6.54）知，在最小均方残差意义下，通过求解等价确定性系统可得原随机系统关于随机变量 μ 的集合平均响应为

$$
E[x(t,\mu)] = \sum_{i=1}^{N} x_i(t)E[U_i(\mu)] = x_0(t) = \delta_0(t)
\tag{6.56}
$$

式中，$x_0(t) = \delta_0(t)$ 为确定性函数。

6.3.3　含随机参数激励简单电机模型的分岔研究

将式（6.44）重写成

$$
\ddot{x} + \alpha\dot{x} + \omega_0^2 x - (\overline{\gamma} + \sigma\mu)x^2 = F\cos\varphi\tau
\tag{6.57}
$$

通过正交多项式逼近法得到与其等价的确定性方程组，即式（6.53），应用数值积分法解出式（6.53）的解，就可以研究原随机系统的动态响应问题，最后得到逼近随机响应式（式（6.54））、均值参数系统的样本响应式（式（6.55））。当 $\sigma = 0$ 时，原系统变成确定性的非线性系统

$$\ddot{x} + \alpha\dot{x} + \omega_0^2 x - \overline{\gamma} x^2 = F\cos\varphi\tau \tag{6.58}$$

数值模拟时，用均值参数系统的样本响应，即式（6.55）来验证正交多项式逼近法的正确性，用式（6.58）的确定性响应 $x(t)$ 来验证随机系统的非线性特性，由此可验证正交多项式逼近法的有效性。取随机系统的等价确定性系统，即式（6.53）的初值为

$$\begin{cases} x(0) = [x_0(0), \cdots, x_4(0)] \\ y(0) = [\dot{x}_0(0), \cdots, \dot{x}_4(0)] \end{cases} \tag{6.59}$$

考虑周期激励频率 φ 的变化对系统响应的影响，当随机系统的参数值取为 $\alpha = 0.02$，$\omega_0 = -0.707$，$\gamma = -0.353$，$\sigma = 0.01$，$F = 5.0$ 时，分别取 $\varphi = 2.0$，2.1，2.2，如图 6.3 所示，系统的相轨由一个极限环变为一个扩散的极限环，随着周期激励频率 φ 的增大，扩散的极限环的宽度逐渐增大。

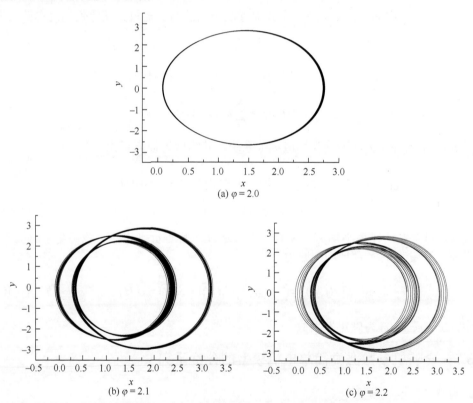

图 6.3　φ 变化时系统扩散的极限环的宽度逐渐增大

6.3.4　小结

噪声在实际的物理、工程环境中广泛存在，因此研究噪声对系统动力学行为的影响是很有实际意义的。本节利用 Chebyshev 正交多项式逼近法把含随机参数激励的简

单电机系统转化成等效的确定性扩阶系统方程，并用数值方法求出了其响应，分析讨论了周期激励频率 φ 变化时系统的周期分岔。当 φ 在(2.0, 2.2)内取值时，系统的相轨由一个极限环变为一个扩散的极限环，随着周期激励频率 φ 的增大，扩散的极限环的宽度增大，形成周期分岔现象。模拟结果的一致性在一定程度上证明了模拟结果的有效性。由此可见，Chebyshev 正交多项式逼近法能有效地解决简单随机电机模型的响应问题，是研究非线性随机动力系统的一种有效途径，可以尝试用这种方法来探究更复杂随机电机模型的其他动力学行为。

6.4　一类非线性电机模型的随机混沌行为

6.4.1　引言

Melnikov 方法是研究混沌的一种解析方法，如果 Melnikov 函数存在简单零点，则其稳定流形和不稳定流形横截相交，一旦相交就有无数次相交，系统可能出现 Smale 马蹄意义下的混沌。可以通过求解简单零点来确定系统失稳时系统参数的阈值。对于确定性系统，Melnikov 方法简单易行，并能求得解析解，因此这种方法得到了广泛的应用。而对于随机激励的系统，利用随机 Melnikov 方法可得到系统在均值和均方意义下出现混沌的临界条件，但是计算上比较烦琐，随后 Frey 和 Simiu 等提出了广义 Melnikov 方法，得到了广泛的应用[71]。

本节研究非线性电机模型的随机混沌动力学行为。目前利用非线性随机动力学理论分析非线性系统的稳定性和其他动力学行为的工作已有许多[61]，如在文献[62]中 Hanson 等研究了电力系统励磁和速度控制中参数调节对互联随机振荡的影响；文献[63]和文献[64]提出了 Duffing 振子在谐和与随机扰动下的随机 Melnikov 过程和均方准则；张伟年等对耗散和周期激励的经典电机模型进行了分岔和混沌的研究[65-72]。然而在上述的各项工作中，均没有考虑电力系统受到白噪声激励的影响，而在实际的电力系统中，受到外部噪声的影响是必然的，因此将随机系统的理论和方法应用于电力系统，建立更符合电力系统物理本质的数学模型来分析它的随机动力学行为显得更加重要。

6.4.2　白噪声激励下非线性电力系统的振荡模型

下面仍采用第 2 章 2.2.1 节中两单元互联系统为研究对象。考虑白噪声的影响，具有白噪声激励的简单电力系统数学模型如下

$$\begin{cases} \dfrac{\mathrm{d}\delta}{\mathrm{d}t} = \varpi \\ \dfrac{\mathrm{d}\varpi}{\mathrm{d}t} = -\dfrac{1}{T}P_s\sin\delta - \dfrac{D}{T}\varpi + \dfrac{1}{T}P_m + \dfrac{P_e}{T}\cos\omega_1 t + \dfrac{P_s}{T}X(t) \end{cases} \tag{6.60}$$

式中，T、δ、ϖ、D、P_m、P_s、P_e 和 ω_1 与式（6.41）中系统模型参数相同；$X(t)$ 是

白噪声过程。作变换 $x = \delta$，$y = \sqrt{T/P_s}\,\varpi$，$\tau = t\sqrt{P_s/T}$，$\alpha = D\big/\sqrt{TP_s}$，$\beta = P_m/P_s$，$\gamma = P_e/P_s$，$\omega = \omega_1\sqrt{T/P_s}$，$k = \sqrt{T/P_s} = \omega/\omega_1$，得等价系统为

$$\begin{cases} \dfrac{\mathrm{d}x}{\mathrm{d}\tau} = y \\ \dfrac{\mathrm{d}y}{\mathrm{d}\tau} = -\sin x - \alpha y + \beta + \gamma\cos\omega\tau + X(k\tau) \end{cases} \tag{6.61}$$

引入小参数 $0 < \varepsilon < 1$，$\alpha = \varepsilon\alpha_1$，$\beta = \varepsilon\beta_1$，$\gamma = \varepsilon\gamma_1$，其中 $\alpha_1, \beta_1, \gamma_1 \geqslant 0$。令 $X(k\tau) = F(\tau) = \varepsilon k_1 f(\tau)$，式（6.61）等价为

$$\begin{cases} \dot{x} = y \\ \dot{y} = -\sin x + \varepsilon(-\alpha_1 y + \beta_1 + \gamma_1\cos\omega\tau + k_1 f(\tau)) \end{cases} \tag{6.62}$$

式中，$f(\tau)$ 为随机外部激励，且是均值为零的白噪声，取其谱密度为 $S_0 = \pi/20$。当 $\varepsilon = 0$ 时式（6.62）是一个平面 Hamiltonian 系统，其表达式为

$$\begin{cases} \dot{x} = y \\ \dot{y} = -\sin x \end{cases} \tag{6.63}$$

相图如图 6.4 所示，其中，A_+、A_- 为异宿轨道正、负交点。

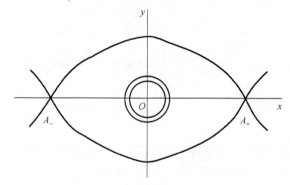

图 6.4　无扰系统的相图

系统的 Hamiltonian 能量函数取为

$$H(x,y) = \frac{1}{2}y^2 + (1 - \cos x) = h, \quad h \in [0, +\infty)$$

由定性分析计算得式（6.63）的异宿轨道的参数方程为

$$\begin{cases} x_0(\tau) = \pm 2\arcsin(\mathrm{th}\,\tau) \\ y_0(\tau) = \pm 2\mathrm{sech}\,\tau \end{cases} \tag{6.64}$$

6.4.3　随机 Melnikov 积分及其动力学特性

随机 Melnikov 积分方法可判断式（6.62）在 $\varepsilon \neq 0$ 时异宿轨道的保持性（Melnikov 函数有零点）和相交的横截性（Melnikov 函数有简单零点）。

在本节中，运用 Melnikov 方法来研究该电机模型在有噪声影响时的动力学特性。式（6.62）的 Melnikov 积分为

$$M(\tau_0) = \int_{-\infty}^{+\infty} (-\alpha_1 y_0(\tau) + \beta_1 + \gamma_1 \cos\omega(\tau + \tau_0) + k_1 f(\tau + \tau_0)) y_0(\tau) d\tau$$

$$= M + \bar{M}(\tau_0) \tag{6.65}$$

式中，M 是与随机外激无关的一个确定量[65]；$\bar{M}(\tau_0)$ 是一个随机过程。

$$M = \int_{-\infty}^{+\infty} (-\alpha_1 y_0(\tau) + \beta_1 + \gamma_1 \cos\omega(\tau + \tau_0)) y_0(\tau) d\tau$$

$$= -\alpha_1 \int_{-\infty}^{+\infty} y_0^2(\tau) d\tau + \beta_1 \int_{-\infty}^{+\infty} y_0(\tau) d\tau + \gamma_1 \int_{-\infty}^{+\infty} y_0(\tau) \cos\omega(\tau + \tau_0) d\tau$$

$$= I_1 + I_2 \tag{6.66}$$

式中

$$I_1 = -\alpha_1 \int_{-\infty}^{+\infty} y_0^2(\tau) d\tau + \beta_1 \int_{-\infty}^{+\infty} y_0(\tau) d\tau$$

$$= -\alpha_1 \int_{-\infty}^{+\infty} (\pm 2\operatorname{sech}\tau)^2 d\tau + \beta_1 \int_{-\infty}^{+\infty} dx_0(\tau)$$

$$= -4\alpha_1 \int_{-\infty}^{+\infty} \operatorname{sech}^2\tau d\tau + \beta_1 x_0(\tau) \Big|_{-\infty}^{+\infty}$$

$$= -4\alpha_1 \operatorname{th}\tau \Big|_{-\infty}^{+\infty} \pm 2\beta_1 \pi$$

$$= -8\alpha_1 \pm 2\beta_1 \pi \tag{6.67}$$

用留数定理计算 $\gamma_1 \int_{-\infty}^{+\infty} \cos\omega(\tau + \tau_0) d\tau$，令

$$F(z) = \frac{\varphi(z)}{\phi(z)} = \frac{e^{i\omega z}}{e^z + e^{-z}} = \frac{e^{(i\omega+1)z}}{e^{2z} + 1} \tag{6.68}$$

式中

$$\begin{cases} \varphi(z) = e^{(i\omega+1)z} \\ \phi(z) = e^{2z} + 1 \end{cases} \tag{6.69}$$

函数 $F(z)$ 的奇点为方程 $\phi(z) = e^{2z} + 1 = 0$ 的根，即 $z_k = \dfrac{\pi \pm 2n\pi}{2} i (n = 0, 1, 2, \cdots)$。选取积分路径如图 6.5 所示，由留数定理有

$$\oint F(\tau) d\tau = \int_{-R}^{R} F(\tau) d\tau + \int_{R}^{R+i\pi} F(\tau) d\tau + \int_{R+i\pi}^{-R+i\pi} F(\tau) d\tau + \int_{-R+i\pi}^{-R} F(\tau) d\tau$$

$$= 2\pi i \sum \operatorname{Res}[F(z), z_k] \tag{6.70}$$

式中，$\operatorname{Res}(F(z), z_k)$ 表示 $F(z)$ 在 z_k 处的留数。

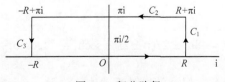

图 6.5　积分路径

在积分路径所包围的区域内，只有一个一阶极点 $z_0 = \dfrac{\pi i}{2}$。用留数公式计算得

$$
\begin{aligned}
\mathrm{Res}[F(z), z_k] &= \lim_{z \to z_0}(z - z_0)F(z) = \lim_{z \to z_0}(z - z_0)\frac{\mathrm{e}^{i\omega z}}{\mathrm{e}^z + \mathrm{e}^{-z}} \\
&= \lim_{z \to z_0}(z - z_0)\frac{\mathrm{e}^{(i\omega+1)z}}{\mathrm{e}^{2z} + 1} = \lim_{z \to z_0} v\frac{\mathrm{e}^{(v+i\pi/2)(i\omega+1)}}{\mathrm{e}^{2v+i\pi} + 1} \\
&= \lim_{x \to \infty}\frac{v}{1 - \mathrm{e}^{2v}}\mathrm{e}^{(v+i\pi/2)(i\omega+1)} \\
&= -\lim_{x \to \infty}\frac{v}{2v + (2v)^2/2! + o(v^2)}\mathrm{e}^{(v+i\pi/2)(i\omega+1)} \\
&= -\frac{1}{2}\mathrm{e}^{(i\omega+1)i\pi/2} = -\frac{1}{2}\mathrm{e}^{-\omega\pi/2}
\end{aligned} \tag{6.71}
$$

另外

$$
\begin{aligned}
&\lim_{x \to \infty}\int_{R+i\pi}^{-R+i\pi} F(\tau)\mathrm{d}\tau = \int_{R+i\pi}^{-R+i\pi}\frac{\mathrm{e}^{i\omega z}}{\mathrm{e}^z + \mathrm{e}^{-z}}\mathrm{d}z = \mathrm{e}^{-i\omega}\int_{-R}^{R} F(\tau)\mathrm{d}\tau \\
&\lim_{x \to \infty}\int_{R}^{R+i\pi} F(\tau)\mathrm{d}\tau = 0 \\
&\lim_{x \to \infty}\int_{-R+i\pi}^{-R} F(\tau)\mathrm{d}\tau = 0
\end{aligned} \tag{6.72}
$$

由此有

$$
\pi\mathrm{e}^{-\omega\pi/2} = (1 + \mathrm{e}^{-i\omega})\int_{-\infty}^{+\infty} F(\tau)\mathrm{d}\tau \tag{6.73}
$$

从而

$$
\int_{-\infty}^{+\infty} F(\tau)\mathrm{d}\tau = \frac{\pi\mathrm{e}^{-\omega\pi/2}}{1 + \mathrm{e}^{-\omega\pi}} = \pi\frac{1}{\mathrm{e}^{-\omega\pi/2} + \mathrm{e}^{\omega\pi/2}} = \frac{\pi}{2}\mathrm{sech}\left(\omega\frac{\pi}{2}\right) \tag{6.74}
$$

所以

$$
\begin{aligned}
I_2 &= \gamma_1\int_{-\infty}^{+\infty}\cos\omega(\tau + \tau_0)(\pm 2\mathrm{sech}\,\tau)\mathrm{d}\tau \\
&= \gamma_1\cos\omega\tau_0\int_{-\infty}^{+\infty}\cos\omega\tau(\pm 2\mathrm{sech}\,\tau)\mathrm{d}\tau - \gamma_1\sin\omega\tau_0\int_{-\infty}^{+\infty}\sin\omega\tau(\pm 2\mathrm{sech}\,\tau)\mathrm{d}\tau \\
&= \pm 2\pi\gamma_1\,\mathrm{sech}\left(\frac{\omega\pi}{2}\right)\cos\omega\tau_0
\end{aligned} \tag{6.75}
$$

最后得

$$
M = -8\alpha_1 \pm 2\beta_1\pi \pm 2\pi\gamma_1\,\mathrm{sech}\left(\frac{\omega\pi}{2}\right)\cos\omega\tau_0 \tag{6.76}
$$

下面考虑 $\overline{M}(\tau_0)$ 的特征。根据随机过程理论，对于一个线性系统，当输入量是一

个平稳随机过程时，输出也是一个平稳随机过程。由 $f(\tau)$ 的特征可知，$\bar{M}(\tau_0)$ 也是一个随机过程，所以只需求解 $\bar{M}(\tau_0)$ 的一阶矩和二阶矩就能得到 $\bar{M}(\tau_0)$ 的任意有限维分布族，就能确定出随机 Melnikov 积分 $M(\tau_0)$ 的统计特征。

由于

$$E[f(\tau)] = 0 \tag{6.77}$$

$$E[\bar{M}(\tau_0)] = E\left[\int_{-\infty}^{+\infty} k_1 y_0(\tau) f(\tau + \tau_0) \mathrm{d}\tau\right] = \int_{-\infty}^{+\infty} k_1 y_0(\tau) E[f(\tau + \tau_0)] \mathrm{d}\tau = 0 \tag{6.78}$$

对整个频率范围内谱的积分得 $\bar{M}(\tau_0)$ 的二阶矩

$$E[\bar{M}^2(\tau_0)] = \delta^2 = \int_{-\infty}^{+\infty} k_1^2 |Y(\Omega)|^2 S_\xi(\Omega) \mathrm{d}\Omega, \quad S_\xi(\Omega) = S_0 \tag{6.79}$$

式中

$$\begin{aligned}
Y(\Omega) &= \int_{-\infty}^{+\infty} y_0(\tau) \mathrm{e}^{-\mathrm{j}\Omega\tau} \mathrm{d}\tau = \pm\int_{-\infty}^{+\infty} 2\operatorname{sech}\tau \cdot \mathrm{e}^{-\mathrm{j}\Omega\tau} \mathrm{d}\tau \\
&= \pm\pi\operatorname{sech}\frac{\Omega\pi}{2}
\end{aligned} \tag{6.80}$$

所以

$$\begin{aligned}
E[\bar{M}^2(\tau_0)] &= \delta^2 \\
&= \int_{-\infty}^{+\infty} \pi^2 k_1^2 \operatorname{sech}^2\frac{\Omega\pi}{2} S_\xi(\Omega) \mathrm{d}\Omega \\
&= \pi^2 k_1^2 \cdot S_0 \int_{-\infty}^{+\infty} \operatorname{sech}^2\left(\frac{\Omega\pi}{2}\right) \mathrm{d}\Omega \\
&= \pi^2 k_1^2 \cdot S_0 \cdot \frac{2}{\pi} \int_{-\infty}^{+\infty} \frac{\pi}{2}\operatorname{sech}^2\left(\frac{\Omega\pi}{2}\right) \mathrm{d}\Omega \\
&= \pi^2 k_1^2 \cdot S_0 \cdot \frac{2}{\pi} \cdot \operatorname{th}\left(\frac{\pi}{2}\Omega\right)\bigg|_{-\infty}^{+\infty} \\
&= \pi^2 k_1^2 \cdot S_0 \cdot \frac{4}{\pi} \\
&= 4 \cdot \pi \cdot k_1^2 \cdot S_0
\end{aligned} \tag{6.81}$$

从能量学的角度知，系统进入混沌的判据为

$$4 \cdot \pi \cdot k_1^2 \cdot S_0 + \left(2\pi\gamma_1\operatorname{sech}\left(\frac{\omega\pi}{2}\right)\right)^2 \geqslant (8\alpha_1 - 2\beta_1\pi)^2 \tag{6.82}$$

即 k_1、γ_1、α_1、β_1 满足上述条件时，Melnikov 积分出现了简单零点存在的条件，在 Poincaré 映像上双曲不动点的稳定流形和不稳定流形出现横截同宿交点，即式（6.60）可能出现混沌。

6.4.4 系统可能出现混沌的参数分析与仿真

由式（6.65）知，式（6.62）的 Melnikov 积分的均值为 M，它是随机过程 $M(\tau_0)$ 的方差中心，而二阶矩 $E[\bar{M}^2(\tau_0)]$ 则表示 $M(\tau_0)$ 对均值 M 的均方偏离的程度。$M(\tau_0)$ 将在区间 $[M-E[\bar{M}^2(\tau_0)], M+E[\bar{M}^2(\tau_0)]]$ 内波动，当二阶矩 $E[\bar{M}^2(\tau_0)]$ 足够大时，在随机激励（$f(\tau) \neq 0$）的情况下，$M(\tau_0)$ 取到了零点，从而系统可能产生混沌。

下列讨论参数变化的几种情况。

（1）当 $k_1 = 0$ 时，系统只具有周期激励而无随机激励的影响。当参数 γ_1、α_1、β_1 满足

$$\pi\mathrm{sech}\frac{\omega\pi}{2} > \left|\frac{4\alpha_1 - \beta_1\pi}{\gamma_1}\right| \tag{6.83}$$

时，式（6.60）的解可能出现混沌现象，如固定 β_1 和 ω，而让 α_1、γ_1 变化，则混沌区域为两条直线构成的对角域；若固定 γ_1（$\gamma_1 \neq 0$）和 ω，而让 α_1、β_1 变化，此时混沌参数区域为两条直线所夹的带域[65]。

（2）当 $\gamma_1 \neq 0$，$k_1 \neq 0$ 时，系统既含有周期激励，又含有随机激励，此时系统出现混沌的条件为式（6.82）。固定 β_1 和 ω 时，系统的混沌参数域为 α_1、γ_1、k_1 的三维空间中由两平面所夹的对角域。

根据 6.3.2 节的模型简化过程，考虑如下参数关系

$$\varepsilon\alpha_1 = D/\sqrt{TP_s}, \quad \varepsilon\beta_1 = P_m/P_s, \quad \varepsilon\gamma_1 = P_e/P_s, \quad \omega = \omega_1\sqrt{T/P_s}$$

式中，$\gamma_1, \alpha_1, \beta_1 \geq 0$，且 $0 < \varepsilon < 1$ 是小参数。

① 无随机激励系统可能出现混沌的条件式（6.82）等价为

$$\pi\mathrm{sech}\left(\omega_1\sqrt{T/P_s}\frac{\pi}{2}\right) > \left|\frac{4\sqrt{P_s/T}D - P_m\pi}{P_e}\right| \tag{6.84}$$

计算知，系统出现混沌的阈值为

$$P_{e1}^* = \frac{\left|4\sqrt{P_s/T}D - P_m\pi\right|}{\pi\mathrm{sech}\left(\omega_1\sqrt{T/P_s}\frac{\pi}{2}\right)} \tag{6.85}$$

即当 $P_e > P_{e1}^*$ 时，无随机激励电力系统发生混沌振荡。

② 有随机激励的电力系统可能出现混沌的条件式（6.82）等价为

$$\pi \cdot T \cdot P_s \cdot S_0 + \left(\pi \cdot P_e \cdot \mathrm{sech}\left(\omega_1\sqrt{T/P_s}\frac{\pi}{2}\right)\right)^2 \geq (4\sqrt{P_s/T}D - P_m\pi)^2 \tag{6.86}$$

此时系统出现混沌的阈值为

$$P_{e2}^* = \frac{\sqrt{(4\sqrt{P_s/T}D - P_m\pi)^2 - \pi \cdot T \cdot P_s \cdot S_0}}{\left(\pi \cdot \text{sech}\left(\omega_1\sqrt{T/P_s}\dfrac{\pi}{2}\right)\right)} \tag{6.87}$$

即当 $P_e > P_{e2}^*$ 时，有随机激励的电力系统可能发生混沌振荡。

由于电力系统中各系数的物理意义限制了 P_s、P_m、P_e 非负，导致式（6.87）的条件比式（6.85）更容易满足。通过对电力系统作混沌相图来证实理论分析的正确性。用四阶 Runge-Kutta 法对系统进行数值仿真，取参数 $T = 100$，$P_s = 100$，$\omega_1 = 1$，$P_m = 20$，$D = 2$，$S_0 = \pi/20$。式（6.85）和式（6.87）的阈值分别为 $P_{e1}^* = 43.7954$，$P_{e2}^* = 35.0735$。图 6.6～图 6.8 为幅值 $P_{e1} = 2$、$P_{e2} = 44$、$P_{e2} = 36$ 的相图。由相图可以看出，在确定性系统中，当系统的微扰强度很小时，系统为稳定的；当微扰强度大于混沌阈值时，电力系统产生 Smale 马蹄混沌。在白噪声的影响下，系统产生混沌的阈值变小，系统在 $P_{e2} = 36$ 时产生了混沌。换句话说，有限制的噪声使电力系统的混沌更加容易发生。

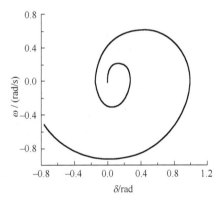

图 6.6　无随机激励情况下，$P_{e1} = 2$ 时电力系统的相图

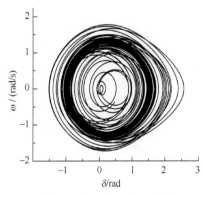

图 6.7　无随机激励情况下，$P_{e2} = 44$ 时系统的相图

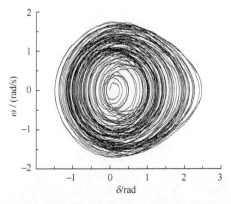

图 6.8　有随机激励情况下，$P_{e2} = 36$ 时电力系统的相图

6.4.5　小结

本节通过利用随机 Melnikov 方法研究了简单电力系统在微扰和白噪声影响下的混沌行为。对于简单电机系统，当微扰的强度大于阈值时，能够产生 Smale 马蹄意义下的混沌；在受到白噪声激励的情况下，系统产生混沌的阈值变小。换言之，由于受到白噪声的影响，系统的混沌更加容易发生。数值模拟说明了理论分析方法的正确性。由于 Melnikov 积分法还不能刻画出奇怪吸引子各层次的精细结构，关于更复杂电力系统的参数域的确定及其数值分析需要进一步深入研究。

6.5　随机激励下简单电力系统的平稳响应与首次穿越

6.5.1　引言

首次穿越问题就是研究系统状态停留在一个较大区域内（如动力学系统平衡点的吸引域、结构性能的安全域）的概率统计特性，系统状态停留在安全域内的概率就是系统的可靠性。首次穿越安全域边界的平均时间，就是系统寿命的数学期望。因此，首次穿越问题对研究随机动力学系统有着重要的意义。然而，首次穿越问题的研究也是随机动力学研究中最困难的问题之一，迄今，只有当动力系统状态为时齐扩散过程时才可能有精确解且仅限于一维的情形[72]。对于无法求得精确平稳解的高维系统，近年来朱位秋等[21,73]提出了一种颇为有效的处理方法。该方法将非线性随机动力学系统表示成随机激励的耗散的 Hamiltonian 系统，提出与发展了随机激励的耗散的 Hamiltonian 理论。利用随机平均法得出系统的随机平均伊藤微分方程，建立条件可靠性函数的后向 Kolmogorov 方程和系统的首次穿越时间。

本节研究了简单电机模型在高斯白噪声外激下的平稳响应和首次穿越，以此分析系统的动力学行为，期望将这种方法推广到高阶的复杂电力系统中，对随机电力系统的稳定性分析具有一定的理论意义。

6.5.2　电机模型的随机平均

已有许多学者对电力系统的稳定性与可靠性进行了研究，特别是近年来美国、加拿大相继发生大面积停电事故，电网安全性更加引起各国政府的重视。对简单电力系统，即式（6.60）加入均值为零、噪声强度为 $2D$、具有相关函数 $E[W(t)W(t+\tau)] = 2D\delta(\tau)$ 的高斯白噪声 $\xi(t)$ 过程，其数学模型为

$$\begin{cases} \dfrac{\mathrm{d}\delta}{\mathrm{d}t} = \omega \\ \dfrac{\mathrm{d}\omega}{\mathrm{d}t} = -\dfrac{1}{T}P_s \sin\delta - \dfrac{D}{T}\omega + \dfrac{1}{T}P_m + \dfrac{1}{T}\xi(t) \end{cases} \qquad (6.88)$$

式中，δ、ω、T、D、P_m、P_s 的含义与式（6.41）相同。引入变换，$q_1 = \delta$，$p_1 = \omega$ 和正则 Hamiltonian 方程

$$
\begin{cases}
q_1 = \dfrac{\partial H}{\partial p_1} \\[3mm]
p_1 = -\dfrac{\partial H}{\partial q_1}
\end{cases}
\tag{6.89}
$$

式（6.88）等价地表示成 Itō 意义下的随机微分方程，此处 Wong-zalzai 相关项为零。

$$
\begin{cases}
q_1 = \dfrac{\partial H}{\partial p_1} \\[3mm]
p_1 = \left[-\dfrac{\partial H}{\partial q_1} - \beta \dfrac{\partial H}{\partial p_1} \right] + C\xi(t)
\end{cases}
\tag{6.90}
$$

式中，$\beta = \dfrac{D}{T}$；$C = \dfrac{1}{T}$；q_1、p_1 分别表示广义位移与广义动量；H 表示系统的总能量，其 Hamiltonian 函数为

$$
\begin{cases}
H(q_1, p_1) = \dfrac{1}{2}p_1^2 + U(q_1, p_1) \\[3mm]
U(q_1, p_1) = -\left(\dfrac{P_\mathrm{m}}{T}q_1 + \dfrac{P_\mathrm{s}}{T}\cos q_1 \right)
\end{cases}
\tag{6.91}
$$

由于 Hamiltonian 函数是相应的 Hamiltonian 系统（式（6.90））的独立首次积分，所以式（6.88）为拟不可积 Hamiltonian 系统。

由拟不可积 Hamiltonian 系统随机平均法，Hamiltonian 函数 $H(t)$ 依概率弱收敛于一维 Itō 微分方程

$$
\mathrm{d}H = m(H)\mathrm{d}t + \sigma(H)\mathrm{d}B(t)
\tag{6.92}
$$

式中，$B(t)$ 为标准 Wiener 过程；$m(H)$ 和 $\sigma(H)$ 分别为 Itō 微分方程的漂移系数和扩散系数。其中，$H = 0$ 是系统的一个平凡解。

依 Hamiltonian 系统理论[21]，得漂移系数和扩散系数为

$$
\begin{cases}
m(H) = \dfrac{1}{T(H)} \displaystyle\int_\Omega \left[(-\beta p_1^2 + C^2 D)\big/ p_1 \right] \mathrm{d}q_1 \\[4mm]
\sigma^2(H) = \dfrac{1}{T(H)} \displaystyle\int_\Omega \left[(2C^2 D p_1^2)\big/ p_1 \right] \mathrm{d}q_1 \\[4mm]
T(H) = \displaystyle\int_\Omega (1/p_1)\mathrm{d}q_1
\end{cases}
\tag{6.93}
$$

式中，$p_1 = \sqrt{2H - 2U(q_1, p_1)}$；$\Omega = \left\{ q_1 \big| bq_1 - k\cos q_1 \leqslant H \right\}$，$b = \dfrac{P_\mathrm{m}}{T}$，$k = \dfrac{P_\mathrm{s}}{T}$。

Itō 微分方程，即式（6.92）相应的 FPK 方程为

$$\frac{\partial p}{\partial t} = -\frac{\partial}{\partial H}(m(H)p) + \frac{1}{2}\frac{\partial^2}{\partial H^2}(\sigma^2(H)p) \tag{6.94}$$

式中，$p = p(H,t|H_0)$ 是 Hamiltonian 过程的转移概率密度，FPK 的初始条件为 $p = \delta(H - H_0)$，δ 是 Delta 函数。所以 FPK 方程的稳态解为

$$p(H) = \frac{e}{\sigma^2(H)}e^{\int \frac{2m(H)}{\sigma^2(H)}dH} \tag{6.95}$$

式中，e 为归一化常数。利用式（6.95）可得如下关于状态变量 p_1、q_1 的联合概率密度和 q_2 的概率密度

$$\begin{cases} p(p_1, q_1) = \frac{p(H)}{T(H)}\Big|_{H(q_1,p_1)=\frac{1}{2}p_1^2 + U(q_1,p_1)} \\ p(q_2) = \int_{-\infty}^{+\infty} p(p_1, q_1)\mathrm{d}p_1 \end{cases} \tag{6.96}$$

取系统参数 $T = 100$，$D_1 = 2$，$P_s = 100$，$P_m = 20$，对不同激励强度 $D = 0.3, 0.6, 0.9$ 的幅值时的稳态概率密度和联合概率密度函数进行数值模拟，结果如图 6.9 和图 6.10 所示。

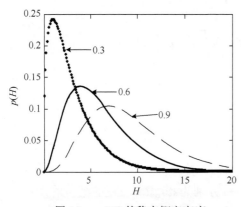

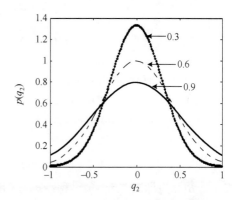

图 6.9　$p(H)$ 的稳态概率密度　　　　　图 6.10　位移 $p(q_2)$ 的稳态概率密度

由模拟结果可知，随着激励强度的增加，非线性效应更加明显，位移的稳态概率密度更加偏离高斯分布。

6.5.3　系统的首次穿越

系统受纯随机参激不稳定，或遇到随机外激时，将在较大的范围内做随机运动。首次穿越研究系统状态首次越出某一个安全区域的概率或统计特性。对于结构系统，系统状态停留在安全域内的概率就是可靠性，系统状态首次越出安全域就意味着损坏。对随机平均方程定义条件可靠性函数[74,75]

$$R(t, H_0) = p\{H(s) \in \Omega, s \in (0, t]\} \tag{6.97}$$

式中，$H(0) = H_0 \in \Omega$，Ω 为 H 的安全域，Γ_1、Γ_2 为安全域的两个边界。支配 $R(t, H_0)$ 的后向 Kologorov 方程为

$$R(t, H_0) = m(H_0) + \frac{1}{2}\sigma^2(H_0)\frac{\partial^2 R}{\partial H_0^2} \tag{6.98}$$

初始条件 $R(0, H_0) = 1$，$H_0 \in \Omega$，边界条件为

$$\begin{cases} R(t, H_0) = 0, & H_0 \in \Gamma_2 \\ R(t, H_0) = \text{有限}, & H_0 \in \Gamma_1 \end{cases} \tag{6.99}$$

由式（6.98）和 $m(0)$、$\sigma^2(0)$，将边界条件式（6.99）化为如下定量边界条件

$$-\frac{\partial R}{\partial t} + m(\Gamma_1)\frac{\partial R}{\partial H_0}\bigg|_{H_0 = \Gamma_1} = 0 \tag{6.100}$$

过程初始位于 Ω 而在 $(0, t]$ 内穿越 Ω 边界 Γ 的概率，即条件损坏概率为

$$F(t, H_0) = 1 - R(t, H_0) \tag{6.101}$$

得首次穿越时间的条件概率密度 $f(\tau|H_0)$

$$f(\tau|H_0) = -\frac{\partial R(t|H_0)}{\partial t}\bigg|_{t = \tau} \tag{6.102}$$

对如上情形进行模拟，取 $b = 2.0$，$k = 2.7$，$\beta = 0.2$，$C^2 D = 0.3$，$H_0 = \Gamma_1 = -3.48$，安全域边界为 $H = \Gamma_2 = -2.80$ 时，得条件可靠函数 $R(t, H_0)$ 和首次穿越时间的概率密度 $f(\tau|H_0)$。结果分别如图 6.11～图 6.13 所示。

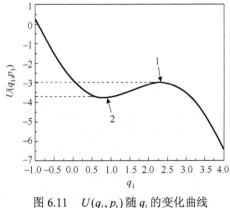

图 6.11　$U(q_1, p_1)$ 随 q_1 的变化曲线

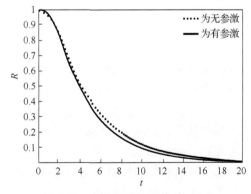

图 6.12　条件可靠性函数 $R(t, H_0)$

图 6.11 是 $U(q_1, p_1)$ 随 q_1 的变化曲线，1、2 位置为安全域的边界。从图 6.12 可以看出，由于随机激励的存在，系统的可靠性随着时间的变化逐渐减少，图 6.13 在时刻 $t = 3.12$ 时概率密度最大，随着时间的变化，概率密度越来越小，与理论值相符[76]。

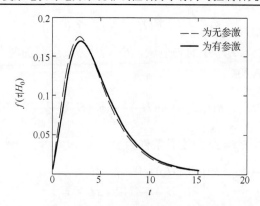

图 6.13　首次穿越时间的概率密度函数 $f(\tau|H_0)$

6.5.4　小结

　　本节应用拟不可积 Hamiltonian 系统随机平均法研究了单机无穷大系统在有高斯白噪声激励的平稳响应和首次穿越时间，得到了系统响应的幅值，位移的稳态概率密度函数和 p_1、q_1 的联合概率密度函数；数值模拟结果说明该方法具有较高的精度，也为进一步研究复杂电力系统的可靠性打下了基础。在非线性系统中考虑随机激励函数的影响，传统的线性方法已不能完全适用，而用随机平均法求解能得到较好的结果，有望将这种方法推广到更高阶的复杂电力系统中。

6.6　有界噪声诱导简单互联电力系统混沌运动

6.6.1　引言

　　现实生活中，随机激励的影响是无处不在的。在自然界与工程中，存在着大量的诱发机械或结构系统振动的振源，如大气湍流、地面强风湍流、喷气噪声、路面不平度和地震地面运动等。由于随机因素的广泛存在，对于现在的机电系统、信息通信系统、系统分析中信号的采集、处理及分析等领域，系统不可避免地要受随机激励的干扰，导致从系统的测试、数据的采集及分析等得到的结果不规则和无序，因此在原系统的基础上附加随机激励来进行动力学响应的分析对今后的工程应用很有意义。本节利用解析分析和数值模拟方法首先研究不含噪声情况下电力系统的动力学行为，然后研究有界噪声作用下简单互联电力系统的随机动态响应。研究发现，有界噪声使电力系统更易于产生混沌运动[77]。

6.6.2　含有有界噪声简单互联的电力系统模型

　　含有有界噪声的简单互联电力系统数学模型如下[59,65]

$$
\begin{cases}
\dfrac{\mathrm{d}\delta}{\mathrm{d}t} = \omega \\[2mm]
\dfrac{\mathrm{d}\omega}{\mathrm{d}t} = -\dfrac{1}{T}P_s \sin\delta - \dfrac{D}{T}\omega + \dfrac{1}{T}P_m + \dfrac{1}{T}P_e \cos\beta t + \xi(t)
\end{cases}
\tag{6.103}
$$

式中，各状态变量和参数的含义与式（6.41）相同，$\xi(t)$ 是随机有界噪声项，本节采用如下的模型

$$
\xi(t) = h\cos(\omega_2 + \overline{\gamma}W(t))
$$

式中，$h > 0$ 为随机激励的强度；ω_2 为随机激励的中心频率；$W(t)$ 为标准 Wiener 过程[78]；$\overline{\gamma} \geqslant 0$ 为随机扰动 $W(t)$ 的强度；$\xi(t)$ 可以看成周期性外力中的角频率 ω_2 受到强度为 $\overline{\gamma}$ 的白噪声 $W(t)$ 扰动，功率谱密度为[79]

$$
S_\xi(\omega) = \frac{1}{2}\frac{h^2\overline{\gamma}^2(\omega_2^2 + \omega^2 + \overline{\gamma}^4/4)}{(\omega_2^2 - \omega^2 + \overline{\gamma}^4/4)^2 + \omega^2\overline{\gamma}^4}
\tag{6.104}
$$

当 $\overline{\gamma} \to 0$ 时，功率谱密度 $S_\xi(\omega)$ 在 $\omega = \pm\omega_2$ 处取值为无穷大而在其他处的值趋于零，这是一种典型的窄带噪声的功率谱密度。当 $h = \overline{\gamma}/\sqrt{2} \to \infty$ 时，$\xi(t)$ 为白噪声（典型的宽带噪声）的功率谱密度。下面将通过分析确定性和随机性电力系统振荡的异宿分支，推导出系统 Melnikov 函数具有简单零点的条件，获得电力系统发生混沌振荡的参数区域，从而阐明噪声使电力系统产生混沌振荡的机理。

6.6.3　确定性电力系统混沌运动分析

为了研究噪声对电力系统的影响，需要对比确定性和随机性电力系统的动力学行为，本节首先对确定性电力系统进行研究（即 $\xi(t) = 0$ 的情形）。为了便于分析，对式（6.103）进行以下等价变换

$$
\begin{cases}
\dfrac{\mathrm{d}x}{\mathrm{d}\tau} = y \\[2mm]
\dfrac{\mathrm{d}y}{\mathrm{d}\tau} = -\sin x - \lambda y + \rho + \eta\cos k\tau
\end{cases}
\tag{6.105}
$$

式中

$$
x = \delta(t),\quad y = \sqrt{H/P_s}\,\omega(t),\quad \tau = t\sqrt{P_s/H},\quad \lambda = D/\sqrt{P_s H}
$$
$$
k = \beta\sqrt{H/P_s},\quad \rho = P_m/P_s,\quad \eta = P_e/P_s
$$

在真实电力系统中，λ、η、ρ 是小参数，引入一个小参数 $0 < \varepsilon \ll 1$ 使

$$
\lambda = \varepsilon a,\quad \eta = \varepsilon b,\quad \rho = \varepsilon c
$$

式中，$a, b, c \geqslant 0$。不失一般性，这里用 t 代替 τ，那么式（6.105）可重写为

$$\begin{cases} \dfrac{dx}{dt} = y \\ \dfrac{dy}{dt} = -\sin x - \varepsilon a y + \varepsilon c + \varepsilon b \cos kt \end{cases} \quad (6.106)$$

当 $\varepsilon = 0$ 时,式(6.106)退化为 Hamiltonian 系统

$$\begin{cases} \dfrac{dx}{dt} = y \\ \dfrac{dy}{dt} = -\sin x \end{cases} \quad (6.107)$$

且其 Hamiltonian 方程为

$$H(x, y) = y^2 / 2 + 1 - \cos x$$

在 x-y 相平面上式(6.107)有平衡点 $(k\pi, 0)$,其中 k 为整数。这里只在 $-\pi \leqslant x \leqslant \pi$ 内考虑平衡点 $P_-(-\pi, 0)$, $P_0(0, 0)$, $P_+(\pi, 0)$。易知 P_- 和 P_+ 是鞍点,而 P_0 是中心,计算可得式(6.107)的连接平衡点 P_- 和 P_+ 的异宿轨道参数方程为

$$\begin{cases} x_0(t) = \pm 2\arcsin(\text{th}t) \\ y_0(t) = \pm 2\text{sech}t \end{cases}$$

下面通过 Melnikov 方法判断式(6.106)($\varepsilon \neq 0$)异宿轨道的保持性(Melnikov 函数有零点)和相交的横截性(Melnikov 函数有零点),进而判断确定性系统产生混沌的可能性。式(6.106)沿异宿轨道的 Melnikov 积分可计算得

$$\begin{aligned} M(t_0) &= \int_{-\infty}^{+\infty} (-a y_0(t_0) + c + b \cos(k(t + t_0))) y_0(t_0) dt \\ &= \int_{-\infty}^{+\infty} (-a|\pm 2\text{sech}t| + c + b \cos(k(t + t_0))) |\pm 2\text{sech}t| dt \\ &= -8a \pm \left(2\pi c \pm 2\pi b \text{sech}\left(\frac{k\pi}{2} \right) \cos kt_0 \right) \end{aligned} \quad (6.108)$$

在实际电力系统中,扰动功率幅值对系统动力学行为具有重要作用,因此选择 b 作为运行参数,研究系统可能出现 Smale 马蹄混沌的条件。

根据前面介绍的 Melnikov 方法,当式(6.108)出现简单零点时,在 Poincaré 映像上双曲不动点的稳定流形和不稳定流形出现横截同宿交点,即式(6.106)出现混沌,由此可推导出系统可能出现 Smale 马蹄混沌的条件为

$$b_1 > \left| \frac{4a - \pi c}{\pi \text{sech} \dfrac{\pi}{2}} \right| \quad (6.109)$$

6.6.4　随机电力系统混沌运动分析

当系统含有有界噪声时，系统表达式为

$$\begin{cases} \dfrac{\mathrm{d}x}{\mathrm{d}t} = y \\[2mm] \dfrac{\mathrm{d}y}{\mathrm{d}t} = -\sin x + \varepsilon(-ay + c + b\cos kt + \xi(t)) \end{cases} \tag{6.110}$$

式（6.110）的 Melnikov 积分为

$$\begin{aligned} \bar{M}(t_0) &= \int_{-\infty}^{+\infty} (-ay_0(t_0) + c + b\cos(k(t+t_0)) + \xi(t+t_0))y_0(t_0)\mathrm{d}t \\ &= \int_{-\infty}^{+\infty} (-a|\pm 2\mathrm{sech}t| + b\cos(k(t+t_0)) + \xi(t+t_0))|\pm 2\mathrm{sech}t|\mathrm{d}t \\ &= M_1(t_0) + M_2(t_0) \end{aligned} \tag{6.111}$$

式中，$M_1(t_0)$ 为式（6.110）在扰动功率作用下 Melnikov 过程的均值，根据 6.6.3 节的分析结果有

$$\begin{aligned} M_1(t_0) &= \int_{-\infty}^{+\infty} (-a|\pm 2\mathrm{sech}t| + c + b\cos(k(t+t_0)))|\pm 2\mathrm{sech}t|\mathrm{d}t \\ &= -8a \pm \left(2\pi c \pm 2\pi b\,\mathrm{sech}\left(\frac{k\pi}{2}\right)\cos kt_0\right) \end{aligned} \tag{6.112}$$

而 $M_2(t_0)$ 为有界噪声 $\xi(t)$ 作用下 Melnikov 积分的随机部分，并且

$$\begin{aligned} M_2(t_0) &= \int_{-\infty}^{+\infty} \xi(t+t_0)y_0(t)\mathrm{d}t \\ &= \int_{-\infty}^{+\infty} \xi(t+t_0)|\pm 2\mathrm{sech}t|\mathrm{d}t \end{aligned} \tag{6.113}$$

由于线性时不变过滤器的作用，随机过程 $M_2(t_0)$ 是平稳的随机过程，其均值为零，即 $E[M_2(t_0)] = 0$，方差可以通过对整个频率范围内谱的积分计算得到，即

$$\sigma_{M_2}^2 = \int_{-\infty}^{+\infty} |Y(\omega)|^2 S_\xi(\omega)\mathrm{d}\omega \tag{6.114}$$

式中

$$\begin{aligned} Y(\omega) &= \int_{-\infty}^{+\infty} y_0(t)\mathrm{e}^{-\mathrm{j}\omega t}\mathrm{d}t \\ &= \int_{-\infty}^{+\infty} \pm 2\mathrm{sech}t\,\mathrm{e}^{-\mathrm{j}\omega t}\mathrm{d}t \\ &= \pm\pi\,\mathrm{sech}\frac{\omega\pi}{2} \end{aligned} \tag{6.115}$$

由式（6.104）、式（6.114）和式（6.115），有

$$\sigma_{M_2}^2 = \int_{-\infty}^{+\infty} |Y(\omega)|^2 S_\xi(\omega)\mathrm{d}\omega$$

$$= \int_{-\infty}^{+\infty} \left|\pi\mathrm{sech}\frac{\omega\pi}{2}\right|^2 \frac{1}{2}\frac{h^2\bar{\gamma}^2(\omega_2^2 + \omega^2 + \bar{\gamma}^4/4)}{(\omega_2^2 - \omega^2 + \bar{\gamma}^4/4)^2 + \omega^2\bar{\gamma}^4}\mathrm{d}\omega \qquad (6.116)$$

给出系统参数的具体值后，由式（6.116）可以用数值方法计算方差。由式（6.111）可知，式（6.110）相应于 $\bar{M}(t_0)$ 的 Melnikov 积分的均值为 $M_1(t_0)$，它是随机过程 $M_2(t_0)$ 的波动中心。而均方差 σ_{M_2} 表示 $M_2(t_0)$ 对均值 $M_1(t_0)$ 的均方偏离程度，这样 $\bar{M}(t_0)$ 将在区间 $(M_1(t_0)-\sigma_{M_2}, M_1(t_0)+\sigma_{M_2})$ 内波动。当均方差 σ_{M_2} 足够大时，即使在确定性情况（ $\xi(t)=0$ ）下 $M_1(t_0)$ 取不到零点，即式（6.110）不产生混沌，但是在随机激励的情况（ $\xi(t)\neq0$ ）下， $M_1(t_0)$ 也可以取到零点，从而使得式（6.110）产生混沌。这说明随机激励的作用可以增大系统的混沌区域，使得系统更容易产生混沌运动。由式（6.111）、式（6.112）和式（6.114）可得相应于 $\bar{M}(t_0)$ 的 Melnikov 函数有简单零点的充分必要条件为

$$b_2 > \left|\frac{4a - \pi c}{\pi\mathrm{sech}\dfrac{\pi}{2}}\right| - \frac{\sigma_{M_2}}{\pi\mathrm{sech}\dfrac{\pi}{2}}$$

很显然 $b_2 < b_1$，表明在噪声作用下，电力系统出现混沌振荡的阈值减少，即噪声使电力系统更易于产生混沌运动。

6.6.5　数值模拟

本节将利用最大李雅普诺夫指数来证实上面解析分析的正确性。李雅普诺夫指数是衡量系统动力学特性的一个重要定量指标，它表征了系统在相空间中相邻轨道间收敛或发散的平均指数率。对于系统是否存在动力学混沌，可以从最大李雅普诺夫指数是否大于零非常直观地判断出来：一个正的李雅普诺夫指数，意味着在系统相空间中，无论初始两条轨线的间距多么小，其差别都会随着时间的演化而呈指数率的增加以致达到无法预测，这就是混沌现象。这里采用 Rosenstein 方法计算最大李雅普诺夫指数[80]。系统参数设 $a=0.02$，$c=0.2$，$k=1$，$h=0.6$，$\omega_2=1.8$，$\bar{\gamma}=0.4$，对于确定性电力系统（即 $\xi(t)=0$ 的情形），根据式（6.109）算得 $b_1^*=0.4379$。数值模拟仿真结果如图 6.14 所示，从图中可以看到最大李雅普诺夫指数在 $b=0.44$ 附近变成正值。对于随机电力系统（即 $\xi(t)\neq0$ 的情形），数值模拟仿真结果如图 6.15 所示，从图中可以看到最大李雅普诺夫指数在 $b=0.32$ 附近变成正值。表明在随机有界噪声 $\xi(t)$ 作用下，系统出现混沌运动的参数阈值明显减少，即表明随机有界噪声 $\xi(t)$ 使得系统更容易产生混沌运动。

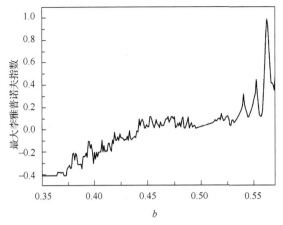

图 6.14　电力系统 $\xi(t)=0$ 时，最大李雅普诺夫指数随参数 b 变化曲线图

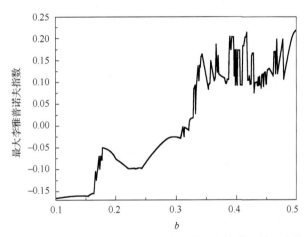

图 6.15　电力系统 $\xi(t)\neq0$ 时，最大李雅普诺夫指数随参数 b 变化曲线图

6.6.6　小结

　　本节利用 Melnikov 解析分析方法首先研究不含噪声情况下简单互联电力系统动力学行为，然后研究有界噪声作用下电力系统的随机动态响应。研究发现，在有界噪声作用下系统出现混沌运动的参数阈值明显减少，表明有界噪声使电力系统更易于产生混沌运动。最后，基于最大李雅普诺夫指数的数值模拟证明了解析分析的正确性。

6.7　随机噪声诱导单机无穷大母线电力系统混沌

6.7.1　引言

　　前面章节的研究对象主要是两单元互联电力系统。本节将采用单机无穷大母线电力系统为主要研究对象，利用最大李雅普诺夫指数、功率谱等数值模拟方法研究随机噪声激励对电力系统动力学行为的影响。研究发现，当参数噪声强度较小时，电力系统状态未受影响，随着参数噪声强度的增大，系统出现混沌振荡。进一步增强噪声强度会使系统混沌振荡变得更强烈。最后利用 Melnikov 解析方法阐明随机噪声诱导电力系统出现混沌的可能物理机制。

6.7.2　含有随机噪声单机无穷大母线电力系统数学模型

单机无穷大母线电力系统结构如图 6.16 所示。其中单发电机 G 通过导线给无穷大母线处节点送电，X_T、X_L 和 X_{TH} 分别表示变压器、导线电抗、受电端阻抗。其数学模型为[81,82]

$$M\ddot{\theta} + D\dot{\theta} + P_{\max}\sin\theta = P_m \qquad (6.117)$$

式中，θ 为发电机转过的角度；$\dot{\theta}$ 为发电机的转速；M、D 分别表示发电机转动惯量和系统阻尼；P_m 为发电机的功率并且有 $P_m = A\sin\omega t$，这里 A 和 ω 分别是发电机的功率的幅值和频率。为了方便分析，把式（6.117）化为如下二阶形式，即

$$\begin{cases} \dot{x}_1 = x_2 \\ \dot{x}_2 = -cx_2 - \beta\sin x_1 + f\sin\omega t \end{cases} \qquad (6.118)$$

式中

$$x_1 = \theta, \quad x_2 = \dot{\theta}, \quad c = D/M, \quad \beta = P_{\max}/M, \quad f = A/M$$

引入随机噪声，则式（6.118）可改写为

$$\begin{cases} \dot{x}_1 = x_2 \\ \dot{x}_2 = -cx_2 - \beta\sin x_1 + f\sin\omega t + \sigma\xi(t) \end{cases} \qquad (6.119)$$

式中，σ 是高斯白噪声 $\xi(t)$ 的强度。式（6.119）所描述的确定性（即 $\sigma = 0$ 的情形）的动力学行为在以前的文献中已得到充分研究[82]，其随参数 f 变化的分岔图和最大李雅普诺夫指数分别如图 6.17(a)和图 6.17(b)所示。在本节中为了研究随机噪声对单机无穷大母线电力系统稳定性的影响，取系统参数 $f = 2.20$，使系统初始状态为稳定的周期-1 运动。

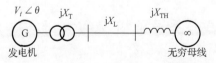

图 6.16　单机无穷大母线电力系统结构

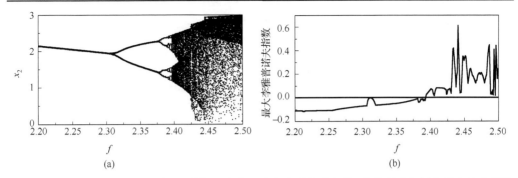

图 6.17　确定性（即 $\sigma = 0$ 的情形）单机无穷大母线电力系统随参数 f 变化的分岔图和最大李雅普诺夫指数图（系统参数取值分别为 $c = 0.5, \beta = 1, \omega = 1$ ）

6.7.3　数值模拟

本节将同时利用系统相图、功率谱和李雅普诺夫指数谱方法模拟仿真分析系统的响应。其中李雅普诺夫指数谱采用 Rosenstein 方法计算，如果它的曲线最大斜率为正，则表明系统处于混沌运动[80]。模拟仿真结果如图 6.18、图 6.19 和图 6.20 所示。图 6.18 为 $\sigma = 0.0001$ 时的仿真结果，由图中的相空间轨道可看出系统仍处于周期-1 运动，表明当噪声激励强度较小时，电力系统状态未受影响。图 6.19 为 $\sigma = 0.01$ 时的仿真结果，由图中的功率谱和李雅普诺夫指数谱可知系统进入了混沌运动状态，表明随着噪声激励强度增大，电力系统进入混沌振荡状态。图 6.20 为 $\sigma = 0.1$ 时的仿真结果，图中功率谱变得更加杂乱，而李雅普诺夫指数谱曲线最大斜率增大，表明随着噪声激励强度增大，电力系统的混沌振荡变得更严重。

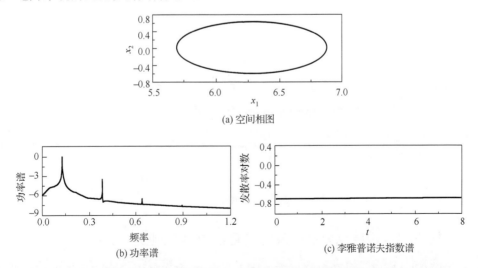

图 6.18　噪声激励强度 $\sigma = 0.0001$ 时电力系统运动状态

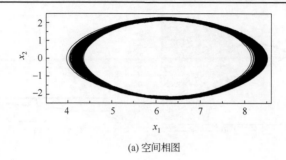

(a) 空间相图

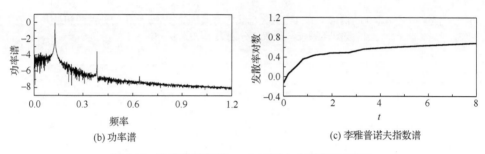

(b) 功率谱

(c) 李雅普诺夫指数谱

图 6.19　噪声激励强度 $\sigma = 0.01$ 时电力系统运动状态

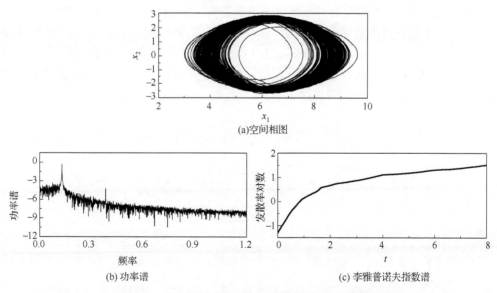

(a) 空间相图

(b) 功率谱

(c) 李雅普诺夫指数谱

图 6.20　噪声激励强度 $\sigma = 0.1$ 时电力系统运动状态

6.7.4　随机噪声诱导电力系统混沌的可能物理机制

下面利用 Melnikov 函数解析方法阐明随机噪声诱导电力系统混沌的可能物理机制。

在如式（6.119）所示的真实电力系统中，c、f、σ 是小参数，引入一个小参数 $0 < \varepsilon \ll 1$ 使 $c = \varepsilon c_1$，$f = \varepsilon f_1$，$\sigma = \varepsilon \sigma_1$，其中 $c_1, f_1, \sigma_1 \geq 0$。那么式（6.119）可重写为

$$\begin{cases} \dot{x}_1 = x_2 \\ \dot{x}_2 = -\beta \sin x_1 + \varepsilon(-c_1 x_2 + f_1 \sin \omega t + \sigma_1 \xi(t)) \end{cases} \quad (6.120)$$

当 $\varepsilon = 0$ 时，式（6.120）退化为 Hamiltonian 系统

$$\begin{cases} \dfrac{dx_1}{dt} = x_2 \\ \dfrac{dx_2}{dt} = -\beta \sin x_1 \end{cases} \quad (6.121)$$

且其 Hamiltonian 方程为

$$H(x, y) = x_2^2 / 2 + (1 - \cos x_1) \quad (6.122)$$

在 x_1-x_2 相平面 $-\pi \leq x_1 \leq \pi$ 内式（6.122）有一个中心点 $P_0(0,0)$ 和两个鞍点 $P_1(-\pi, 0)$ 及 $P_2(+\pi, 0)$。计算可得式（6.122）的连接平衡点 P_1 和 P_2 的异宿轨道参数方程为

$$\begin{cases} x_{10}(t) = \pm 2 \arcsin(\text{th}\sqrt{\beta}t) \\ x_{20}(t) = \pm 2 \text{sech}\sqrt{\beta}t \end{cases} \quad (6.123)$$

下面通过随机 Melnikov 过程方法分析电力系统产生混沌的必要条件。式（6.120）随机 Melnikov 方程为

$$\begin{aligned} M(t_0) &= \int_{-\infty}^{+\infty} [-c_1 x_{20}(t) + f_1 \sin(\omega(t+t_0)) + \sigma_1 \xi(t+t_0)] x_{20}(t) dt \\ &= \int_{-\infty}^{+\infty} [-c_1 x_{20}^2(t) + f_1 \sin(\omega(t+t_0)) x_{20}(t)] dt + \int_{-\infty}^{+\infty} [\sigma_1 \xi(t+t_0) x_{20}] dt \\ &= M + \bar{M}(t_0) \end{aligned} \quad (6.124)$$

式中，M 是与随机噪声激励无关的一个确定量，它是式（6.124）Melnikov 积分的平均值；$\bar{M}(t_0)$ 对应于噪声激励的随机部分。对于 M，可以算出

$$\begin{aligned} M &= \int_{-\infty}^{+\infty} [-c_1 x_{20}^2(t) + f_1 \sin(\omega(t+t_0)) x_{20}(t)] dt \\ &= \int_{-\infty}^{+\infty} [-c_1 x_{20}^2(t)] dt + \int_{-\infty}^{+\infty} [f_1 \sin(\omega(t+t_0)) x_{20}(t)] dt \\ &= \int_{-\infty}^{+\infty} [-c_1 2\text{sech}^2 \sqrt{\beta}t] dt \pm \int_{-\infty}^{+\infty} [f_1 \sin(\omega(t+t_0)) 2\text{sech}\sqrt{\beta}t] dt \\ &= \frac{8c_1}{\sqrt{\beta}} \pm 2f_1 \frac{\pi_1}{\sqrt{\beta}} \text{sech}\left(\frac{\omega\pi}{2\sqrt{\beta}}\right) \sin \omega t_0 \end{aligned} \quad (6.125)$$

直接计算随机部分 $\bar{M}(t_0)$ 的积分有困难。根据随机过程理论，对于一个线性系统，当输入量是一个平稳随机过程时，输出也是一个平稳随机过程。由 $\xi(t)$ 的特征可知，$\bar{M}(t_0)$ 也是一个随机过程，故只需求解 $\bar{M}(t_0)$ 的一阶矩和二阶矩就能得到 $\bar{M}(t_0)$ 的任意有限维分布族，就能确定出随机 Melnikov 积分 $\bar{M}(t_0)$ 的统计特征[83]。由于 $E[\xi(t)] = 0$，则

$$E[\bar{M}(t_0)] = E \int_{-\infty}^{+\infty} [\sigma_1 \xi(t+t_0) x_{20}(t)] \mathrm{d}t$$

$$= \int_{-\infty}^{+\infty} \sigma_1 x_{20}(t) E[\xi(t+t_0)] \mathrm{d}t$$

$$= 0 \tag{6.126}$$

$$E[\bar{M}^2(t_0)] = \delta^2$$

$$= \int_{-\infty}^{+\infty} \sigma_1^2 |X_2(\varOmega)|^2 S_\xi(\varOmega) \mathrm{d}\varOmega$$

$$= \int_{-\infty}^{+\infty} \sigma_1^2 |X_2(\varOmega)|^2 S_0 \mathrm{d}\varOmega \tag{6.127}$$

式中，S_0 为白噪声的谱密度，并且

$$X_2(\varOmega) = \int_{-\infty}^{+\infty} y_0^2(t) \mathrm{e}^{-\mathrm{j}\varOmega t} \mathrm{d}t$$

$$= \pm \int_{-\infty}^{+\infty} \left(2 \mathrm{sech}\sqrt{\beta}t\right)^2 \cdot \mathrm{e}^{-\mathrm{j}\varOmega t} \mathrm{d}t$$

$$= \pm \frac{2\pi}{\sqrt{\beta}} \mathrm{sech}\left(\frac{\varOmega \pi}{2\sqrt{\beta}}\right) \tag{6.128}$$

所以

$$E[\bar{M}^2(t_0)] = \delta^2$$

$$= \int_{-\infty}^{+\infty} \sigma_1^2 \frac{4\pi^2}{\beta} \mathrm{sech}^2\left(\frac{\varOmega \pi}{2\sqrt{\beta}}\right) S_0 \mathrm{d}\varOmega$$

$$= \sigma_1^2 \frac{16\pi\sqrt{\beta}}{\beta} S_0 \tag{6.129}$$

Melnikov 函数用来近似度量系统的稳定流形和不稳定流形之间的距离，它能给出两流形间的最小距离。如果 Melnikov 函数存在简单零点，则其稳定流形和不稳定流形横截相交。一旦相交就有无数次相交，吸引子的相空间将发生形变，不停地伸缩与折叠，系统可能出现 Smale 马蹄意义下的混沌。可以通过求出 Melnikov 函数简单零点来确定系统失稳时系统参数的阈值。根据式（6.125）和式（6.129），从能量学理论知[63]，式（6.120）进入混沌的判据为

$$\sigma_1^2 \frac{16\pi\sqrt{\beta}}{\beta} S_0 + \left(2 f_1 \frac{\pi_1}{\sqrt{\beta}} \mathrm{sech}\left(\frac{\omega\pi}{2\sqrt{\beta}}\right)\right)^2 > \left(\frac{8\bar{c}_1}{\sqrt{\beta}}\right)^2 \tag{6.130}$$

考虑到 $c = \varepsilon c_1$，$f = \varepsilon f_1$，$\sigma = \varepsilon\sigma_1$，式（6.130）可以重写为

$$\sigma^2 \frac{16\pi\sqrt{\beta}}{\beta} S_0 + \left(2 f \frac{\pi_1}{\sqrt{\beta}} \mathrm{sech}\left(\frac{\omega\pi}{2\sqrt{\beta}}\right)\right)^2 > \left(\frac{8c}{\sqrt{\beta}}\right)^2 \tag{6.131}$$

当系统参数满足式（6.131）时，系统有可能出现混沌运动。由于系统的参数 c_1、f 是确定的，对于 $\sigma = 0$，式（6.131）变成

$$f \geqslant \frac{4c}{\pi \mathrm{sech} \dfrac{\omega \pi}{2\sqrt{\beta}}}$$

即存在阈值

$$f_1^* = \frac{4c}{\pi \mathrm{sech}\left(\dfrac{\omega \pi}{2\sqrt{\beta}}\right)} \tag{6.132}$$

当 $f > f_1^*$ 时，电力系统可能出现混沌振荡。

对于 $\sigma \neq 0$，式（6.131）变成

$$f \geqslant \frac{\sqrt{(4c)^2 - \sigma^2 4\pi\sqrt{\beta} S_0}}{\pi \mathrm{sech}\left(\dfrac{\omega \pi}{2\sqrt{\beta}}\right)}$$

即存在阈值

$$f_2^* = \frac{\sqrt{(4c)^2 - \sigma^2 4\pi\sqrt{\beta} S_0}}{\pi \mathrm{sech}\left(\dfrac{\omega \pi}{2\sqrt{\beta}}\right)} \tag{6.133}$$

当 $f > f_2^*$ 时，电力系统可能出现混沌振荡。比较式（6.132）和式（6.133），显然 $f_1^* > f_2^*$。表明在噪声作用下，电力系统出现混沌振荡阈值减少，即噪声使电力系统更易于产生混沌运动。

6.7.5　小结

本节利用最大李雅普诺夫指数、功率谱等数值模拟方法研究随机噪声激励对单机无穷大母线电力系统动力学行为的影响。系统参数取值使其处于稳定运动状态。研究发现，当参数噪声强度较小时，电力系统状态未受影响，随着参数噪声强度的增大，系统出现混沌振荡。进一步增强噪声强度会使系统混沌振荡变得更强烈。最后利用 Melnikov 解析方法阐明随机噪声诱导电力系统混沌的可能物理机制。

6.8　随机参数激励下单机无穷大母线电力系统动力学分析

6.8.1　引言

含有随机参数的系统通常在研究中直接称为随机系统，这里的"随机"由系统的一些随机参数体现出来，这些随机参数服从一定的概率密度分布。参数不确定是长期以来困扰现代电力系统分析的一个问题[77]。西电东送和全国联网必将形成一个超大规模跨区域的电力系统，其带来的参数不确定程度将更加严重。在电力系统稳定分析过

程中，如果在确定性参数条件下系统能够保持稳定，但考虑参数不确定后很难直接得出此系统仍然稳定的结论。由于参数不确定性因素的存在，若对每组可能出现的参数都进行仿真评估，其计算量很大甚至不切实际。但是如果在稳定分析时就考虑了参数的不确定性，则可避免此问题。另外，最近，随机参数对非线性系统动力学行为的影响受到人们的普遍关注。例如，国内外学者研究发现随机参数能诱导 Van der Pol 振子[84]、Mathieu-Duffing[85]和 2 维螺旋桨模型[86]等系统产生倍周期分岔。本节重点研究随机参数激励对单机无穷大母线电力系统动力学行为的影响。首先利用随机 Melnikov 方法研究在均值和均方意义下电力系统可能出现 Smale 马蹄混沌的临界条件；然后给出了在均方意义上出现简单零点的必要条件，即系统存在混沌的必要条件；最后利用李雅普诺夫指数谱、功率谱、安全盆等数值模拟方法证明了解析分析的正确性。

6.8.2　含有随机参数激励单机无穷大母线电力系统数学模型

下面仍采用 6.7 节中图 6.16 所示的单机无穷大母线电力系统为研究对象，为了方便分析，把式（6.117）化为如下二阶形式

$$\begin{cases} \dot{x} = y \\ \dot{y} = -cy - \beta \sin x + f \sin \omega t \end{cases} \tag{6.134}$$

式中

$$x = \theta, \quad y = \dot{\theta}, \quad c = D/M, \quad \beta = P_{\max}/M, \quad f = A/M \tag{6.135}$$

在实际的电力系统中，系统阻尼具有不确定性，它容易受到环境的影响，即参数 c 是一个随机变化的参数，假设 c 可以表达成 $c = \bar{c} + \sigma\xi(t)$，这里 $\bar{c}$ 是 c 的平均值，而 σ 是高斯白噪声 $\xi(t)$ 的强度，那么含有随机参数激励单机无穷大母线电力系统的数学模型可以表示为

$$\begin{cases} \dot{x} = y \\ \dot{y} = -(\bar{c} + \sigma\xi(t))y - \beta \sin x + f \sin \omega t \end{cases} \tag{6.136}$$

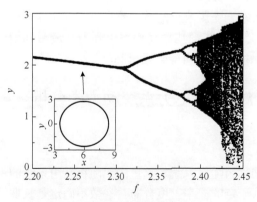

式（6.136）的动力学行为在以前的文献中已得到充分研究（即 $\sigma = 0$ 的情形）[82]，其随参数 f 变化的分岔图如图 6.21 所示，其中系统参数取值分别为 $c = 0.5$、$\beta = 1$、$\omega = 1$。图 6.21 中的插图为 $f = 2.25$ 的相图。在本节中为了研究随机参数对单机无穷大母线电力系统稳定性的影响，取系统参数 $f = 2.25$ 使系统初始状态为稳定的周期-1 运动。

下面利用 Melnikov 函数具有简单零点的条件，获得电力系统发生混沌振荡的随机参数强度区域，从而阐明随机参数使电力系统产生混沌振荡的机理。

图 6.21　单机无穷大母线电力系统
随参数 f 变化的分岔图

6.8.3　Melnikov 条件以及随机参数诱导混沌

在真实电力系统，即式（6.136）中，c、f、σ 是小参数，引入一个小参数 $0 < \varepsilon < 1$ 使 $\bar{c} = \varepsilon \bar{c}_1$，$f = \varepsilon f_1$，$\sigma = \varepsilon \sigma_1$，其中 $\bar{c}_1, f_1, \sigma_1 \geqslant 0$。那么式（6.136）重写为

$$\begin{cases} \dot{x} = y \\ \dot{y} = -\beta \sin x - \varepsilon(\bar{c}_1 + \sigma_1 \xi(t))y + f_1 \sin \omega t \end{cases} \tag{6.137}$$

当 $\varepsilon = 0$ 时，式（6.137）退化为 Hamiltonian 系统

$$\begin{cases} \dfrac{dx}{dt} = y \\ \dfrac{dy}{dt} = -\beta \sin x \end{cases} \tag{6.138}$$

且其 Hamiltonian 方程为

$$H(x, y) = y^2 / 2 + \beta(1 - \cos x)$$

在 $x\text{-}y$ 相平面 $-\pi \leqslant x \leqslant \pi$ 内式（6.139）有一个中心点 $P_0(0,0)$ 和两个鞍点 $P_1(-\pi, 0)$ 及 $P_2(+\pi, 0)$。计算可得式（6.138）的连接平衡点 P_1 和 P_2 的异宿轨道参数方程为

$$\begin{cases} x_0(t) = \pm 2\arcsin(\text{th}\sqrt{\beta}t) \\ y_0(t) = \pm 2\text{sech}\sqrt{\beta}t \end{cases} \tag{6.139}$$

下面通过随机 Melnikov 过程方法研究系统动力学行为，并分析其产生混沌的必要条件。式（6.137）随机 Melnikov 方程为

$$\begin{aligned} M(t_0) &= \int_{-\infty}^{+\infty} [-(\bar{c}_1 + \sigma_1 \xi(t))y_0(t) + f_1 \sin \omega t]y_0(t)dt \\ &= \int_{-\infty}^{+\infty} [-\bar{c}_1 y_0^2(t) + f_1 \sin(\omega(t + t_0))y_0(t)]dt + \int_{-\infty}^{+\infty} [-\sigma_1 \xi(t + t_0)y_0^2(t)]dt \\ &= M + \bar{M}(t_0) \end{aligned} \tag{6.140}$$

式中，M 是与随机激励无关的一个确定量，它是 Melnikov 积分的平均值；$\bar{M}(t_0)$ 对应于噪声激励的随机部分。对于 M，可以算出

$$\begin{aligned} M &= \int_{-\infty}^{+\infty} [-\bar{c}_1 y_0^2(t) + f_1 \sin(\omega(t + t_0))y_0(t)]dt \\ &= \int_{-\infty}^{+\infty} [-\bar{c}_1 y_0^2(t)]dt + \int_{-\infty}^{+\infty} [f_1 \sin(\omega(t + t_0))y_0(t)]dt \\ &= \int_{-\infty}^{+\infty} \left(-\bar{c}_1 4\text{sech}^2\sqrt{\beta}t\right)dt \pm \int_{-\infty}^{+\infty} [f_1 \sin(\omega(t + t_0))2\text{sech}\sqrt{\beta}t]dt \\ &= \frac{8\bar{c}_1}{\sqrt{\beta}} \pm 2f_1 \frac{\pi_1}{\sqrt{\beta}}\text{sech}\left(\frac{\omega\pi}{2\sqrt{\beta}}\right)\sin \omega t_0 \end{aligned} \tag{6.141}$$

　　直接计算随机部分 $\bar{M}(t_0)$ 的积分有困难。根据随机过程理论，对于一个线性系统，当输入量是一个平稳随机过程时，输出也是一个平稳随机过程。由 $\xi(t)$ 的特征可知，$\bar{M}(t_0)$ 也是一个随机过程，故只需求解 $\bar{M}(t_0)$ 的一阶矩和二阶矩就能得到 $\bar{M}(t_0)$ 的任意有限维分布族，就能确定出随机 Melnikov 积分 $\bar{M}(t_0)$ 的统计特征[83]。由于 $E[\xi(t)] = 0$，所以

$$
\begin{aligned}
E[\bar{M}(t_0)] &= E \int_{-\infty}^{+\infty} [-\sigma_1 \xi(t+t_0) y_0^2(t)] \mathrm{d}t \\
&= \int_{-\infty}^{+\infty} -\sigma_1 y_0^2(t) E[\xi(t+t_0)] \mathrm{d}t \\
&= 0
\end{aligned}
\tag{6.142}
$$

$$
\begin{aligned}
E[\bar{M}^2(t_0)] &= \delta^2 \\
&= \int_{-\infty}^{+\infty} \sigma_1^2 |X_2(\Omega)|^2 S_\xi(\Omega) \mathrm{d}\Omega \\
&= \int_{-\infty}^{+\infty} \sigma_1^2 |X_2(\Omega)|^2 S_0 \mathrm{d}\Omega
\end{aligned}
\tag{6.143}
$$

式中，S_0 为高斯白噪声的谱密度，并且

$$
\begin{aligned}
X_2(\Omega) &= \int_{-\infty}^{+\infty} y_0^2(t) \mathrm{e}^{-\mathrm{j}\Omega t} \mathrm{d}t \\
&= \pm \int_{-\infty}^{+\infty} (2\operatorname{sech}\sqrt{\beta}t)^2 \cdot \mathrm{e}^{-\mathrm{j}\Omega t} \mathrm{d}t \\
&= \pm \frac{4\pi}{\sqrt{\beta}} \operatorname{sech}\left(\frac{\Omega \pi}{2\sqrt{\beta}}\right)
\end{aligned}
\tag{6.144}
$$

所以

$$
\begin{aligned}
E[\bar{M}^2(t_0)] &= \delta^2 \\
&= \int_{-\infty}^{+\infty} \sigma_1^2 \frac{16\pi^2}{\beta} \operatorname{sech}^2\left(\frac{\Omega \pi}{2\sqrt{\beta}}\right) S_0 \mathrm{d}\Omega \\
&= \sigma_1^2 \frac{32\pi\sqrt{\beta}}{\beta} S_0
\end{aligned}
\tag{6.145}
$$

　　用 Melnikov 函数来近似度量系统的稳定流形和不稳定流形之间的距离，它能给出两流形间的最小距离。如果 Melnikov 函数存在简单零点，则其稳定流形和不稳定流形横截相交，一旦相交就有无数次相交，吸引子的相空间将发生形变，不停地伸缩与折叠，系统可能出现 Smale 马蹄意义下的混沌。可以通过求出 Melnikov 函数简单零点来确定系统失稳时系统参数的阈值。根据式（6.141）和式（6.145），从能量学理论知[63]，式（6.137）进入混沌的判据为

$$\sigma_1^2 \frac{32\pi\sqrt{\beta}}{\beta} S_0 + \left(2f_1 \frac{\pi_1}{\sqrt{\beta}} \mathrm{sech}\left(\frac{\omega\pi}{2\sqrt{\beta}}\right)\right)^2 > \left(\frac{8\overline{c}_1}{\sqrt{\beta}}\right)^2 \tag{6.146}$$

考虑到 $0 < \varepsilon \ll 1$，并且 $\overline{c} = \varepsilon\overline{c}_1$，$f = \varepsilon f_1$，$\sigma = \varepsilon\sigma_1$，式（6.147）可以重写为

$$\sigma^2 \frac{32\pi\sqrt{\beta}}{\beta} S_0 + \left(2f \frac{\pi_1}{\sqrt{\beta}} \mathrm{sech}\left(\frac{\omega\pi}{2\sqrt{\beta}}\right)\right)^2 > \left(\frac{8\overline{c}}{\sqrt{\beta}}\right)^2 \tag{6.147}$$

当系统参数满足式（6.147）时，系统有可能出现混沌运动。由于系统的参数 $\overline{c}_1$、f 是确定的，式（6.147）表明当参数激励强度 σ 大于某个阈值时，电力系统可能出现混沌振荡。值得注意的是这个条件是必要而不是充分的，所以需要通过数值模拟仿真来分析系统的响应，同时验证解析分析的正确性。

6.8.4　数值模拟

本节将同时利用相图、安全盆、功率谱和李雅普诺夫指数谱方法模拟仿真分析系统的响应，同时验证解析分析的正确性。其中，李雅普诺夫指数谱采用 Rosenstein 方法计算，如果它的曲线最大斜率为正，则表明系统处于混沌运动[80]；安全盆是指相空间的一个有界区域，当时间趋于无穷时从该区域内出发的轨道运动仍然有界；反之，从该区域外出发的轨道运动无界，最终将导致系统结构被破坏[87]。所以，安全盆就是所有有界解吸引盆的集合。对于电力系统运行，若以发电机的功角和角速度为相平面，如果相应的安全盆边界光滑，则始于安全盆内的所有点对应的功角和角速度的最终运行状态是有界的。如果安全盆边界受到分形侵蚀，那么一旦系统外部的扰动突然增加，就会使分形侵蚀突然加剧，始于靠近分形边界点的功角和角速度将趋向无穷，从而使系统丧失稳定性。本节在 x-y 平面上选定区域 D：$0 \leqslant x \leqslant 13, -5 \leqslant y \leqslant 5$，并将该区域均匀分成 1300×1000 个小格子，将格点作为 x 和 y 的初始点，对于每个初始点对式（6.136）积分。如果随着时间的增加，x 趋向无穷，则该点被认为是逃逸点，否则就是安全盆内的点。系统参数取值和 6.8.2 节相同，模拟仿真结果分别如图 6.22～图 6.24 所示。每个安全盆图中黑点表示安全盆内的点，白点表示逃逸点。图 6.22 为 $\sigma = 0.0001$ 时的仿真结果，由图中的相空间轨道可看出系统仍处于周期-1 运动，其安全盆边界是光滑的，表明当参数激励强度较小时，电力系统状态未受影响。图 6.23 为 $\sigma = 0.05$ 时的仿真结果，由图中的功率谱和李雅普诺夫指数谱可知系统进入了混沌运动状态，其安全盆边界不再光滑，呈现分形特征，表明随着参数激励强度增大，电力系统进入混沌振荡状态。图 6.24 为 $\sigma = 0.2$ 时的仿真结果，图中功率谱变得更加杂乱，而李雅普诺夫指数谱曲线最大斜率增大，其安全盆边界受侵蚀程度严重，安全盆面积进一步减少，表明随着参数激励强度增大，电力系统进入的混沌振荡变得更加严重。

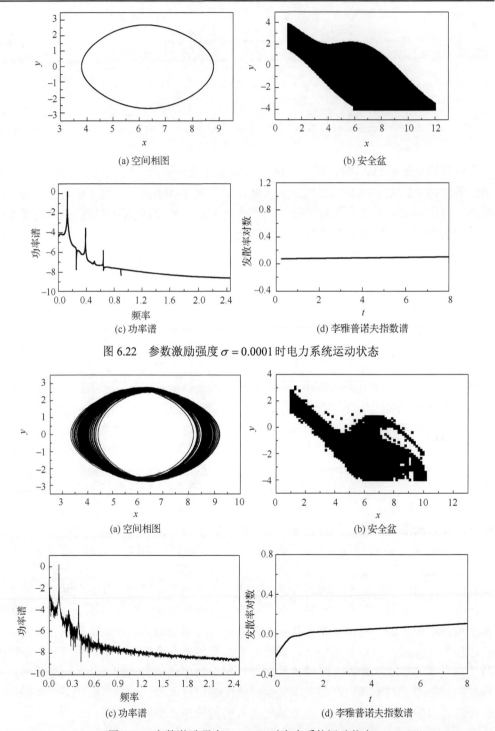

(a) 空间相图

(b) 安全盆

(c) 功率谱

(d) 李雅普诺夫指数谱

图 6.22 参数激励强度 $\sigma = 0.0001$ 时电力系统运动状态

(a) 空间相图

(b) 安全盆

(c) 功率谱

(d) 李雅普诺夫指数谱

图 6.23 参数激励强度 $\sigma = 0.05$ 时电力系统运动状态

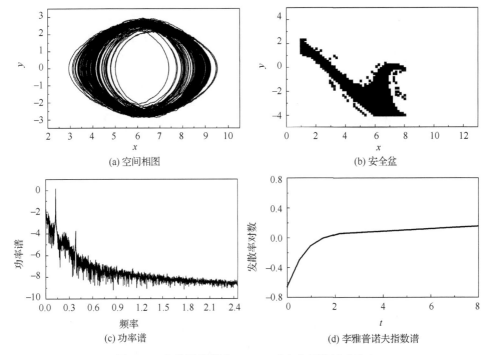

(a) 空间相图

(b) 安全盆

(c) 功率谱

(d) 李雅普诺夫指数谱

图 6.24 参数激励强度 $\sigma = 0.2$ 时电力系统运动状态

6.8.5 小结

本节研究随机参数激励对单机无穷大母线电力系统动力学行为的影响。系统参数取值使其处于稳定运动状态。研究发现，当参数激励强度较小时，电力系统状态未受影响，随着参数激励强度的增大，原来稳定的系统进入周期运动，进一步增强参数激励会使系统出现混沌振荡。最后利用最大李雅普诺夫指数、功率谱、安全盆等数值模拟方法进一步分析系统的响应，同时证明了解析分析的正确性。

6.9 随机相位作用下电力系统动力学分析

6.9.1 引言

近十几年来，相位对具有周期激励非线性系统动力学行为的影响引起了人们的普遍关注[77,88]。例如，文献[89]通过实验和数值模拟仿真研究发现周期激励驱动相位和涨落相位的不一致对单模激光稳定窗口的尺寸大小产生很大影响；胡岗等[90]通过分析相位对 Duffing 振子全局动力学行为的调控作用首次提出了"相位控制混沌"的思路；随后，这一混沌控制方法在国内外得到广泛应用；Kandangath 等[91]通过电路实验发现相位可以诱导电子线路产生混沌吸引子；Zambrano 等[92]研究相位对非自治 FHN（FitzHugh-

Nagumo）神经元簇放电的影响并得出重要结论：通过改变相位的大小不仅可以减小或增大神经元放电区域，还可以使神经元由混沌转为周期形式放电。更让人们有兴趣的是，最近国内外学者研究发现，随机相位（即噪声扰动相位）对非线性系统动力学行为同样具有重要的调控作用。例如，徐伟等[93,94]研究发现，随机相位可以抑制和诱导 Duffing 振子及 MLC 电路中的混沌。另外，电力系统是一种强非线性动力系统，其运行环境受到随机噪声干扰是不可避免的。本章重点研究随机相位（即噪声扰动相位）对单机无穷大母线电力系统动力学行为的影响，系统的参数取值使其处于稳定运动状态。本节的数值仿真研究发现，随着相位扰动强度的增大，原来稳定的系统进入混沌运动，进一步增强相位扰动强度会使系统出现混沌振荡变得更强烈。最后通过一个类似单摆的非自治系统，阐述随机相位诱导单机无穷大母线电力系统产生混沌的可能的物理机制，即电力系统在稳定和不稳定点附近发生持续交替振荡共振，就出现了人们所看到的混沌现象。

6.9.2　含有随机相位单机无穷大母线电力系统数学模型

本节采用的单机无穷大母线电力系统模型与 6.8 节也一致。在此，直接引出含有随机相位单机无穷大母线电力系统数学模型[82]

$$M\ddot{\theta} + D\dot{\theta} + P_{max}\sin\theta = P_m\sin(\omega t + \sigma\xi(t)) \tag{6.148}$$

式中，θ 为发电机转过的角度；$\dot{\theta}$ 为发电机的转速；M、D 分别表示发电机转动惯量和系统阻尼；P_m 为发电机的功率；$\xi(t)$ 表示高斯白噪声，并且有 $E[\xi(t)] = 0$，$E[\xi(t) + \xi(t + \tau)] = \delta(\tau)$；$\sigma$ 是噪声强度。为了方便分析，将式（6.148）化为

$$\begin{cases} \dot{x} = y \\ \dot{y} = -cy - \beta\sin x + f\sin(\omega t + \sigma\xi(t)) \end{cases} \tag{6.149}$$

式中

$$x = \theta, \quad y = \dot{\theta}, \quad c = D/M, \quad \beta = P_{max}/M, \quad f = P_m/M \tag{6.150}$$

参数 c、β、σ 都是正值。相位确定的单机无穷大母线电力系统（即式(6.150)中 $\sigma = 0$），其随参数 f 变化的分岔图如图 6.21 所示。

6.9.3　随机相位诱导电力系统混沌的数值仿真

本节将同样利用系统空间相图、功率谱和最大李雅普诺夫指数曲线图来仿真研究结果。图 6.25 为 $\sigma = 0.01$ 时的仿真结果，由图中的相空间轨道和功率谱可看出系统仍处于周期-2 运动，表明了当随机相位的扰动强度较小时，电力系统状态不受影响，也不会出现混沌运动。图 6.26 为 $\sigma = 0.08$ 时的仿真结果，由图中的相空间轨道和功率谱可知系统已进入了混沌运动，表明了随着随机相位强度增大，电力系统开始进入混沌振荡状态。图 6.27 为 $\sigma = 0.5$ 时的仿真结果，图中相空间轨道边界值增大，而功率谱变得更加杂乱，表明随着随机相位强度增大，系统的混沌振荡变得更严重。为了详细研究随机相位强度对电力系统动力学的全面影响，本节画出系统最大李雅普诺夫指数随参数 σ 变化的曲线图，结果如图 6.28 所示。从图中可以看到，在随机相位作用下，系

统除了一些稳定周期窗口，在大部分的参数 σ 取值范围内是不稳定的，即处于不稳定状态，表明了随机相位使系统更容易产生混沌。

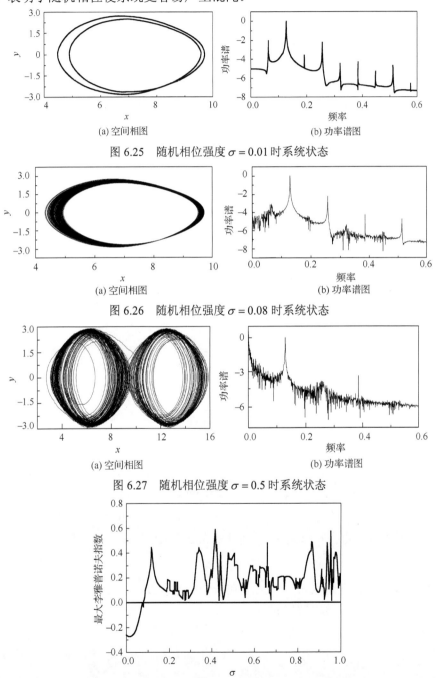

(a) 空间相图   (b) 功率谱图

图 6.25 随机相位强度 $\sigma = 0.01$ 时系统状态

(a) 空间相图   (b) 功率谱图

图 6.26 随机相位强度 $\sigma = 0.08$ 时系统状态

(a) 空间相图   (b) 功率谱图

图 6.27 随机相位强度 $\sigma = 0.5$ 时系统状态

图 6.28 系统最大李雅普诺夫指数随参数 σ 变化的曲线图

6.9.4　随机相位诱导电力系统混沌可能的物理机制

本节将通过一个类似单摆的非自治系统阐述随机相位诱导单机无穷大母线电力系统产生混沌的可能的物理机制。

考虑一个具有随机相位扰动的非自治振子

$$H = H_0(x, p) + \varepsilon H_1(x, p, t) \tag{6.151}$$

式中，$0 < \varepsilon \ll 1$。$H_0(x, p)$ 是一般的 Hamiltonian 函数，它可以表示成势能和动能之和

$$H_0(x, p) = \frac{p^2}{2} + U(x) \tag{6.152}$$

式（6.151）中受随机相位扰动部分具有如下形式

$$H_1(x, p, t) = \sin(kx + \sigma\xi(t)) \tag{6.153}$$

其运动轨迹满足

$$\begin{cases} \dfrac{\mathrm{d}x}{\mathrm{d}t} = \dfrac{\partial H}{\partial p} p \\[2mm] \dfrac{\mathrm{d}p}{\mathrm{d}t} = -\dfrac{\partial H}{\partial x} = -\dfrac{\partial U}{\partial x} + \varepsilon k \cos\psi \end{cases} \tag{6.154}$$

式中，$\psi = kx + \sigma\xi(t)$ 是受扰动的相角。式（6.154）存在两种形式的共振，第一种是一般共振形式，即满足以下条件

$$m\omega = \sigma\xi(t) \tag{6.155}$$

式中，ω 是振子固有频率，有关这种一般形式共振的基础理论可以参考文献[95]。另一种共振形式就是满足

$$\dot\psi = kp + \sigma \approx 0 \tag{6.156}$$

本节主要关心的是第二种共振形式。由式（6.154）和式（6.156），可以推导出类似"单摆"的运动方程为

$$\ddot\psi = k(U'_x - \varepsilon k \cos\psi) = 0 \tag{6.157}$$

式（6.157）描述相角 ψ 在第二种共振形式，即式（6.156）中的变化过程。假设 k 和 ε 足够大，那么变量 x、动能 p 和势能 U'_x 可以看成沿着 $x(t)$ 变化的量。如果以下条件

$$U'_x < \varepsilon k \tag{6.158}$$

成立，那么第二种共振形式可以看成 ψ 在一个稳定点 $U'_x = \varepsilon k \cos\psi$ 的附近摆动。限制相角 ψ 在 $[-\pi, \pi]$ 区间，可以解出稳定点

$$\psi_2 = \pi - \arcsin\left(\frac{U'_x}{\varepsilon k}\right) \tag{6.159}$$

而其非稳定点是

$$\psi_1 = \arcsin\left(\frac{U'_x}{\varepsilon k}\right) \tag{6.160}$$

式（6.157）对应于带有周期势能的 Hamiltonian 方程，即

$$\tilde{H} = \frac{1}{2}\dot{\psi}^2 + kU'_x + \varepsilon k \sin\psi \tag{6.161}$$

这个模型描述了具有稳定最高点的单摆运动，它的相角被分界线划分为振荡和非振荡运动，其中分界线为

$$\tilde{H}_s = kU'_x\psi_1 + \varepsilon k^2 \sin\psi_1 \tag{6.162}$$

如式（6.156）所描述的第二种共振形式可以进行以下定性分析：假设式（6.158）只是在一部分有限的轨道上成立，其中包括点

$$p = p_{\text{res}} = -\frac{\sigma}{k} \tag{6.163}$$

那么相角 ψ 就在这些轨迹之间变化，并且有

$$\dot{x} = p, \quad \dot{p} = U'_x \tag{6.164}$$

只要 U'_x 比 εk 小，式（6.161）的相角都是变化的，如果条件

$$\tilde{H} \leqslant \tilde{H}_s \tag{6.165}$$

得到满足，那么单摆进入振荡轨迹的区域。振荡相角 ψ 的取值范围对式（6.156）有很大影响，其振荡持续的时间表示为

$$\tau = \int_{\psi(t)} \frac{\mathrm{d}\psi}{\sqrt{2\tilde{H} - kU'_x\psi - \varepsilon k^2 \sin\psi}} \tag{6.166}$$

这里的积分是沿着 $\psi(t)$ 轨迹进行的。当 k 增大时，τ 减少。考虑式（6.154）中的共振项，共振响应可以表示为

$$\Delta p \approx k\tau \sim \sqrt{k}$$

式（6.156）和式（6.158）表明如果下面的条件

$$p_{\text{res}} \approx p\big|_{U'_x \approx 0} \tag{6.167}$$

满足，那么式（6.156）的持续时间达到最大值。根据式（6.163），在稳定点附近，式（6.156）的持续时间为

$$|p_{\max}(H)| \approx \frac{\sigma}{k}$$

在非稳定点附近，式（6.156）的持续时间为

$$|p_{\min}(H)| \approx \frac{\sigma}{k}$$

结果，在振子的稳定和不稳定点附近发生强烈共振，而当共振持续时间足够长时就形

成了人们所看到的混沌现象，即电力系统在稳定和不稳定点附近发生持续交替振荡共振，就出现了人们所看到的混沌现象。

6.9.5　小结

本节研究随机相位对单机无穷大母线电力系统动力学行为的影响。系统的参数取值使其处于稳定运动状态。研究发现，随着相位扰动强度的增大，原来稳定的系统进入周期运动，进一步增强相位扰动强度会使系统出现混沌振荡。最后通过一个非自治系统阐述随机相位诱导单机无穷大母线电力系统产生混沌的可能的物理机制。

6.10　本章小结

我国电力在未来几十年的三大战略目标是西电东送、全国联网、电力市场，这三大战略目标是互相关联的。预计到 2020 年，西电东送的输电总容量将达到 $1.2 \times 10^8 \mathrm{kW}$，输电距离为 $1000 \sim 2000 \mathrm{km}$。这种超长距离的西电东送，将形成大量的广域网互联和协同运作的局面。2003 年，美国、加拿大的大范围停电事故已经向世人发出了警告，大规模电网安全稳定性的研究已经迫在眉睫。以往文献中对噪声作用下随机非线性系统的研究已获得较多的成果，但把随机非线性理论移植到具有随机非线性电力系统的研究还不是很多。因此，本章在原有理论的基础上，引入一定的随机项，利用随机动力学的理论，首先，运用 Chebyshev 正交多项式逼近法，得到了含随机参数激励作用的简单电机系统的稳态随机响应，探究了该随机系统的分岔现象；其次，利用拟不可积随机平均法，研究了最简单电力系统在高斯白噪声外激下的平稳响应和首次穿越；最后，借助随机 Melnikov 积分方法，研究了多种随机非线性电力系统在噪声激励或参数随机干扰的情况下，在均值和均方意义下可能出现 Smale 马蹄混沌的临界条件，给出了在均方意义上出现简单零点的条件，数值仿真结果证明了理论分析的正确性。

参 考 文 献

[1] 方同. 工程随机振动. 北京: 国防工业出版社, 1995.

[2] 朱位秋. 随机振动. 北京: 科学出版社, 1998.

[3] 李杰. 随机结构系统——分析与建模. 北京: 科学出版社, 1996.

[4] 赵雷, 陈蛇. 随机有限元动力分析方法的研究进展. 力学进展, 1999, 29(1): 9-18.

[5] Stratonovich R L. Topics in the Theory of Random Noise. New York: Gorden and Breach, 1967.

[6] Grandall S H, Mark W D. Random Vibration in Mechanical System. New York: Academic Press, 1963.

[7] Lin Y K, Cai G Q. Probabilistic Structural Dynamics. New York: McGraw-Hill, 1995.

[8] Shinozuka M. Newman expansion for stochastic finite element analysis. Journal of the Engineering

Mechanics, 1988, 114: 1335-1354.

[9] Nayfeh A H, Mook D T. Nonlinear Oscillations. New York: Wiley, 1979.

[10] Nayfeh A H. Introduction to Perturbation Techniques. New York: Wiley, 1981.

[11] Nayfeh A H, Serhan S J. Response statistics of nonlinear systems to combined deterministic and random excitations. International Journal of Non-linear Mechanics, 1990, 25(5): 493-509.

[12] Rong H W, Xu W, Fang T. Principal response of buffing oscillator to combined deterministic and narrow-band random parametric excitation. Journal of Sound and Vibration, 1998, 210(4): 483-515.

[13] Xu W, He Q, Rong H W, et al. One to two internal resonance in two-degree-of-freedom nonlinear system with narrow-band excitation. Nonlinear Dynamics, 2002: 385-395.

[14] Ying Z G, Zhu W Q, Ni Y Q, et al. Stochastic averaging of Duhem hysteretic system. Journal of Sound and Vibration, 2002: 91-104.

[15] 徐伟, 戎海武, 方同. 谐和与随机噪声联合作用下的粘弹系统. 应用数学和力学, 2002, 24(1): 55-61.

[16] Spanos P D. Stochastic linearization in structural dynamics. Applied Mechanics Reviews, 1981, 34(1): 1-8.

[17] Roberts J B, Spanos P D. Random Vibration and Statistical Linearization. New York: Wiley, 1990.

[18] Lutes L D. Approximate technique for treating random vibration of hysteretic systems. The Journal of the Acoustical Society of America, 1970, 48: 299-306.

[19] Lin A. A numerical evaluation of the method of equivalent nonlinearization. Pasadena: California Institute of Technology, 1988.

[20] To C W S, Li M D. Equivalent nonlinearization of nonlinear systems to random excitation. Stochastic Structural Dynamics, 1991, 6: 184-192.

[21] 朱位秋. 非线性随机动力学与控制. 北京: 科学出版社, 2003.

[22] Khasminskii R Z. Principle of averaging of parabolic and elliptic differential equations for Markov process with small diffusion. Theory of Probability & Its Application, 1963, 8: 1-24.

[23] Khasminskii R Z. A limit theorem for the solution of differential equations with random right-hand sides. Theory of Probability & Its Application, 1963, 11: 390-405.

[24] Simiu E. Chaotic Transitions in Deterministic and Stochastic Dynamical Systems. Princeton: Princeton University Press, 2002.

[25] Zhu W Q. Stochastic averaging methods in random vibration. ASME Applied Mechanics Reviews, 1988, 41(5): 189-199.

[26] Zhu W Q. Recent developments and applications of the stochastic averaging method in random vibration. ASME Applied Mechanics Reviews, 1996, 49(10): 72-80.

[27] Hsu C S, Chiu H M. A cell mapping method for nonlinear deterministic and stochastic system-part Ⅰ: The method of analysis. Journal of Applied Mechanics, 1986, 53: 695-701.

[28] Chiu H M, Hsu C S. A cell mapping method for nonlinear deterministic and stochastic system-part Ⅱ:

Examples of application. Journal of Applied Mechanics, 1986, 53: 701-710.

[29] 龚璞林, 徐健学. 用广义胞映射研究不确定参数下多吸引子共存系统. 应用数学与力学, 1998, 12: 1087-1094.

[30] Xu W, He Q, Fang T, et al. Global analysis of stochastic bifurcation in Duffing system. International Journal of Bifurcation and Chaos, 2003, 10: 3115-3123.

[31] 朱位秋. 非线性随机动力学与控制-Hamilton 理论体系框架. 北京: 科学出版社, 2003.

[32] Zhu W Q. Exact solutions for stationary responses of several classes of nonlinear systems to parametric and (or) external white noise excitations. Applied Mathematics and Mechanics, 1990, 11: 165-175.

[33] Risken H. The Fokker-Planck Equation. New York: Springer, 1983.

[34] Wagner U V, Wedig W V. On the calculation of stationary solutions of multi-dimensional fokker-planck equations by orthogonal functions. Nonlinear Dynamics, 2000, 21: 289-306.

[35] Mcwilliam S, Knappett D J, Fox C H. Numerical solution of the stationary FPK equation using shannon wavelets. Journal of Sound and Vibration, 2000, 232(2): 405-430.

[36] Naess A, Moe V. New techniques for path integral solution of the random vibration. Structural Safety and Reliability, 1998: 795-801.

[37] Naess A, Moe V. Efficient path integration methods for nonlinear dynamical systems. Probabilistic Engineering Mechanics, 2000, (15): 221-231.

[38] Cameron R H, Martin W T. The orthogonal development of nonlinear functionals in series of Fourier-Hermite functions. Annals of Mathematics, 1947, 48: 385-392.

[39] Wiener N. Nonlinear Problems in Random Theory. New York: MIT Press, 1958.

[40] Gawad E F A, Tawil M A. General stochastic oscillatory systems. Applied Mathematical Modelling, 1993, 17: 329-335.

[41] Xu Y, Xu W. Mahmoud G M. Responses of coupled Duffing's equations with random excitations. International Journal of Differential Equations and Applications, 2003, 7(4): 415-442.

[42] He Q, Xu W, Rong H W, et al. Stochastic bifurcation in the Duffing-van der pol oscillators. Physica A, 2004, 338: 319-334.

[43] Yu J S, Lin Y K. Numerical path integration of a non-homogeneous Markov process. International Journal of Nonlinear Mechanics, 2004, 39: 1493-1500.

[44] 徐伟, 贺群, 戎海武, 等. Duffing-Van der pol 振子随机分岔的全局分析. 物理学报, 2003, 52(6): 1365-1371.

[45] Sun T C. A finite elements method for random differential equations with random coefficients. SIAM Journal on Numerical Analysis, 1979: 1019-1035.

[46] Spanos P D, Ghanem R G. Stochastic finite element expansion for random media. Journal of Engineering Mechanics, 1989, 115(5): 1035-1053.

[47] Lee X X. Double random vibration of nonlinear systems. Proceedings of International Conference on

Computational Stochastic Mechanics, Corfu, Greece, 1991.

[48] 李杰. 复合随机振动分析的扩阶系统分方法. 力学学报, 1996, 28(1): 66-74.

[49] Fang T, Leng X L, Song C Q. Chebyshev polynomial approximation for dynamical response problem of random system. Journal of Sound and Vibration, 2003, 226: 198-206.

[50] Fang T, Li J Q, Sun M N. A universal solution for evolutionary random response problems. Sound and Vibration, 2002, 253(4): 909-916.

[51] 戎海武, 王命宇. 随机 ARNOLD 系统的稳定性与分叉. 应用力学学报, 1996: 112-116.

[52] 刘先斌, 陈虬, 陈大鹏. 非线性随机动力系统的稳定性和分岔研究. 力学进展, 1998, 19(1): 26-32.

[53] Takada T. Weighted integral method in multi-dimensional stochastic finite element analysis. Probabilistic Engineering Mechanics, 1989, 5(4): 158-166.

[54] Li C C, Der Kiureghian A. Optimal discretization of random fields. Journal of Engineering Mechanics, 1993, 119(6): 1136-1154.

[55] Liu W K, Besterfied G, Belytschko P. Transient probabilistic systems. Computer Methods in Applied Mechanics and Engineering, 1988, 67: 27-54.

[56] 马少娟, 徐伟. 随机 Duffing-van der Pol 系统响应的 Chebyshev 多项式逼近. 动力学与控制学报, 2004, (3): 80-84.

[57] 孙元章, 卢强, 孙春晓. 电力系统鲁棒非线性控制研究. 中国电机工程学报, 1996, 16(6): 361-365.

[58] 孙晓娟, 徐伟, 马少娟, 等. 含有界随机参数的双势井 Duffing-Van der pol 系统的对称破裂分岔. 物理学报, 2006, (2): 610-615.

[59] 王保华. 电力系统非线性动力学行为分析与控制. 南京: 南京理工大学, 2005.

[60] 冷小磊. 线性随机系统演变随机响应问题研究及随机 Duffing 系统中分岔与混沌探究. 西安: 西北工业大学, 2002.

[61] Yu Y N. Electric Power System Dynamics. New York: Academic Press, 1983.

[62] Hanson O, Wright K. Influence of excitation and speed control parameters in stability inter 2 system oscillations. IEEE Transactions on PAS, 1968, 87(5): 1306-1313.

[63] Lin H, Yim S C S. Analysis of nonlinear system exhibiting chaotic, noisy chaotic and random behaviors. ASME Journal of Applied Mechanics, 1996, 63: 509-516.

[64] Frey M, Simiu E. Noise-induced chaos and phase space flux. Physica D, 1993, 63: 321-340.

[65] 张伟年, 张卫东. 一个非线性系统的混沌振荡. 应用数学和力学, 1999, 20(10): 1094-1100.

[66] 戎海武, 王向东, 徐伟, 等. 谐和与噪声联合作用下 Duffing 振子的安全盆分叉与混沌. 物理学报, 2007: 2005-2011.

[67] Guckenheimer J, Holmes P. Nonlinear Oscillations, Dynamical Systems and Bifurcations of Vector Fields. New York: Springer-Verlag, 1983.

[68] 李月, 杨宝俊. 混沌振子系统(L-Y)与检测. 北京: 科学出版社, 2007.

[69] 甘春标, 郭太银. 随机激励下非线性系统稳定性的判定方法与比较. 震动与冲击, 2007, 26(11): 112-114.

[70] 凌复华, 陈奉苏. 现代工程数学手册(第 3 卷). 武汉: 华中工学院出版社. 1985: 927-932.

[71] Gan C B. Noise-Induced chaos and basin erosion in softening Duffing oscillator. Chaos, Solutions & Fractals, 2005, 25: 1069-1081.

[72] Cox D R, Miller H D. The Theory of Stochastic Processes. New York: Chapman and Hall, 1965.

[73] Zhu W Q, Deng M L, Huang Z L. First-passage failure of quasi integrable Hamiltonian systems. ASME Journal of Applied Mechanics, 2002, 69(3): 274-282.

[74] 黄志龙, 朱位秋. 几类非线性随机系统动力学与控制研究. 杭州: 浙江大学, 2005.

[75] 李佼瑞, 徐伟, 任争争. Gauss 白噪声外激下 Rayleigh 振子的平稳响应与首次穿越. 应用力学学报, 2006, 23(3): 262-266.

[76] 邹代国. 随机非线性电力系统的动力学行为研究. 桂林: 广西师范大学, 2009.

[77] 覃英华. 随机噪声扰动下电力系统非线性动力学行为研究. 桂林: 广西师范大学, 2010.

[78] Weding W V. Invariant measures and Lyapunov exponents for generalized parameter fluctuations. Structural Safety, 1990, 8: 13-25.

[79] Rong H, Wang X, Xu W, et al. Erosion of safe basins in a nonlinear oscillator under bounded noise excitation. Journal of Sound and Vibration, 2008, 46: 313.

[80] Rosenstein M T, Collins J J, De Luca C J. Reconstruction expansion as a geometry-based framework for choosing proper delay times. Physica D, 1994, 73: 82-98.

[81] 韦笃取, 罗晓曙. Noise-induced chaos in single-machine infinite-bus power system. Europhysics Letters, 2009, 58: 50008.

[82] Chen H K, Lin T N, Chen J H. Dynamic analysis, controlling chaos and chaotification of a SMIB power system. Chaos, Solitons & Fractals, 2005, 24: 1307-1315.

[83] Gan C. Noise-induced chaos in duffing oscillator with double wells. Nonlinear Dynamics, 2006, 45: 305-317.

[84] Ma S, Xu W. Period-doubling bifurcation in an extended Van der Pol system with bounded random parameter. Communications in Nonlinear Science and Numerical Simulation, 2008, 13: 2256-2265.

[85] Li J, Xu W, Yang X, et al. Chaotic motion of Van der Pol-Mathieu-Duffing system under bounded noise parametric excitation. Journal of Sound and Vibration, 2008, 309: 330-337.

[86] Wu C, Zhang H, Fang T. Flutter analysis of an airfoil with bounded random parameters in incompressible flow via Gegenbauer polynomial approximation. Aerospace Science and Technology, 2007, 11: 518-526.

[87] Soliman M S, Thompson J M T. Integrity measures quantifying the erosion of smooth and fractal basins of attraction. Journal of Sound and Vibration, 1989, 135: 453-475.

[88] 覃英华, 罗晓曙. Random-phase-induced chaos in power systems. Chinese Physics, 2010, 19(5): 050511.

[89] Meucci R, Gadomski W, Ciofini M, et al. Experimental control of chaos by means of weak parametric perturbations. Physical Review E, 1994, 49(4): R2528.

[90] Qu Z, Hu G, Yang G, et al. Phase effect in taming nonautonomous chaos by weak harmonic perturbations. Physical Review Letters, 1995, 74(10): 1736.

[91] Kandangath A, Krishnamoorthy S, Lai Y C, et al. Inducing chaos in electronic circuits by resonant perturbations. Circuits and Systems I: Regular Papers, IEEE Transactions on, 2007, 54(5): 1109-1119.

[92] Zambrano S, Seoane J M, Marino I P, et al. Phase control of excitable systems. New Journal of Physics, 2008, 10: 073030.

[93] Lei Y, Xu W, Xu Y, et al. Global synchronization of two parametrically excited systems using active control. Chaos, Solitons & Fractals, 2004, 21: 1175.

[94] Xu Y, Mahmoud G M, Xu W, et al. Suppressing chaos of a complex duffing's. System Using A Random Phase Chaos, Solitons and Fractals, 2005, 23: 265.

[95] Zaslavsky G M. Physics of Chaos in Hamiltonian Systems. Oxford: Academic Press, 1998.

第7章　复杂电力网络的动力学模型
构建、行为分析与控制

7.1　引　　言

近十年来，Watts 和 Strogatz 以及 Barabasi 和 Albert 的两项开创性工作在国内外掀起了一股研究非线性复杂动力网络的热潮[1-3]。由于电网的运行直接关系到国民经济和人们的生活，其稳定性、可靠性受到了人们广泛的关注[4,5]。通过实证研究，科学家发现电网是一个典型的复杂网络[1,6,7]。目前对于复杂电网动力学模型研究主要集中于对电力网络的整体特性进行分析，给出停电事故原因和停电事件规模的统计描述。例如，薛禹胜在 2004 年无锡会议上提出用复杂网络信息动力学上的级联过程来解释国内外电网大停电的原因；文献[8]和文献[9]从网络结构角度研究电网连锁反应故障，提出了模拟复杂网络连锁反应故障的方法，并指出了网络结构和发生这种故障的关系。这些研究初步表明，大规模的停电事件并非源自于电力网络上很多节点和链路同时故障或被攻击，而是一种动态的级联效应造成的[10,11]。这种动态的级联表现为一个节点的故障行为在功能上能够影响其他节点，如它上面的负载需要周围的节点分担，而这又可能导致周围节点出现故障，从而迅速造成大面积停电事故。另外，许多研究表明，由于噪声与非线性的相互作用，噪声往往对系统的演化起着决定性作用，这种作用有时可能导致系统结构的完全损坏，使得系统行为从有序变为无序，因此工程中的随机噪声往往是不利的。深入地认识非线性随机现象的内在机理、运动形态，掌握其内在规律，并在此基础上设法减小或消除其影响无疑具有重要的科学意义和实际指导价值。本章首先综述了复杂网络理论在电力网络中的应用研究现状，然后提出一些新的复杂电网模型并分析其发生级联故障的内在机制，最后研究复杂电力网络在噪声作用下的非线性动力学行为、小世界复杂电机网络的混沌控制等，研究结果有望对复杂电力网络的稳定运行提供有价值的参考和新见解。

7.2　复杂网络理论在电力网络中的应用研究现状

电力网络是一个强非线性的大规模动态系统，它可抽象为由电站、高压输电线等组合而成的网络上的节点和连线，通过不同连接方式组成的规模庞大的复杂网络。复杂网络理论为其提供了一个全新的视角和研究方法，从复杂网络的角度来分析和研究电力网络，有助于从整体上把握电力网络的复杂性和整个网络响应的动力学特性。目前，电力学界基于复杂网络的研究工作主要包括复杂电力网络模型建立及在此基础上的脆弱性研究、级联故障模型和机理三方面。

7.2.1　复杂电力网络模型的研究现状

电力网络是一个典型的复杂系统，为了让复杂网络模型更好地应用到电力网络领域，学者结合了电力系统本身的物理特性和运行规律，主要包括[12,13]如下几点。

（1）电力系统具有大规模性和统计特性，现在电力系统的互联使电网成为了一个超大规模的网络，具有大量的节点和线路，其行为具有统计特性。

（2）实际电网不是一个全局耦合结构的网络，其连接结构的复杂性主要体现在网络的连接结构既非完全规则也非完全随机，但却具有内在的特征规律，现在的研究表明部分电网都具有小世界特性。

（3）电网节点的动力学行为具有复杂性，实际上每个节点都是发电机、电站和负荷点，所以每个节点本身也是非线性系统（可以用离散的和连续的微分方程描述），可能具有分岔和混沌等非线性动力学行为，故其节点具有动态行为复杂性。

（4）电网具有时空复杂性，复杂电力网络在空间上体现为一个大规模的超大型网络，在时间上体现为一个高维的非线性复杂网络。

用复杂网络的思想研究电网特性，首先要将电网抽象化为拓扑模型。发电机、变压器和变电站为节点，高压输电线和变压器支路为边。具体原则为[13]：①只考虑高压输电网（对中国电网考虑 110kV 以上，北美电网考虑 115kV 以上），不考虑配电网和发电厂、变电站的主接线；②节点均为无差别节点，不考虑大地零点；③所有边均简化为无向无权边，不考虑输电线的各种特性参数和电压等级的不同；④合并同杆并架输电线，不计并联电容支路（消除自环和多重边），使模型成为简单图。这样，电网就成为一个具有 N 个节点和 K 条边的无权无向的稀疏连通图，并定义 $N \times N$ 矩阵 $[a_{ij}]$，如果节点 i 与 j 之间有线路直接相连，则 $a_{ij} = 1$，否则 $a_{ij} = 0$。

基于以上所提到的实际电网的实际特性及其拓扑模型原则，人们对电力网络模型进行了充分的研究，文献[10]、[13]、[14]等对电力系统的小世界特性进行了研究；文献[15]则根据统计结果，研究了电力系统复杂网络的共性；文献[16]则将复杂网络理论引入无功分区算法中，根据模块度的概念，构建了分区合并新指标，并据此进行分区合并。文献[17]发现电力系统复杂网络的基本模型中，节点的关系仅用从一个节点到另一节点所经过的边数，即节点间的距离来表征；实际的电力系统，节点间的关系不仅是连通的关系，更重要的是两者间的电气距离或电气耦合强度的问题。该文献使用电气距离来替换原模型中的节点间距离的定义。其基本的计算方法为将潮流雅可比矩阵变换为电压、无功灵敏度矩阵，再将灵敏度矩阵中的元素空间转换为能代表节点间电气距离的点。通过对比改进前后的模型，证明了改进后模型可直接用于节点度分布特性等小世界特性分析，且更能表征电力系统的实际物理特性。文献[18]针对已有的小世界模型大多基于最短路径的假设与电力系统实际不相符的问题，根据潮流"可分性"假设，采用戴维南等效全局导纳、局部导纳分别代替最短路径、聚类系数，作为小世界特性的新指标。初步研究表明，该指标在电力系统小世界特性识别方面与已有模型同样有效。

此外，针对电力系统部分关键节点并非一定具有较大的度数，原始模型的节点度指标不能完全反映电力系统的实际情况，文献[19]提出节点重要度指标，即采用节点收缩后的网络凝聚度来评价节点重要度。该指标综合考虑了节点的度数和节点在网络中的位置。

虽然已有不少电力系统复杂网络的演化模型被提出，但它们却有着不同的侧重点，如负荷容量变化或线路的功率极限、考虑隐性故障等。如何引入动力学机制，建立一个能描述故障发生后较短的时间内电力系统复杂网络的网络拓扑结构和网络运行状态变化的模型，如何能更贴近电力系统的实际，描述出电力系统复杂网络的真实演化过程，但又不使模型过于复杂，仍需要开展更多的研究工作。

7.2.2　电力网络结构脆弱性研究进展

近年来，电力系统事故的频繁发生引发了人们对电网安全性和可靠性的广泛关注。对电力系统的脆弱性分析一直建立在微分方程理论的基础上，即通过对系统中各元件建立详细的数学模型，以时域仿真的形式对系统进行动态分析。这种分析方法对故障模拟、寻找系统脆弱环节起到了很好的作用[12,20]。事实上，电网本身的拓扑结构是电网所具有的内在、本质的特性，一旦确定下来，必然对电网的性能产生深刻的影响。因此，为了提高整个电网的强壮性，从电网自身的拓扑结构分析故障传播的机理，进而寻找电网本身固有的脆弱性，提出有针对性的增强措施，对建设强壮的电网具有指导意义。应用复杂系统理论，尤其是复杂网络科学的成果，研究连锁故障的内在机理，越来越受到学术界的关注。文献[21]对北美电网的连锁故障进行了建模和仿真，表明北美电网存在少部分的脆弱节点会导致大规模事故的发生。文献[22]从电网拓扑结构出发，分析电网整体结构对连锁崩溃的影响，指出介数和度数较高的联络节点在保证电网连通性的同时，对故障的传播起着推波助澜的作用；文献[23]结合复杂网络理论，对大电网进行必要的简化和拓扑建模，引入"介数"指标并对模型进行统计特征分析，利用全局效能的连锁故障模型对网络脆弱性节点进行分析，研究结果发现节点的介数指标比度数指标更优，前者能更好地反映电网的结构脆弱性。但介数指标和效能分析都仅是引入原来图论和复杂网络的分析方法，不涉及电网具体的物理意义。文献[24]考虑了电力系统的物理意义，引入了带权重的介数指标分析电力系统的脆弱线路，该节点带权值介数等于发电机和负荷节点间最短路径经过该节点而承受的负载和，在实际系统中结合时域仿真验证了该指标的有效性，同时发现有很大部分的脆弱线路电压等级低于 220kV，这部分线路大部分处于发电机节点密集区域的功率外送通道上，因此，指标不仅要关注线路输送功率大小，还需重视线路在网络中的位置和作用。但指标套用了通信和互联网领域信息沿最短路径流动的原理，明显与电力系统的潮流分布不相符。文献[20]改进了该模型，基于潮流"可分性"，提出基于节点间等值导纳节点距离的度量，则传统的介数指标不再适用。文献[25]提出了分析脆弱性的静态方法和动态方法。其中静态方法主要关注故障发生前后网络特征的对比分析，包括基于图论的静态连通性变化和网络的平均路径长度变化分析。动态方法引入节点-线路混合动态分析模式和基于故障概率发生的网络流-容量模型来考察网络的脆弱性。文献[26]为快速评估线路故障对系统静态安全的影响，基于复杂网络脆弱度理论，构建了互补性脆弱度指标集和综合脆弱度指标，进而提出一种输电线路脆弱度评估方法。该方法可从全局和局部、有功和无功两方面综合衡量输电线路的脆弱度。根据电力网络有功功率传输的特点构建了平均传输距离指标，从全局的角度衡量输电线路故障对有功功率全网传输效率的影响；其次，提出了局部变化量指标，从负荷节点和发电机节点的角度有效评估局部无功平衡受影响的程度。上述两类指标构成了互补性脆弱度指标集。对互补性指标集进行了归一化处理，得到综合脆弱度指标。目前，学者主要从网络的拓扑结构提出线路的脆弱性指标，而电力网络的特性不仅体现在网络的拓扑结构上，而且体现在电网的运行状态、动态行为上。如何把实际电网的物理特性与复杂网络的特征结合，以及如何有效地将网络拓扑和电网的运行行为状态两者联系起来作为线路脆弱性的评估是值得研究的课题。

7.2.3　复杂电网级联故障模型和机理研究进展

在很多实际网络中，一个或少数几个节点或边发生的故障会通过节点之间的耦合关系引起其他节点发生故障，这样就会产生连锁效应，最终导致相当一部分节点甚至整个网络的崩溃。这种现象就称为级联故障，有时也称为"雪崩（avalanche）"[20,27,28]。在电力网络中，断路器故障、输电线路故障和电站发电单元故障常常导致大范围停电事故。大规模的相继故障一旦发生，往往具有极强的破坏力和影响力。例如，2003 年8 月由美国俄亥俄州克利夫兰市的 3 条超高压输电线路相继过载烧断引起的北美大停电事故使得数千万人一时陷入黑暗，经济损失估计高达数百亿美元。因此，级联故障模型及其发生机理的研究具有非常重要的现实意义。当前国内外学者已提出较多的电网级联故障理论模型，汪小帆等[27]对一些比较突出的工作进行了详细总结。

1. 基于最优潮流的 OPA 模型

最优潮流（Optimal Power Analogy，OPA）模型[27,28]是 Dobson 等提出的电网由初始状态向自组织临界态转化的模型，该模型按时间尺度分为两个过程。一个是慢动态过程，描述电网用户负荷的缓慢增长及其相对应的各种工程反应相互作用下电网状态逐渐向自组织临界态演化。这是一个漫长的过程，可能经过几年甚至十几年的演化，其时间单位是天。另一个是快动态过程，描述相继故障发生和传播，该过程一般只需要几小时甚至几分钟，其时间单位是分钟[27,28]。

1）慢动态过程[27,28]

假设网络中有 N 个节点，并把这些节点分为两类：一类是负荷节点；另一类是发电机节点。定义负荷功率为负值，发电机功率为正值。令 P_{ik} 为第 k 天节点 i 的功率，P_k 为第 k 天所有节点功率的向量，即 $P_k = (P_{1k}, P_{2k}, P_{3k}, \cdots, P_{Nk})^T$。所有节点的功率应该满足功率平衡，即 $\sum_i P_{ik} = 0$。设网络有 M 条输电线，令第 k 天输电线 j 上所承载的功率为 F_{jk}，向量 $F_k = (F_{1k}, F_{2k}, F_{3k}, \cdots, F_{Mk})^T$ 表示第 k 天所有输电线承载的功率，输电线承载功率不能超过它的最大值，即

$$-F_{jk}^{\max} \leqslant F_{jk} \leqslant F_{jk}^{\max}, \quad j = 1, 2, \cdots, M \tag{7.1}$$

在 OPA 模型中，所有的输电线均被视为一个理想的电感，并且输电线本身没有功率损耗。所有的负荷均认为是直流负荷，则电网中所有节点的功率和输电线承载的功率之间满足

$$F_k = AP_k \tag{7.2}$$

式中，A 是一个和网络结构相关的常数。

设第 ℓ 天与第 $\ell-1$ 天的负荷之比为 λ_ℓ，那么

$$P_k = P_0 \prod_{\ell=1}^{k} \lambda_\ell \tag{7.3}$$

式中，$\lambda_\ell (\ell = 1, 2, 3, \cdots)$ 是一组相互独立、具有相同概率分布且平均值略大于 1 的参数。同样，输电线负荷也随着节点负荷的增加而有相应的增加，满足

$$F_k = AP_k = AP_0 \prod_{\ell=1}^{k} \lambda_\ell = F_0 \prod_{\ell=1}^{k} \lambda_\ell \tag{7.4}$$

如果一条输电线出现故障，输电线在获得维修之后其容量 $F_{jk}^{\max}$ 将被人为扩充，以保证这条输电线有一定的安全余量，并防止相同的故障再次发生，即如果第 k 天输电线 j 发生故障，那么

$$F_{j(k+1)}^{\max} = \mu_k F_{jk}^{\max} \tag{7.5}$$

式中，参数 $\mu_k (k = 1, 2, 3, \cdots)$ 是一组相互独立、具有相同概率分布的变量，满足

$$1 < \lambda_{\max} < \mu_{\min} \tag{7.6}$$

随着负载负荷的增加，发电机节点的容量也必须有相应的增加，即

$$P_{ik}^{\max} = (\bar{\lambda})^{k+1} P_{i0}^{\max} \tag{7.7}$$

在 OPA 模型中假定发电机节点不会出现故障。电网对故障或负荷过载的工程反应是引领电网状态向自组织临界态演变的一个不可或缺的动因。用电负载的增加和电网工程反应两者相互作用的结果使得所有输电线的承载功率 F_{jk} 缓慢地逐渐趋近于 $F_{jk}^{\max}$。设系统的状态为

$$M_{jk} = \frac{F_{jk}}{F_{jk}^{\max}}$$

那么所有系统的状态 M_{jk} 都将趋向于 1。

2）快动态过程[27,28]

设电网在第 k 天发生相继故障。记 f_j 为故障时刻输电线 j 的承载功率，向量 f 表示输电线的功率 $f = (f_1, f_2, f_3, \cdots, f_m)^{\mathrm{T}}$，$p_i$ 为故障时刻节点 i 的功率，向量 p 表示此时所有节点的功率 $p = (p_1, p_2, p_3, \cdots, p_n)^{\mathrm{T}}$，并且初始化为

$$f = F_k \tag{7.8}$$
$$p = P_k \tag{7.9}$$

输电线可能有两种故障：一种是在没有过载条件下的随机故障，如由天气、误操作等原因所导致的输电线故障，这时的故障概率是个很小的值，记为

$$P\{\text{line } j \text{ outaged}\} = h^0(M_{jk}) \tag{7.10}$$

式中，h^0 是一个正的非减函数；另一种是在输电线过载条件下的故障，这时候的故障概率很高，记为

$$P\{\text{line } j \text{ outaged}\} = h^1(M_{jk}) \tag{7.11}$$

式中，h^1 是一个正的非减函数，且 $h^1 \gg h^0$。

3）故障传播算法

OPA 模型的相继故障传播算法流程如下。

（1）按式（7.8）和式（7.9）初始化每个节点功率和输电线的承载功率。

（2）由式（7.10）确定输电线故障。

（3）对第（2）步中的过载输电线按式（7.11）计算其是否出现故障，若 P {line j outaged}=0，则退出循环。

（4）若 P {line j outaged}=1，则返回第（2）步。

4）OPA 模型的临界点

随着用户负荷的增加，当电网的需求功率达到一个固定值时，电网的伺服功率达到最大。在该值附近，电网故障大小的概率满足幂律分布。同时发生停电事故的风险会在达到该点以后突然迅速增加。这时电网的需求功率达到了一个临界点（见文献[28]）。

电网停电事故可分为两种形式：一种是由于负载太大，超过了电网的供电功率，电网操作者被迫对部分节点进行拉闸限电处理；另一种则是由于输电线过载故障引起的停电事故。

在 OPA 模型中，上述两种故障形式分别对应不同的临界点。在电网中到底哪类临界点起主导作用，取决于电网的操作条件和这两个临界点之间的距离（见文献[29]）。在 OPA 模型的用户平均负荷增长过程中，系统的动态过程有两个临界点，它们产生于

电网的两种限制：电网的发电功率限制和输电线的容量限制。在临界点附近，故障范围大小的概率分布函数满足幂律分布，发生停电事故的风险会在接近临界点以后迅速增加；同时，电网的切断功率比（被切断的节点功率和总功率的比值）会在临界点处出现突变（见图 7.1）。如图 7.2 所示，对于一个 382 节点（12 个发电节点和 370 个负荷节点）的网络，以均匀的速率增加节点的负荷，当负荷增加到 31480MW（发电节点的总功率）时，部分节点开始出现断电。如果负载节点的负荷继续增加，断电节点会继续增加。当网络负荷达到 45725MW 时，网络中的部分输电线达到了其最大承载容量，输电线故障开始出现。输电线的故障导致更多的节点出现断电（见文献[30]）。

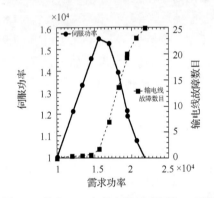

图 7.1　具有 190 个节点的树形网络，伺服功率和输电线故障数目随需求功率变化情况（取自文献[29]）

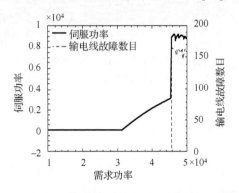

图 7.2　具有 382 个节点的树形网络，伺服功率与输电线故障数目随需求功率的变化（取自文献[29]）

2.　CASCADE 模型[27,31]

为了进一步深入了解电网负荷增加过程中，相继故障频率和故障规模的概率分布变化特征，Dobson 等提出了 CASCADE 模型[30]。整个模型基于如下假设：①网络中具有多个类似的节点，并且各自具有随机的初始负荷和初始扰动；②某一节点过载后会失效并将一个固定大小为 P 的负荷传给其他节点。

基本 CASCADE 算法可以描述如下。

（1）所有 n 个节点开始都处于正常状态，具有相互独立的初始负荷 $L_1, L_2, \cdots, L_n$，其大小在$[L^{min}, L^{max}]$随机选取。

（2）在每个节点的负荷上加上一个扰动 D，$i \leftarrow 1$。

（3）对每个节点 j，若 $L_j > L^{fail}$，则节点 j 发生故障；设该步有 m_i 个节点发生故障。

（4）若 $m_i = 0$，则停止，链式效应结束。

（5）若 $m_i > 0$，则 $L_j \leftarrow L_j + m_i P$。

（6）$i \leftarrow i+1$，返回第（2）步。

相比于 OPA 模型，CASCADE 模型比较简单，但是可以用于研究电网中在不同的负载条件下故障规模的概率分布特征。用密度函数 $f(r,d,p,n)$ 来表示 n 个节点中有 r 个发生故障的概率，可导出 f 的扩展拟双峰（quasibinomial）分布公式为

$$f(r,d,p,n)=\begin{cases} \binom{n}{r}d(rp+d)^{r-1}(1-rp-d)^{n-r}, & 0\leqslant r\leqslant(1-d)/p,\ r<n & (7.12)\\ 0, & (1-d)/p<r<n,\ r\geqslant 0 & (7.13)\\ 1-\sum_{s=0}^{n-1}f(s,d,p,n), & \text{其他} & (7.14) \end{cases}$$

当 $np+d\leqslant 1$ 时，上述三式可以简化为

$$f(r,d,p,n)=\binom{n}{r}d(rp+d)^{r-1}(1-rp-d)^{n-r} \tag{7.15}$$

对 $n=1000$ 的网络发生故障的节点个数的平均值（$<r>$）与参数 p、d 之间的关系的仿真结果如图 7.3 所示。在直线 $np+d=1$ 右边与 $d=0$ 的上面区域几乎完全是黑色，表明所有节点都发生故障的概率极高（$<r>\approx 1000$）。直线 $np+d=1$ 左边与 $d=0$ 上面区域，f 满足式（7.15），而均值 $<r>$ 满足

$$<r>=nd\sum_{r=0}^{n-1}\frac{(n-1)!}{(n-r-1)!}p^{r} \tag{7.16}$$

显然 $<r>$ 与 d 成正比。当 d 是一个较小的常数而 p 变化时，$<r>$ 的概率分布如图 7.4 所示，其中对所有的 p，不发生故障的概率都是 0.9。可以看出当 $p=0.0001$ 时，$<r>$ 的概率分布是一个指数分布；当 $p=0.001$ 时，$<r>$ 的概率分布是一种近似的幂律分布；当 $p=0.002$ 时，在 $<r>=1000$ 处，有一个概率等于 0.8 的孤立点，即此时全部节点故障的概率为 0.8。

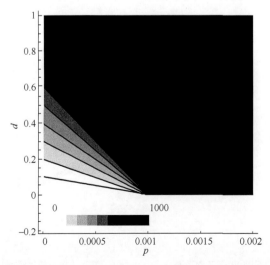

图 7.3　平均故障节点数 $<r>$ 随 p 和 d 变化的函数关系（取自文献[30]）

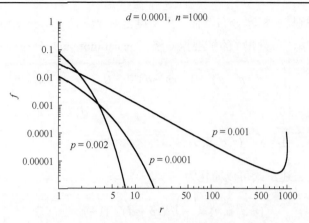

图 7.4 当 d 较小时不同 p 值条件下 $<r>$ 概率分布（取自文献[30]）

Dobson 等还分析了改变平均负荷 L 的影响，如图 7.5 和图 7.6 所示（见文献[31]）。由图 7.5 可以看出，CASCADE 模型负荷对故障规模的影响存在一个临界点 $L \approx 0.8$。当 $L > 0.8$ 时，故障节点数目（ES）会随着负荷的增长而突然增加。图 7.6 显示，$L = 0.6$、

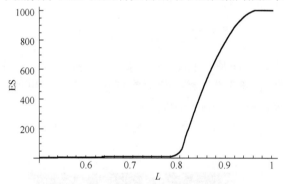

图 7.5 故障节点数目（ES）随负载 L 变化的函数曲线（取自文献[31]）

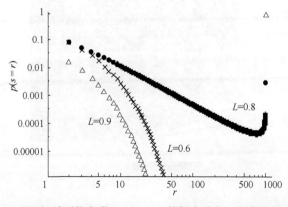

图 7.6 不同初始平均负荷 L 下 $<r>$ 的概率分布（取自文献[31]）

0.8、0.9 时没有故障发生的概率分别为 0.61、0.37、0.14。在负荷较低时（$L=0.6$），$<r>$ 的概率分布满足指数分布。在临界点附近（$L\approx0.8$），$<r>$ 的概率分布是一种近似的幂律分布。也就是说，在所有节点负荷较低的情况下，节点间的故障相对独立，断电规模的分布具有指数特征，大规模故障发生的概率较小。当节点负荷增加到一个临界值时，故障节点数的分布具有一个幂律分布区域。当所有节点负荷继续增加时，则极有可能发生大规模断电。这和 OPA 模型的结论是一致的。

7.3　基于择优重新分配的复杂电网级联故障分析

7.3.1　概述

近年来，研究和分析复杂电网大规模停电的发生机理成为热点课题[32]。研究发现，互联电网中某一个局部节点发生故障会导致它的负载重新分配，而负载的重新分配又使得电网中另外一些节点因接受额外负载超过其负载容量而失效，继而引发系列节点故障最终导致电网的大面积停电、崩溃，这种现象称为电网级联故障[27]。大规模的电网级联故障一旦发生，将带来巨大损失。例如，2003 年 8 月发生在美国东北部和加拿大东部地区的联合大停电事故、2008 年年初我国南方电网的大崩溃都可以从某种程度上认为是因电网级联故障所引发的灾难[25]。因此，电网级联故障的理论研究非常重要且具有重要现实意义。当前国内外学者已提出较多的电网级联故障理论模型，如 OPA 模型[27]、CASCADE 模型[31]、Hidden Failure 模型[33]等。在这些模型中往往把节点上的负载定义为节点的介数，而故障节点上负载的重新分配采用最短路径的路由策略原则。这种重分配要求从全局出发，衡量电网中所有节点之间的最短路径，每个节点必须具有全局网络信息。然而，现实中要获取电网全局信息是非常困难的，因此，提出符合实际的负载重分配原则具有重要意义。为此，本节首先提出一种新的电网级联故障模型，该模型中每个节点初始负荷是其本身度的函数形式。当电网中某一个节点发生故障时，它的负载根据邻居节点度的大小择优重新分配，即度越大的邻居节点分到越多的额外负荷。然后研究负荷在随机扰动下电网发生级联故障时容忍参数及其鲁棒性之间的关系。最后利用华中-川渝电网、上海电网、标准 IEEE 57 台发电机电网和 IEEE 14 节点仿真级联故障。研究结果有望对保证复杂电网的稳定运行提供有价值的参考和新见解。

7.3.2　基于择优重新分配的电网级联故障模型

本节的模型假设电网中一个节点的故障引发全局级联故障：开始由于每个节点的负载都小于它的容量（也称为安全阈值），所以电网处于稳定运行状态；而当某一个节点在随机扰动下产生故障时，其负载按照邻居节点度的大小择优重新分配到无故障邻居节点上。邻居节点接受了额外的负载，其总容量也超过了它能够处理的容量，从而导致新一轮的负载重新分配。这个过程反复进行，受影响的节点有可能逐渐扩散，从而产生级联故障，该模型的详细描述如下。

首先，假设每个节点 j 的初始负荷定义为它本身度 k 的函数[34,35]，即

$$F_j = k_j^{\beta}, \quad j = 1, 2, \cdots, N \tag{7.17}$$

式中，N 是电网节点数；$\beta > 0$ 是调节参数，控制节点 j 的初始负荷的大小。这个假设是合理的，因为已有的研究发现，实际网络中每个节点上的负荷通常与其节点度都存在一定的关联性，度大的节点往往承担更多的负荷[34,35]。

在现实电网中，由于每个节点处理负荷的能力通常受到运行成本和环境等因素的限制，所以定义节点 j 的容量（即可承载的最大负荷）正比于其初始负荷 F_j，即

$$C_j = (1 + \alpha) F_j, \quad j = 1, 2, \cdots, N \tag{7.18}$$

式中，常数 $\alpha \geq 0$ 是一个容许系数。假设初始的故障由随机扰动引起，失效节点 i 上的负荷按照邻居节点度的大小择优重新分配到无故障邻居节点 j 上，即

$$\prod_j = \frac{k_j^{\beta}}{\sum_{M \subset \Omega_i} k_M^{\beta}}, \quad i, j = 1, 2, \cdots, N \tag{7.19}$$

式中，M 是发生故障的节点 i 的邻居节点；Ω_i 是节点 i 的所有邻居节点的集合。根据式（7.19），节点 j 上所分配到的额外负载 ΔF_{ji} 与其初始负荷有如下关系

$$\Delta F_{ji} = \frac{F_i k_j^{\beta}}{\sum_{M \subset \Omega_i} k_M^{\beta}} \tag{7.20}$$

电网中每个节点承受的负荷都有一定的限制能力。对于节点 j，当它所接收到的额外负荷加上本身节点上的初始负荷大于它的承受能力时，即如果

$$F_j + \Delta F_{ji} > C_j \tag{7.21}$$

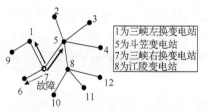

1为三峡左换变电站
5为斗笠变电站
7为三峡右换变电站
8为江陵变电站

图 7.7　华中-川渝电网主干节点

那么节点 j 发生故障，并引发它的总负荷 $F_j + \Delta F_{ji}$ 进行新一轮的择优重新分配，从而可能会触发其他节点的故障。下面以图 7.7 所示的华中-川渝电网主干节点说明本节提出的级联故障模型的传播原则，其中节点 1 为三峡左换变电站，节点 5 为斗笠变电站，节点 7 为三峡右换变电站，节点 8 为江陵变电站。假设节点 7 由于随机扰动发生故障，在它的邻居节点 1、5、6 中，度大的点将会分配到更多的额外负载，即 $\Delta F_5 > \Delta F_1 > \Delta F_6$（图中用箭头的粗细表示额外负载的大小）。

7.3.3　仿真分析

这里利用提出的模型对华中-川渝电网、上海电网、标准 IEEE 57 台发电机电网和 IEEE 14 节点电网级联故障进行研究，它们的连接网分别如图 7.8～图 7.11 所示。为了便于定量分析电网的级联故障现象，这里移除一个节点 i，在级联故障结束后计算整个电网失效节点的数量 V_i。为了量化整个电网对级联故障的鲁棒性，这里采用了失效节点的归一化指标

$$V_N = \sum_{i \in N} V_i \bigg/ (N(N-1))$$

式中，$0 \leqslant V_N \leqslant 1$，而且参数 V_N 越小网络鲁棒性越强。

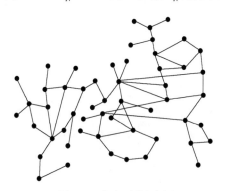

图 7.8　华中-川渝电网

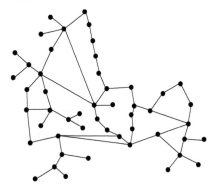

图 7.9　上海电网

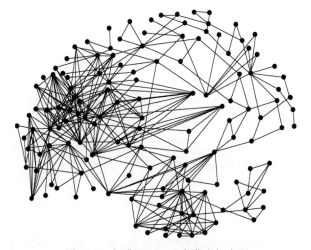

图 7.10　标准 IEEE 57 台发电机电网

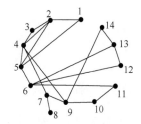

图 7.11　标准 IEEE 14 节点电网

显然，容许系数 α 对电网的鲁棒性有很大影响，为了更好地探讨不同电网抵制级联故障的鲁棒性，本节定义一个新的度量指标，即关键阈值 α^*，相应的法则是：①当

$\alpha > \alpha^*$时电网中每个节点都有能力承受分配来的额外负荷，电网不会发生级联故障并保持原来的稳定运行；②当$\alpha < \alpha^*$时电网中节点没有能力承受分配来的额外负荷，参数V_N由 0 突然增大，网络中发生局部或全局故障。因此阈值α^*是保证电网正常运行的最小容许值。显然阈值α^*越小，电网越稳定。首先考虑华中-川渝电网在随机扰动下的级联故障，结果如图 7.12(a)所示。图中描绘了对于不同的调节参数$\beta = 0.1, 0.6, 1.2, 1.8$，容许系数$\alpha$所导致的网络故障节点的规模$V_N$。对于每条曲线，都存在一个阈值$\alpha^*$，当容许系数小于阈值时，电网没有发生级联故障；然而当容许系数大于阈值时，参数V_N突然增大，表明网络中发生局部或全局级联故障。由图可知，随着参数β增大，阈值α^*变小；还可以发现，如果容许系数固定，则参数随着β增大，V_N明显变小，表明了调节参数越大，电网越稳定。其他电网级联故障仿真分析分别如图 7.12(b)～(d)所示。

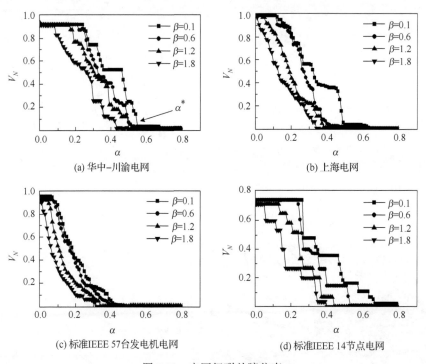

图 7.12　电网级联故障仿真

7.3.4　小结

本节利用电网级联故障研究电网大规模停电事故的传播机理。首先提出一种新的电网级联故障模型，该模型中电网每个节点初始负荷是其本身度的函数形式。当某一个节点发生故障时，它的负载按照邻居节点度的大小择优重新分配，即度越大邻居节点分到越多的额外负荷。然后利用电网失效节点的数量V_N量化电网对级联故障的鲁棒性，并定义一个关键阈值研究电网发生级联故障时容许参数及其鲁棒性之间的关系。研究发现当容许系数小于阈值时，电网没有发生级联故障；然而当容许系数大于阈值时，参数 V_N 突然增大，即网络中发生局部或全局级联故障。本节还发现，如果容许系数固定，则随着调节参数 β 增大，V_N 明显变小，即调节参数越大，电网越稳定。最后利用华中–川渝电网、上海电网、标准 IEEE 57 台发电机电网和 IEEE 14 节点电网仿真级联故障。

7.4　噪声诱导复杂电力网络崩溃

7.4.1　概述

许多研究表明，由于噪声与非线性的相互作用，噪声往往对系统的演化起着决定性作用，这种作用有时可能导致系统结构的完全损坏，使得系统行为从有序变为无序，所以工程中的随机噪声往往是不利的。深入地认识非线性随机现象的内在机理、运动形态，掌握其内在规律，并在此基础上设法减小或消除其影响无疑具有重要的科学意义和实际指导价值。本节研究确定性电力网络在噪声作用下的非线性动力学行为，发现稳定运行的电力网络在噪声作用下转化为混沌振荡运动，最后引发电压崩溃。研究结果不仅对非线性随机电力系统的动力学行为研究具有重要的理论探索价值，而且有望对复杂电力网络的稳定运行提供有价值的参考。

7.4.2　复杂电力网络模型

以式（2.2）所描述的励磁限制的电力系统模型为节点，输电线为边，可以构造外噪声作用下的电力网络模型为[36]

$$
\begin{cases}
\dot{\delta}_i = 2\pi f_0 \omega_i \\
M\dot{\omega}_i = -D\omega_i + P_{\mathrm{T}} - \dfrac{E'}{x'_d + x}\sin\delta_i + \xi_i(t) \\
T'_{d0}\dot{E}'_i = -\dfrac{x_d + x}{x'_d + x}E'_i + \dfrac{x_d - x'_d}{x'_d + x}\cos\delta_i + E_{\mathrm{fd}_i} \\
T_{\mathrm{A}}\dot{E}_{\mathrm{fd}_i} = -K_{\mathrm{A}}\left(\dfrac{C}{N}\sum_{j=1}^{N}a_{ij}(V_i - V_j) - V_{\mathrm{ref}}\right) - (E_{\mathrm{fd}_i} - E_{\mathrm{fd0}})
\end{cases}
\tag{7.22}
$$

式中，$i = 1, 2, \cdots, N$ 表示发电机的个数；$\xi_i(t)$ 是满足均值为零且 $\langle \xi_i(t)\xi_j(t)\rangle = D\delta_{ij}\delta(t-s)$ 的高斯白噪声[9]，D 为功率，表示噪声的强度；$\dfrac{C}{N}\sum_{j=1}^{N}a_{ij}(V_i - V_j)$ 为电力网络中的耦合项，C 是耦合强度，矩阵 a_{ij} 定义连接拓扑，如果发电机 i 和 j 之间有连接，则 $a_{ij} = a_{ji} = 1$，否则 $a_{ij} = a_{ji} = 0$，对所有的 i，有 $a_{ii} = 0$。

网络耦合模型的构造简述如下，从最近邻网开始（每个节点有 6 个近邻），然后随机地在两个不相连的节点之间添加一条长程连接边（即一条捷径），在极端的情况下，整个网络有 $N(N-1)/2$ 条边。如果定义 M 为随机长程边的个数，则可以用比例 $p=M/[N(N-1)/2]$ 表示网络的随机拓扑结构。在本节的数值模拟中，取网络参数 $C=0.5$，$N=200$，$p=0.2$。通过数值仿真，可以发现，$D=0$ 时，电力网络稳定运行，如图 7.13 所示；$D>0$ 但较小时，系统周期运动，图 7.14 为 $D=0.05$ 时的情形。当 D 进一步增大时，电力系统进入混沌振荡状态，如图 7.15 所示（$D=0.4$），最后导致电力网络崩溃，图 7.16 为 $D=8.5$ 时的情形。

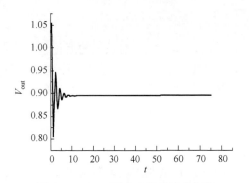

图 7.13　$D=0$ 时电力网络稳定运行

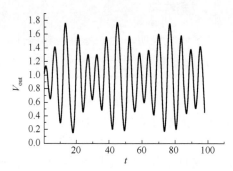

图 7.14　$D=0.05$ 时电力网络周期运动

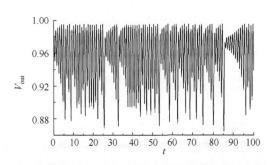

图 7.15　$D=0.4$ 时电力网络混沌振荡

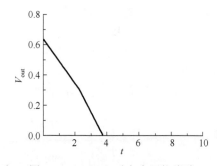

图 7.16　$D=8.5$ 时电力网络崩溃

7.4.3　小结

电力网络的稳定运行是当今国民经济发展中需要解决的重大问题。目前对电力系统电力网络非线性动力学的研究主要集中在研究其的确定性分岔和混沌行为。然而，现实中复杂电力系统受到随机噪声干扰是不可避免的，考虑随机噪声对电力网络动力学特性的影响更为本质和真实。本工作研究确定性电力网络在噪声作用下的非线性动力学行为，发现稳定运行的电力系统、电力网络在超过一定强度噪声的作用下转化为混沌振荡运动，最后引发电压崩溃。

7.5　基于环境的 PMSM 小世界网络混沌控制

已有的研究表明[37]，即使单个 PMSM 节点在耦合之前工作于稳定状态，在 PMSM 节点数量、节点间耦合强度和 PMSM 网络的拓扑结构满足一定条件时，PMSM 网络也会表现出混沌行为，这会威胁到传动系统的安全与稳定运行。PMSM 节点之间的相互作用可以导致同步现象的产生，在这种情况下，PMSM 网络模型的全局动力学就取决于网络结构与 PMSM 节点动力学之间的相互作用。已有的复杂动态网络的混沌控制研究，主要还是通过动力学系统内部的反馈来设计控制器。例如，文献[38]和文献[39]提出时滞反馈控制器对小世界网络的分岔、混沌行为进行控制。然而，在一个 PMSM 网络中，每个 PMSM 节点不仅与其他节点相互作用，还会与系统外部的环境相互作用，而对外部系统或外部媒介等环境因素与 PMSM 网络的相互作用，和随之而来的突发动力学行为仍未有研究报道。为了抑制 PMSM 网络的混沌行为，本节给出一个基于环境的混沌控制方法。这里环境的平均效应是从子单元获取有效反馈的过阻尼振子来模拟的。该方法的优点在于只有一个过阻尼动力学系统耦合到 PMSM 网络中的所有节点，因此它的设计过程是简单并且易于实现的。

本节首先利用线性稳定性分析确定 PMSM 小世界网络稳定的控制参数，然后通过计算最大李雅普诺夫指数，用数值方法验证混沌控制方法的正确性，最后得到抑制混沌的控制参数阈值，通过数值分析验证理论分析结果。

7.5.1　基于环境的 PMSM 小世界网络混沌控制模型

均匀气隙 PMSM 模型已在第 2 章中详细描述过，现将模型重写如下

$$\begin{cases} \dot{I}_q = -I_q - I_d\omega + \gamma\omega + V_q \\ \dot{I}_d = -I_d + I_q\omega + V_d \\ \dot{\omega} = \sigma(I_q - \omega) - T_L \end{cases} \qquad (7.23)$$

式中，I_q、I_d 和 ω 为 PMSM 节点的状态变量，分别表示 q 轴定子电流、d 轴定子电流和转子角速度；σ 和 γ 是系统设置的运行参数，均取正值；V_q 和 V_d 是控制信号；T_L 是外部负载转矩。本章只考虑电机在没有外部输入的情形，即 $V_q = 0$、$V_d = 0$ 和 $T_L = 0$，这时 PMSM 节点的动力学方程，即式（7.23）可写为

$$\begin{cases} \dot{I}_q = -I_q - I_d\omega + \gamma\omega \\ \dot{I}_d = -I_d + I_q\omega \\ \dot{\omega} = \sigma(I_q - \omega) \end{cases} \qquad (7.24)$$

则基于 NW（Newman-Watts）小世界连接的 PMSM 网络模型为[37,40]

$$\begin{cases} \dot{I}_{qi} = -I_{qi} - I_{di}\omega_i + \gamma\omega_i + \varepsilon_1 \sum_j \Gamma_{ij} I_{qj} \\ \dot{I}_{di} = -I_{di} + I_{qi}\omega_i \\ \dot{\omega}_i = \sigma(I_{qi} - \omega_i) \end{cases} \tag{7.25}$$

式中，$\varepsilon_1 \sum_j \Gamma_{ij} I_{qj}$ 是连接网络中耦合变量的耦合项；ε_1 是 PMSM 节点之间的直接耦合强度；Γ_{ij} 是 PMSM 网络的邻接矩阵，它是一个 $N \times N$ 维的对称耦合矩阵，当 PMSM 网络中第 i 个节点与第 j 个节点有连接时，$\Gamma_{ij} = \Gamma_{ji} = 1(j \neq i)$，否则 $\Gamma_{ij} = \Gamma_{ji} = 0(j \neq i)$。为了确定主对角线上的元素，将其定义为

$$\Gamma_{ii} = -\sum_{j=1, j\neq i}^{N} \Gamma_{ij} = -\sum_{j=1, j\neq i}^{N} \Gamma_{ji} = -k_i, \quad i = 1, 2, \cdots, N \tag{7.26}$$

式中，k_i 为节点 i 的度。对于式中的每一个 j，该行和为

$$\sum_j \Gamma_{ij} = 0 \tag{7.27}$$

已有的研究工作表明[37]，PMSM 小世界网络中的连接概率 p 可以诱导混沌行为的产生。图 7.17 所示为 PMSM 小世界网络在 $p = 0.5$、$\varepsilon_1 = 0.5$、$\sigma = 5.45$ 和 $\gamma = 20$ 时的混沌行为。其中图 7.17(a) 为 PMSM 节点的混沌时间序列图；图 7.17(b) 为 PMSM 节点的混沌吸引子；图 7.17(c) 为 PMSM 节点的最大李雅普诺夫指数图。

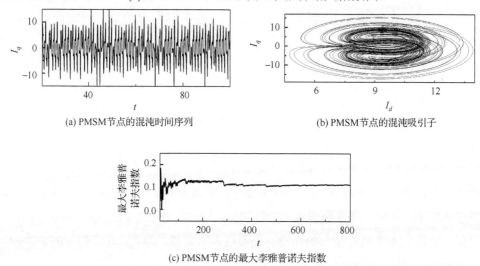

(a) PMSM节点的混沌时间序列   (b) PMSM节点的混沌吸引子

(c) PMSM节点的最大李雅普诺夫指数

图 7.17 当 $p = 0.5$ 时 PMSM 节点呈现出来的混沌行为

7.5.2 基于环境的混沌控制器的设计

环境可以是一个共同的噪声或一个外部的动力学系统[41]。本节中，环境指的是 PMSM 网络系统外部的动力学系统。考虑如下 PMSM 网络混沌控制系统

$$\dot{X}_i = F(X_i) + \xi U \tag{7.28}$$

式中，$X_i = [I_{qi}, I_{di}, \omega_i]^{\mathrm{T}}$，$i,j = 1,2,\cdots,N$；$F(X_i)$ 表示第 i 个 PMSM 节点的演化方程；ξ 是一个元素为 0 或 1 的 3 维列向量，它决定 X_i 中的元素从环境中获得反馈；U 为混沌控制器，它是通过环境与 PMSM 网络间接耦合的，这里的环境被认为是一维的过阻尼振荡器 η，阻尼系数为 b。环境与 PMSM 网络中所有节点都有耦合，它与网络中的 PMSM 节点的相互关系如图 7.18 所示。

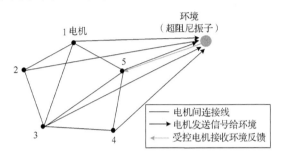

图 7.18　环境与 PMSM 网络中的节点的相互关系图

通过一个从子单元获取有效反馈的过阻尼振子来模拟环境的平均效应时发现，PMSM 节点之间的耦合可以使网络中的 PMSM 节点产生同步趋势，而通过 PMSM 网络与其环境的耦合也可产生一种倾向，即使得系统的状态变量总和变小。这两种倾向的共同作用则会使 PMSM 耦合网络系统达到稳定的平衡状态。本节方法的优点是，它涉及以相同的方式耦合到 PMSM 网络中所有节点的单一的过阻尼动力学系统，因此同样的设计过程是简单和容易实现的。在不同拓扑结构的复杂网络中是有效的。

设计控制器 U 具有如下形式

$$\begin{cases} U = \varepsilon_2 \eta \\ \dot{\eta} = -b\eta - \dfrac{1}{N} \xi^{\mathrm{T}} \varepsilon_2 \sum_i X_i \end{cases} \tag{7.29}$$

式中，ε_2 是系统与环境之间的耦合反馈增益；ξ^{T} 是 ξ 的转置矩阵，它决定 X_i 中的元素传递反馈给环境。为简单起见，选择状态变量 I_{qi} 作为 PMSM 节点间的耦合元素，令 $\xi = [1,0,0]^{\mathrm{T}}$。这意味着控制器是由状态变量 I_q 来调节的。

这样的 PMSM 网络中第 i 个节点系统的动力学方程为

$$\begin{cases} \dot{I}_{qi} = -I_{qi} - I_{di}\omega_i + \gamma\omega_i + \varepsilon_1 \sum_j \Gamma_{ij} I_{qj} + \varepsilon_2 \eta \\ \dot{I}_{di} = -I_{di} + I_{qi}\omega_i \\ \dot{\omega}_i = \sigma(I_{qi} - \omega_i) \\ \dot{\eta} = -b\eta - \dfrac{1}{N} \varepsilon_2 \sum_i I_{qi} \end{cases} \tag{7.30}$$

由于 PMSM 网络是实际工程应用，控制的可行性必须考虑。换句话说，控制变量必须是可操作的。在本节中，控制器中采用的状态变量 I_{qi} 在 PMSM 网络系统中是可以测量和计算的。因此，该控制器在物理上是可实现的。

7.5.3　基于环境的 PMSM 小世界网络控制方法与特性

基于李雅普诺夫稳定性分析理论，可以推导出式（7.30）被控制到平衡点的稳定条件，并且得到抑制混沌的控制参数阈值。这种状态对应的是式（7.30）的平衡点，这个稳定的平衡点由下式给出。

$$(I_{qi}^*, I_{di}^*, \omega_i^*, \eta^*) = (\pm\sqrt{\gamma - 1 - \varepsilon_2^2 / b}, I_{qi}^{*2}, I_{qi}^*, -\varepsilon_2 I_{qi}^* / b) \tag{7.31}$$

为了控制 PMSM 网络的混沌行为，应该使系统的平衡点 $(X_1 = X_2 = \cdots = X_N = X^*)$ 能够稳定下来，它的稳定性取决于式（7.30）关于平衡解的线性化方程。因而，为了获得这个稳定条件，下面将给出 PMSM 网络在平衡点状态的稳定性分析[42]。

设

$$X_i = X^* + \delta_i, \quad \eta = \eta^* + y \tag{7.32}$$

式中，δ_i 和 y 分别表示 X_i 和 η 与各自所期望稳态值 X^* 和 η^* 之间存在的很小的偏差。将式（7.32）代入式（7.30），可以得到 PMSM 网络在平衡点 X^* 处线性化方程为

$$\begin{cases} \dot{\delta}_i = J_F(X_i)\delta_i + \beta\varepsilon_1 \sum_j \Gamma_{ij}\delta_j + \varepsilon_2\xi y \\ \dot{y} = -by - \dfrac{1}{N}\xi^T\varepsilon_2\sum_i\delta_i \end{cases} \tag{7.33}$$

式中，J_F 是方程 $F(X_i)$ 的 3×3 维雅可比矩阵；$\beta = \text{diag}(\beta_1, \beta_2, \beta_3)$ 是一个元素只有 0 和 1 的矩阵，它定义了 X_i 中参与耦合的元素，表示 PMSM 节点之间的内部耦合方式。在数值仿真中，令 $\beta = \text{diag}(1,0,0)$，表示两个 PMSM 节点之间是通过状态变量 I_{qi} 相互耦合的。要使平衡状态稳定，由式（7.33）得到的所有李雅普诺夫指数应为负值。

对于同步状态 $(X_1 = X_2 = \cdots = X_N)$ 的情况，可以通过引入文献[43]中的 $3\times N$ 维的状态矩阵 $P = (\delta_1, \delta_2, \cdots, \delta_N)^T$ 来简化。因此，式（7.33）可以写为

$$\dot{P} = J_F P + \beta\varepsilon_1 P\Gamma^T + \varepsilon_2 y\Lambda \tag{7.34}$$

$$\dot{y} = -by - \frac{1}{N}\xi^T\varepsilon_2\sum_i\delta_i \tag{7.35}$$

式中，Γ^T 是耦合矩阵的转置矩阵；Λ 是 $1\times N$ 维的矩阵，$\Lambda = (\xi, \xi, \cdots, \xi)$。令 e_k 和 λ_k 分别为 Γ^T 的特征向量和特征值，有

$$\Gamma^T e_k = \lambda_k e_k \tag{7.36}$$

因为 Γ^{T} 是一个对称不可约矩阵，可知其最大特征值为 $\lambda_1 = 0$，对应的特征向量为 $e_1 = (1,1,\cdots,1)^{\mathrm{T}}$ [44,45]。式（7.34）两边同时右乘 e_k，可得

$$\dot{P}e_k = J_F Pe_k + \lambda_k \beta \varepsilon_1 Pe_k + \varepsilon_2 y \Lambda e_k \tag{7.37}$$

令

$$\Omega_k = Pe_k \tag{7.38}$$

则式（7.37）可写成

$$\dot{\Omega}_k = J_F \Omega_k + \lambda_k \beta \varepsilon_1 \Omega_k + \varepsilon_2 y \Lambda e_k \tag{7.39}$$

因为 $\Omega_1 = Pe_1 = \sum_i \delta_i$，以及 Λ 可以写成 $\Lambda = \xi e_1^{\mathrm{T}}$，则式（7.39）和式（7.35）可写成

$$\dot{\Omega}_k = J_F \Omega_k + \lambda_k \beta \varepsilon_1 \Omega_k + \varepsilon_2 y \xi e_1^{\mathrm{T}} e_k \tag{7.40}$$

$$\dot{y} = -by - \frac{1}{N} \xi^{\mathrm{T}} \varepsilon_2 \Omega_1 \tag{7.41}$$

因 Γ 是一个对称矩阵，在这种情况下，其余的特征向量张成一个正交于特征向量 e_1 的 $N-1$ 维子空间。因此，这个子空间正交于同步流形 $e_1 = (1,1,\cdots,1)^{\mathrm{T}}$。由于 e_i 是相互正交的，对于 $k \neq 1$，有 $\Lambda e_k = \xi e_1^{\mathrm{T}} e_k = 0$。则对于 $k \neq 1$，式（7.40）可写成

$$\dot{\Omega}_1 = J_F \Omega_1 + \varepsilon_2 y N \xi, \quad k = 1 \tag{7.42}$$

$$\dot{\Omega}_k = J_F \Omega_k + \lambda_k \beta \varepsilon_1 \Omega_k, \quad k \neq 1 \tag{7.43}$$

注意到式（7.43）与 Pecora 和 Carroll 在参考文献[46]中介绍的主稳定方程是一致的。因此，作为 $\lambda_k \varepsilon_1$ 的函数将以同样的方式获得稳定方程。这就确保了系统稳定的同步状态 $X_1 = X_2 = \cdots = X_N$。要使这个平衡状态稳定，应该满足同步状态是一个平衡点以及对应于式（7.41）和式（7.42）的雅可比矩阵的特征值应为负值。

一般来说，很难得到式（7.43）的解析解。实际上可以假设 J_F 的时间平均值是大致相同的，并可用一个有效的时间平均李雅普诺夫指数 μ 来替换[45,47]，在这种近似中，把 δ_i 看成标量，因此这种近似使问题简化了，仅保留其相关特征，同时研究发现这种近似能够很好地描述相图的总体特征。通过这种近似，式（7.42）式（7.43）可以写成

$$\dot{\Omega}_1 = \mu \Omega_1 + \varepsilon_2 y N \xi, \quad k = 1 \tag{7.44}$$

$$\dot{\Omega}_k = \mu \Omega_k + \lambda_k \beta \varepsilon_1 \Omega_k, \quad k \neq 1 \tag{7.45}$$

设 $\Omega_k = \mathrm{e}^{\rho t}$ 为式（7.45）的解，可以得到

$$\rho_1 = \mu + \lambda_2 \varepsilon_1 \tag{7.46}$$

这里对于 $k \neq 1$，λ_2 是 $\varGamma^{\mathrm{T}}$ 的特征值 λ_k 的最大值。对应于式（7.41）和式（7.44）的雅可比矩阵式为

$$J = \begin{pmatrix} \mu & \varepsilon_2 N \\ -\varepsilon_2/N & -b \end{pmatrix}$$

及其特征值为

$$\rho_{2,3} = \frac{(\mu - b) \pm \sqrt{(b-\mu)^2 - 4(\varepsilon_2^2 - \mu b)}}{2} \tag{7.47}$$

对于平衡点的稳定性，特征值的实部应为负值。由此可以给出同步状态的稳定性判据。

由式（7.46）给出的条件为

$$\mu + \lambda_2 \varepsilon_1 < 0 \tag{7.48}$$

则混沌控制参数的阈值应满足

$$\varepsilon_{1c} < \frac{-\mu}{\lambda_2} \tag{7.49}$$

从式（7.47）可得以下条件。

（1）当 $(b-\mu)^2 < 4(\varepsilon_2^2 - \mu b)$ 时，$\rho_{2,3}$ 为复数，稳定条件为

$$b > \mu \tag{7.50}$$

（2）当 $(b-\mu)^2 > 4(\varepsilon_2^2 - \mu b)$ 时，$\rho_{2,3}$ 为实数，稳定条件为

$$b > \mu, \quad \varepsilon_2^2 > \mu b \tag{7.51}$$

因此，如果式（7.49）和式（7.50）或式（7.51）同时满足，PMSM 网络中的混沌就不会出现，则系统将稳定到平衡点。在上述情况（2）中，要使系统稳定在平衡状态，只要满足 $b > \mu$ 就可以了，即满足有一个具有足够快衰减系数的环境来抵消由 μ 引起的系统发散，而在情况（2）中，还需要满足额外的条件 $\varepsilon_2^2 > \mu b$。

7.5.4　基于环境的 PMSM 小世界网络混沌控制数值仿真

在本节中，用数值仿真方法来验证基于环境的混沌控制方法的有效性。利用四阶 Runge-Kutta 方法来求解系统的微分方程的数值解，取时间步长为 $h = 0.001$。为简单起见，假设 PMSM 网络节点数目 $N = 50$，采用 NW 小世界模型构建 PMSM 网络。选取 PMSM 节点初始邻居节点的个数为 $m = 2$，随机化重连的概率为 $p = 0.05$。将 PMSM 网络控制模型参数设置为 $\mu = 1.36$、$\sigma = 5.45$ 和 $\gamma = 20$，各个 PMSM 节点的随机状态在 $-30 \sim 30$ 随机选取。此时 PMSM 网络中每个 PMSM 节点在加入控制器前均处于混沌状态。将耦合强度 ε_1 和控制参数 ε_2 作为变量，可以得到 PMSM 小世界网络模型的控制参数 ε_1 - ε_2 的平面图，其相图如图 7.19 所示，其中灰色区域代表有效抑制混沌的区域，而白色区域对应系统处于混沌状态的区域。

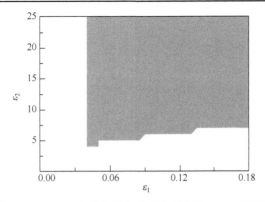

图 7.19　PMSM 小世界网络模型控制参数 $(\varepsilon_1, \varepsilon_2)$ 区域图

图 7.20(a)～图 7.20(c)所示为当控制参数设置为 $\varepsilon_1 = 0.05$、$\varepsilon_2 = 20$ 和 $b = 3$ 时的混沌控制结果的时间序列图。从图中可以看出，在基于环境的混沌控制器下，PMSM 小世界网络模型中每个节点的混沌行为在短时间内就被稳定到了平衡点 X^* 上。

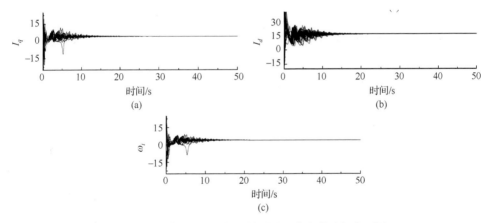

图 7.20　PMSM 网络的混沌控制到平衡点的时间序列图

7.5.5　小结

本节首先给出了 PMSM 小世界网络基于环境的混沌控制模型；然后通过李雅普诺夫稳定性分析方法证明了控制系统的稳定性，并通过一个近似的线性稳定性分析方法得到抑制混沌行为使系统稳定到平衡点的稳定参数阈值；最后，通过数值仿真结果验证了该基于环境的方法所给出的控制律的有效性[48]。这个方法的优点在于，它将一个过阻尼动态系统耦合到 PMSM 网络中的所有节点，因而设计过程是简单的并且容易实现的。这个控制方法的缺点在于，PMSM 网络中所有节点的 q 轴定子电流均需作为反馈信号，这在 PMSM 节点数增加到一定程度时，会使得到有效的控制参数的时间变长。

参 考 文 献

[1]　Watts D J, Strogatz S H. Collective dynamics of 'small world' networks. Nature, 1998, 393: 440-442.

[2]　Barabási A L , Albert R. Emergence of scaling in random networks. Science, 1999, 286: 509-512.

[3]　Wang X F, Chen G R. Complex networks: Small-world, scale-free, and beyond. IEEE Circuits and System Magazine, 2003, 3(2): 6-21.

[4]　Hilland D J, Chen G. Power systems as dynamic networks. Proceedings IEEE International Symposium on Circuits and Systems, Island of Kos, Greece, 2006:722-725.

[5]　柏文洁, 汪秉宏, 周涛. 从复杂网络的观点看大停电事故. 复杂系统与复杂性科学, 2005, 2(3): 29-37.

[6]　Xu T, Chen J, He D R. Complex network properties of Chinese power grid. International Journal of Modern Physics B, 2004, 18 : 2599-2603.

[7]　Crucitti P, Latora V, Marchiori M. A topological analysis of the Italian electric power grid. Physica A, 2004, 338(1): 92-97.

[8]　Holme P, Kim B J. Vertex overload breakdown in evolving networks. Physical Review E, 2002, 65(6): 066109.

[9]　Crucitti P, Latora V, Marchiori M. Model for cascading failures in complex networks. Physical Review E, 2004, 69(4): 045104.

[10]　Albert R, Albert I, Nakarado G L. Structural vulnerability of the North American power grid. Physical Review E, 2004, 69(2): 025103.

[11]　Zhou T, Wang B H. Catastrophes in scale-free networks. Chinese Physics Letters, 2005, 22(5):1072-1075.

[12]　肖军, 刘天琪. 复杂网络理论在电力系统中的运用与研究. 四川电力技术, 2009, 32(2): 28-32.

[13]　孟仲伟, 鲁宗相, 宋靖雁. 中美电网的小世界拓扑模型比较分析. 电力系统自动化, 2004, 28(15): 21-24.

[14]　Jeong H, Tombor B, Albert R, et al. The large-scale organization of metabolic networks. Nature, 2000, 407: 651-654.

[15]　陈洁, 许田, 何大韧. 中国电力网的复杂网络共性. 科技导报, 2004, 22(4):11-14.

[16]　倪向萍, 阮前途, 梅生伟, 等. 基于复杂网络理论的无功分区算法及其在上海电网中的应用. 电网技术, 2007, 31(9):6-12.

[17]　史进, 涂光瑜, 罗毅. 电力系统复杂网络特性分析与模型改进. 中国电机工程学报, 2008, 28(25):93-98.

[18]　徐林, 王秀丽, 王锡凡. 使用等值导纳进行电力系统小世界特性辨识. 中国电机工程学报, 2009, 29(19):20-26.

[19]　刘艳, 顾雪平. 基于节点重要度评价的骨架网络重构. 中国电机工程学报, 2007, 27(10):20-27.

[20] 黄秋华. 复杂网络在电力系统的应用研究综述. http://www.sciencenet.cn/m/user_content.aspx?
id=300535 , 2010.

[21] Kinney R, Crucitti P, Albert R, et al. Modeling cascading failures in the North American power grid.
The European Physical Journal B-Condensed Matter and Complex Systems, 2005, (46): 101-107.

[22] 丁明, 韩平平. 基于小世界拓扑模型的大型电网脆弱性评估. 中国电机工程学报, 2005, 25(增
刊): 118-122.

[23] 陈晓刚, 孙可, 曹一家. 基于复杂网络的大电网结构脆弱性分析. 电工技术学报, 2007,
22(10):138-143.

[24] 张国华, 张建华, 杨京燕, 等. 基于有向权重图和复杂网络理论的大型电力系统脆弱性评估.
电力自动化设备, 2009, 29(4):21-26.

[25] 孙可. 复杂网络理论在电力系统中的若干应用. 杭州: 浙江大学, 2008.

[26] 倪向萍, 梅生伟, 张雪敏. 基于复杂网络理论的输电线路脆弱度评估方法. 电力系统自动化,
2008, 32(4): 1-5.

[27] 汪小帆, 李翔, 陈关荣. 复杂网络理论及其应用. 北京:清华大学出版社, 2006.

[28] Dobson I, Chen J, Thorp J S, et al. Examining criticality of blackouts in power system models with
cascading events. Proceedings of 35th Hawaii International Conference on System Sciences, 2002:
63-72.

[29] Carreras B A, Lynch V E, Dobson I, et al. Critical points and transitions in an electric power
transmission model for cascading failure blackouts. Chaos, 2002, 12(4): 985-994.

[30] Dobson I, Carreras B A, Newman D E. A probabilistic loading-dependent model of cascading failure
and possible implications for blackouts. Proceedings of 35th Hawaii International Conference on
System Sciences, 2003: 1-8.

[31] Dobson I, Carreras B A, Newman D E. A loading-dependent model of probabilistic cascading failure.
Probability in the Engineering and Informational Sciences, 2005, 19(2): 15-32.

[32] 美国电力公司. 北美大停电官方事故分析数据. Http://www.nerc.com/~dwag/database.html, 2005.

[33] Bae K, Thorp J S. A stochastic study of hidden failures in power system protection. Decision Support
Systems, 1999, 24(4): 259-268.

[34] Wang J W , Rong L L , Zhang L, et al. Attack vulnerability of scale-free networks due to cascading
failures. Physica A, 2008, 387(26): 6671-6678.

[35] 王建伟, 荣莉莉. 基于负荷局域择优重新分配原则的复杂网络上的相继故障. 物理学报, 2009,
58(6): 3714-3721.

[36] Ji W, Venkatasubramanian V. Hard-limit induced chaos in a fundamental power system model.
International Journal of Electrical Power & Energy Systems, 1996, 18: 279-296.

[37] Wei D Q, Luo X S, Zhang B. Chaos in complex motor networks induced by Newman-Watts small-
world connections. Chinese Physics B, 2011, 20(12): 128903.

[38] Song Q, Cao J, Yu W. Second-order leader-following consensus of nonlinear multi-agent systems via

pinning control. Systems & Control Letters, 2010, 59(9): 553-562.

[39] Cheng Z, Cao J. Bifurcation control in small-world networks. Neurocomputing, 2009, 72(7-9): 1712-1718.

[40] Zhang B, Luo X S, Zeng S Y, et al. Effects of couplings on the collective dynamics of permanent-magnet synchronous motors. Circuits and Systems Ⅱ: Express Briefs, IEEE Transactions on, 2013, 60(10): 692-696.

[41] Shekatkar S M, Ambika G. Suppression of dynamics in coupled discrete systems in interaction with an extended environment. arXiv:1306. 2153v1.

[42] Ambika G, Amritkar R E. Anticipatory synchronization with variable time delay and reset. Physical Review E, 2009, 79(5): 056206.

[43] Rangarajan G, Ding M. Stability of synchronized chaos in coupled dynamical systems. Physics Letters A, 2002, 296(4): 204-209.

[44] Chen G, Wang X, Li X. Introduction to Complex Networks: Models, Structures and Dynamics. Beijing: Higher Education Press, 2012.

[45] Wang X F, Chen G. Pinning control of scale-free dynamical networks. Physica A: Statistical Mechanics and Its Applications, 2002, 310(3): 521-531.

[46] Pecora L M, Carroll T L. Master stability functions for synchronized coupled systems. Physical Review Letters, 1998, 80(10): 2109.

[47] Resmi V, Ambika G, Amritkar R E, et al. Amplitude death in complex networks induced by environment. Physical Review E, 2012, 85(4): 046211.

[48] Mai X H, Wei D Q, Zhang X, et al. Controlling chaos in complex motor networks by environment. IEEE Transactions on Circuits and Systems Ⅱ: Express Briefs, DOI:10. 1109/TCSII. 2015, 2406356.